Sustainable Meal Management

개정판 지속가능한 식생활관리

머리말

최근 환경에 대한 위기가 고조되면서 자주 등장하는 용어는 '지속가능성(sustainability)'이다. 1987년 유엔환경계획의 브룬트란트 보고서(Brundtland Report)에서 언급된 이 용어는 인류 미래를 위한 해결책으로 제시되어 환경정책과 개발전략을 통합시키기 위한 새로운 지평을 열어주었다. 지속가능성은 "미래 세대가 필요로 하는 가능성을 손상시키지 않는 범위에서 현재 세대의 필요를 충족하게 하는 과정이나 능력"으로 해석할 수 있다. 이에 지속가능성이라는 전환된 토대에서 기존의 식생활관리 목표를 다시 검토하거나 논의해야 한다는 취지로 이 교재를 준비하였다.

1인 가구와 여성의 사회진출 증가로 우리의 식생활 환경은 급격하게 변하고 있다. 특히, 미디어와 SNS를 통해 광범위한 식생활 정보를 얻을 수 있지만, 정작 식품 선택이나 구매 결정에 도움이 되지 않거나 오히려 혼돈을 주고 있다. 이런 식생활 환경에서 개인뿐 아니라 영양전문가조차 많은 정보를 습득하고 이를 분석하여 최적의 의사결정을 내리는데 부담을 가지기 때문이다. 식생활은 개인이 아닌 가족이나 사회구성원이 공유하는 하나의 문화이다. 식생활관리자는 우리 문화의 건강한 파수꾼이며 안내자 역할을 해야 한다. 본 교재는 식생활관리자가 합리적인 의사결정을 할 수 있도록 필요한 지식과 기술을 제공하고 있다.

식생활관리는 식품영양학의 역사가 시작되면서 '식사계획'이라는 이름으로 가르쳐 왔다. 영양전문가의 자격을 갖추기 위해 필수적으로 배워야 하는 주요 과목이지만 최근 과소평가되어 그 역할과 범위가 점점 줄어들고 있다. 영양전문가는 단체급식만이 아니라 개인과 가정의 식생활관리능력을 함양하고, 폭넓은 식품 지식과 정보를 관리할 수 있어야 한다.

'지속가능한 식생활관리'는 총 4부이며, 식생활의 계획, 실행, 평가 그리고 미래로 구성되어 있다. 식생활관리자는 단순히 식생활의 계획만이 아니라 어떻게 실행되어야 하고 실행의 평가가 다시 피드백되어야 하는지 알고 있어야 한다. 식생활의 미래는 지속가능성이란 토대에서 식생활의 미래를 예측하고 그에 대응하는 계획을 수립할 수 있도록 포함되었다.

본 교재는 식생활관리의 학문적 성격을 살려 가능한 한 이론과 실천적인 내용을 함께 다루고자 노력하였다. 각 장마다 주요 이슈를 제시하여 학습 내용에 대한 문제를 제기하였고, 또한 '알아두기'와 '쉬어가기'를 통해 학습주제에 대한 이해의 폭을 넓히고 스스로 적용할 수 있도록 하였다. '사례연구'와 'Study Questions'에서는 주어진 문제를 해결하여 학습된 내용의 이해도를 평가할 수 있게 하였다. 참고문헌은 문헌적 근거와 관심 분야에 대한 폭넓은 정보를 검색할 수 있게 하였고, 부록에는 '2020 한국인 영양소 섭취기준'을 제시하였다.

2017년 8월 초판이 나온 지 4년 여의 시간이 흘렀다. 그동안 상상도 하지 못할 정도로 우리는 놀라운 삶의 변화를 겪고 있으며 식생활에서는 더욱 그렇다. 이러한 변화에 맞추어 정부는 2020년 제5차 한국인 영양소 섭취기준을 제시하였고, 우리 저자들은 현행 정부 기준을 반영한 개정판을 내게 되었다. 이 책이 식생활 환경의 급격한 변화 속에서 인류의 보편적인 건강을 위해 헌신하고 준비하는 전공자에게 큰 도움이 되기를 바란다.

이 책이 나오기까지 도와주신 파워북 유제구 사장님과 편집과 출판을 위해 수고해 주신 임직원 여러분께 깊이 감사드린다.

2021. 8.

저자 일동

차례

Part 1

식생활관리 개요

CHAPTER 01 식생활환경의 변화 | CHAPTER 02 식생활관리의 목표

CHAPTER

01

식생활환경의 변화

학습 목표

- 식생활관리를 정의할 수 있다.
- 식생활관리의 범위를 설명할 수 있다.
- 식생활관리자의 역할과 어떤 활동을 하는지 설명할 수 있다.
- 식생활에 영향을 주는 외부환경과 그 요인들을 제시할 수 있다.
- 식생활관리의 중요성을 설명할 수 있다.

‘밥’, 그 의미와 스펙트럼의 변화

한 도자기 브랜드가 1940년대부터 출시해 온 밥그릇의 변천사를 보면 지난 70년간 그 용량이 550cc에서 260cc로 반 이상 줄었다. 밥그릇의 크기는 왜 이렇게 급격히 줄어든 걸까? 그에 반해 직장인이 가장 선호하는 점심 메뉴는 지난 6년간 부동의 1위를 지켜온 ‘김치찌개’를 제치고 ‘가정식 백반’이 그 자리를 차지했다고 한다. 백반 메뉴에 ‘가정식’이 앞에 붙은 것도 최근의 일이다. 밥그릇 크기는 작아지는데, ‘집밥’에 대한 갈망이 커지는 현상은 오늘 우리 삶에 관해 무엇을 말해주는 것일까?

서양의 음식이 오랜 기간 혼종의 과정을 거쳤다면, 우리는 음식뿐 아니라 식생활 전반이 한 세기도 채 되지 않는 짧은 시간 동안 격변했다. ‘밥’이 주인이어서 ‘밥상’으로 불리던 것이 ‘먹을 것’이 주인이어서 ‘식탁’으로 불리는 것에 자리를 내어주었다. ‘밥’에 집착하던 우리의 삶이 ‘먹을 것’을 마음대로 즐길 수 있을 만큼 풍요롭게 바뀐 것이 가장 큰 변화이다.

밥이 담기는 그릇, 밥이 차려지는 공간뿐 아니라 밥이 만들어지는 공간, 밥을 먹는 장소도 달라지고 있다. 불을 때어 음식을 만들어 내는 전통적 공간을 가리키는 고유어 ‘부엌’에서, 음식을 차리는 현대식 공간을 가리키는 한자어 ‘주방(廚房)’으로의 변화에 더해, 영어 ‘키친(kitchen)’이 어느새 우리말 속에 들어와 자연스럽게 쓰이고 있다. 키친과 어원이 같은 프랑스어 ‘퀴진(cuisine)’은 ‘요리’, ‘요리법’ 혹은 ‘음식점’까지 키친과는 또 다른 용법으로 자리잡아가고 있다. 또한 밥을 집에서 먹는 것이 당연했던 시절에는 존재하지 않았던 말 ‘집밥’의 탄생은 역설적으로 집밥의 부재를 보여 준다. 지금 우리는 집에서보다 ‘밥집’에서처럼 ‘밖’에서 ‘때우듯’ 먹는 경우가 허다하다.

출처 : 한성우(2016)

01 CHAPTER

사람이 생명을 유지하고 살아가기 위해서는 식생활, 즉 먹는 일이 반드시 필요하다. 인류가 지구상에 생존해 온 이래 식생활은 인간의 생명 자체와 삶에 직접적으로 에너지와 활력을 제공하면서 인류와 함께 진화해 왔다. 과거 배고픔을 면하고 살기 위해 음식을 먹던 시대에서 오늘날 식생활은 풍요롭고 다양한 음식들을 선택해서 먹고 즐기는 시대로 변화되었다. 또한 식생활은 경제적 · 문화적 · 기술적 · 사회적 환경에 따라 변화되어 인간 수명과 삶의 질을 향상시키기도 하였으나, 동시에 질병 발생 등의 문제를 일으키기도 한다. 따라서 그 어느 시대보다 현명한 식생활관리가 필요한 시대에 우리는 살고 있다.

1. 식생활관리의 개념

식생활은 인간의 생존과 발전을 위해 필요한 영양분을 공급받는 먹는 행위와 관련된 일상의 관행이다. 맛있는 음식을 선택하여 조리하고, 어떻게 먹을 것인가를 결정하며, 먹은 음식을 통해 영향을 받는 것까지 음식에 관한 생활 전반의 행위인 것이다. 또한 식생활은 미각을 즐기며 배고픔을 해결하는 범위를 넘어 우리의 주체성과 자아의식, 또는 우리가 살아가는 방식에서 중심을 차지하고 있다. 음식을 둘러싼 먹기 관행은 단지 생물학적 욕구와 결합되어 있는 것만이 아니라 일상생활 속에서 우리를 특징짓고 경계를 나누어 구분하는 상징적 매체 혹은 기준이 되기도 한다. '우리의 식생활이 우리를 정의한다'라는 말은 우리가 먹는 음식과 관련된 식생활이 인간의 생존과 건강에 필수적인 요소임은 물론 사회적 · 문화적 양식과도 관계된다는 것을 의미한다.

이와 같은 행동양식으로서의 식생활은 어떤 한 상태에서 보다 나은 다른 상태를 선호하는 가치 지향적인 대상이기도 하다. 관리management의 사전적 정의는 모든 유용한 자원을 활용하여 목적과 목표를 성취하기 위한 활동이라고 한다면, 식생활관리meal management의 정의는 개인의 수준에서 식생활의 목적을 성취할 수 있도록 해결방안을 제시하는 것이라고 정의된다. 이상적이고 중요한 대상을 가치value라고 정의하면, 식생활관리의 가치는 식생활을 통해 영양상태와 신체활동을 건강하게 유지하고, 사회 · 문화적 생활양식으로서의 가치를 향상시키며, 시간과 예산, 환경과 분배 등 먹는 일과 관련된 문제를 합리적으로 의사결정하는 것을 일컫는다.

- 식생활 : 인간의 생존과 발전을 위해 필요한 영양분을 공급받는 먹는 행위와 관련된 일상의 관행
- 식생활관리 : 식생활의 가치 향상을 위한 의사결정을 통해 식생활의 목적을 성취할 수 있는 해결방안을 제시하는 것

알아두기

▌식생활관리는 가치 지향적 해법을 지닌 철학적 문제

과거 근검 절약이 미덕인 시대 식생활관리는 음식을 먹는 행위 그 자체를 통한 생계유지가 가장 중요한 가치였으나, 오늘날 맛, 편리함, 건강을 두루 갖춘 프리미엄화된 음식에 대한 요구가 새로운 식생활관리의 가치로 자리 잡고 있다. 뿐만 아니라 음식을 소비하는 데 사회적인 가치를 부여함으로써 '나 혼자 먹고, 나 혼자만 좋은 '식생활 대신 좀 더 윤리적인 제품, 지역의 문화 및 전통에 가치를 더하는 식생활, 종의 다양성을 지지하는 식생활, 친환경적이고 지속가능한 소비를 할 수 있는 식생활로 식생활의 가치는 시대에 따라 점진적으로 변화되고 있다.

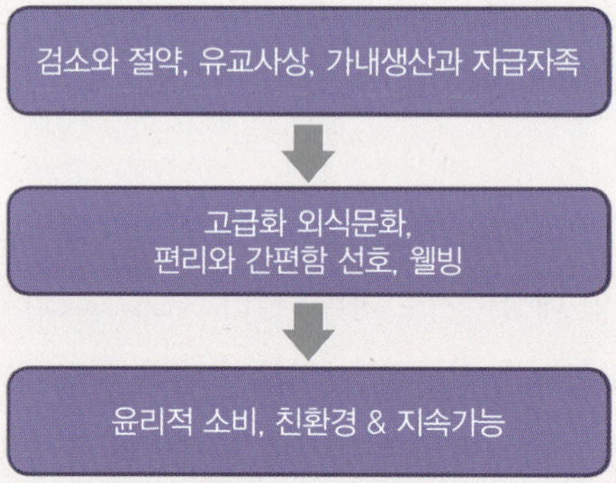

식생활 가치의 변화

2. 식생활관리의 범주

식생활관리에서 다루어지는 범주는 세 개의 영역을 포함한다. 첫째, 건강 또는 영양섭취와 관련된 영역이다. 건강 증진과 질병 예방을 위한 영양 중심의 정보 제공과 영양소가 풍부한 식품에 근거한 식생활을 통해 건강한 삶을 영위하는 것은 식생활관리의 가장 기본적인 관심사이다.

둘째, 일상생활 속에서 수행되는 음식을 만들거나 먹는 행위 등의 실제적 활동이 포함된다. 예산에 따른 식사계획, 식품 선택과 구매, 조리와 상차림, 뒷정리 등의 활동을 말한다. 특히, 음식을 조리하는 활동은 원재료의 맛, 질감, 소화율을 향상시키고 더 먹기 좋은 음식을 만드는 기술적인 활동이면서, 동시에 '자연' 상태의 원재료를 '문화' 상태로 문명화되는 문화적 · 사회적 · 가족적 · 민족적 차원의 차별성을 드러내는 활동으로 접근된다.

셋째, 단순히 건강 또는 식사와 관련된 활동만이 아닌 식량 자원, 환경문제, 식생활 행태를 포함한다. 개인의 식생활관리는 사회, 환경, 문화, 경제적 요인들과의 상호작용을 통해 영향을 받기 때문에, 당장 무엇을 먹을 것인가에서 더 나아가 식품의 생산, 처리, 운반과 쓰레기 등의 문제를 다루어야 한다. 소비 주체로서 식생활과 관련된 지속가능성, 국가와 지역사회의 법령과 정책, 식품산업 및 시장환경, 식품안전문제 등에 대한 신념과 책임감을 갖도록 하기 위해 합리적인 소비자 행동을 다룬다.

쉬어가기

식생활을 통해 본 인간

음식의 재료가 되는 식품의 획득, 식품의 조리 및 가공, 음식을 담는 식기류와 상차림 그리고 음식을 먹는 방법을 포함한 모든 활동은 인간 진화의 발자취이다. 따라서 식생활은 동물과는 달리 인간만의 활동이다. 18세기 제임스 보스웰은 '요리하는 짐승은 없다'라고 지적하면서 호모사피엔스를 '요리하는 동물'로 정의하였다. 19세기 브리야 사바렝은 '우리의 식생활이 우리를 정의한다(Who you are what you eat)'라며 그의 저서 《미식예찬》에서 정의했다. 20세기 클로드 레비스트라우스는 "식생활(cooking)은 동물과 인간의 차이를 입증하는 활동이며, 식생활로부터 날 것의 자연에서 문화로 변해가는 인류 문명의 상징이 시작된다"라고 정의한 바 있다.

고대인들의 불을 이용한 식생활 혁명이 소화율을 높여 신진대사를 위한 에너지와 시간을 줄임으로써 인류 문화의 발전에 기여해 왔다(Wrangham, 2011). 또한 대부분의 식생활을 아웃소싱하는 바쁜 현대인들이라 할지라도 음식을 만들고 먹는 과정을 생활에서 완전히 떨쳐내기를 원하지 않는 심리적이고 감정적인 힘이 있다(Pollan, 2014)는 해답이 제기된 바 있다. 이러한 주장은 식생활이 인간의 생존과 발전에 중요한 부분임을 입증한다.

3. 식생활관리 주체와 역할

식생활관리의 주체는 과거에는 주부에 국한되었으나, 오늘날에는 청소년부터 80세 넘는 노인에 이르기까지 그 범위가 확대되었다. 남자든 여자든 직업과 소속에 한정되지 않고 누구나 자신의 먹는 일과 관련된 일을 의사결정하는 소비 주체가 식생활관리자인 것이다. 식품영양학 전공자뿐만 아니라 개개인마다 고도로 발전하고 있는 복잡한 사회 속에서 스스로에게 유익하고 책임 있는 식생활관리를 할 수 있는 실천능력이 우리 모두에게 요구된다고 할 수 있다.

식생활관리자의 역할은 영양필요량 파악, 예산에 따른 식사계획, 식품 선택과 구매, 조리와 상차림, 뒷정리 등 일련의 과정에서 합리적인 의사결정을 하는 것이다. 그러나 식생활관리자의 역할이 언제 어디서든 동일하지는 않다. 왜냐하면 개인이 처한 상황에 따라 영양상태가 서로 다르고영양, 개인의 식사 목적에 따라 얼마나

알아두기

제안자로서의 식생활관리 큐레이터

현대 소비사회는 물건이 부족해 어떤 상품이든 용도만 충족하면 판매 가능한 '퍼스트 스테이지'와 상품은 넘쳐나고 상품을 판매하는 장소, 즉 효과적인 플랫폼이 필요한 '세컨드 스테이지'를 지나 넘쳐나는 물건과 서비스 속에서 고유한 취향(스타일)을 선망하고 '제안'을 필요로 하는 '서드 스테이지'에 이르렀다(Masuda, 2014). 이러한 소비사회의 진화는 식생활 관련 영역에도 적용되며, 이 경우 식생활관리자의 소양은 전략적 마인드와 기획능력을 더욱 필요로 할 것이다. 즉, '서드 스테이지'에서는 각각의 고객에게 높은 가치를 부여할 수 있는 상품을 찾아주고 선택해 주며 제안해 주는 지적 능력, 혹은 참신한 기획을 통해서 라이프 스타일을 제안할 수 있는 큐레이션 능력이 가치를 낳을 수 있으며 경쟁 우위에 설 수 있게 해주는 자원인 것이다. 따라서 고객에게 가치를 제대로 전달하려면 단순히 한 끼 식사 그 자체보다 제안에의 중요성을 깨닫고, 식생활 관련 콘텐츠를 바탕으로 한 제안력, 즉 지적 자본을 강화하고 이를 가시화하는 능력을 높이는 데 주력해야 할 것이다.

지출할 수 있을 것인가경제, 무엇을 먹을 것인가기호 혹은 어떤 방법으로 조리할 것인가능률 등에 따라 다르기 때문이다. 식생활관리자의 역할이 본질적으로 동일하지만, 그 역할의 정도와 강조점은 차이가 있다.

4. 외부환경과 식생활관리

연결된 세계에 살고 있는 우리의 식생활은 외부 환경에 의해 영향을 받으며 변화되어 간다. 예를 들어, 최근 30년간 한국인의 육류 섭취량이 4배 가까이 증가하였는데, 이러한 변화는 1930년대 후반부터 본격화되는 농업혁명, 공장식 축산에 따른 축산물 가공·유통체계, 슈퍼마켓 등의 새로운 소매유통 업태, 그리고 식육 수입의 개방화 등의 환경 변화로부터 유래된 결과이다.

외부 환경external environment이란 개인 및 집단의 식생활에 영향을 주는 외부의 요인, 상황 및 사건이라 정의된다. 식생활에 영향을 미치는 외부환경은 정치politics, 경제economics, 사회society, 기술technology의 네 가지 분야와 세부 요소들로 설명된다표 1-1.

정치, 정책 및 법적 환경의 변화로 인해 세계적으로 무역 장벽이 완화되어 식품의 교류가 활발해지고, 식품 선택이 다양해졌으며 외국 식문화에 대해 개방적인 식문화를 이루게 된다. 또한 국내외 식품 관련 각종 법과 정책의 안정성에 따라 식품산업이나 외식시장에 직접적인 영향을 미치게 된다. 예를 들어, 최근 수요가 증가하는 만성질환자 및 어르신 등의 애로를 해소하기 위해 특수의료용도식품(메디푸드)을 독립된 식품군으로 분류, 밀키트 형태의 식단형 식사관리식품 허용, 고령친화식품 중 액상제품에 점도규격 신설 등 식품 기준 규격이 개정고시되었다(2020. 11).

경제적 환경의 구성요소는 소득, 이자율, 인플레이션, 주식시장 동향, 경기순환 등의 경제 수준에 영향을 주는 요인들이 포함된다. 경제 수준과 더불어 생활 수준이 향상되면서 생활의 편이성을 추구하게 되고 서구화된 식생활이 도입되면서 외식과 가정식사 대용식에 대한 수요가 급격하게 증가되었다고 추정된다.

표 1-1 외부환경에 따른 식생활 변화

외부 환경	구성요소	식생활 변화
정치	• 세계적 무역 장벽 완화 • 글로벌화 • 국내외 식품 관련 법령	• 새로운 식재료 유입에 따른 다양한 식품 선택 • 외국과의 식문화 교류 증대 및 새로운 한국 식문화 개발 • '식단형 식사관리식품' 유형 신설 등 개정고시
경제	• 경제 수준 향상 • 경제적 불확실성 • 여성 경제활동 인구 증가	• 외식문화발달 및 빈도 증가 • 맛과 기호 중시 • HMR 시장 확대
사회	• 실버 부머 등 인구 변화 • 1인 가구 증가 • 방송 및 SNS 매체를 통한 쿡방 대세 • 윤리적 소비와 동물 복지 관심 증대	• 웰빙 건강식 이용 증가 • 혼밥, 집밥 및 편의식품 사용 확대 • 일상 속 미식노마드 • 채식주의자를 위한 비건식품
기술	• 혁신적인 푸드테크 • IT 기술 발달 • 스마트폰 보급 확대	• 스마트팜 보급, 대체육 및 배양육으로 육류 소비 대체 • 음식의 재료 재배, 가공, 분배, 저장, 소비과정 혁신 • 다양한 푸드 플랫폼 이용

사회적 환경은 인구, 라이프 스타일, 가치, 태도, 믿음 등 사회 및 문화적 요인들과 관련이 있다. 예를 들어, 우리나라의 1인 가구 증가세는 세계에서 가장 빠른 수준으로 증가하며, 이에 따른 1인 가구의 대표적 식품 소비 트렌드로 소포장한 식품이나 간편하게 식사를 할 수 있는 레토르트식품, 도시락, 편의식시장이 급격히 성장하고 있다.

또한 윤리적 소비와 동물 복지에 대한 관심이 증대되면서 채식주의자를 위한 비건 식품 소비도 늘어나고 있다. 여러 푸드테크 기업이 이끄는 대체육, 배양육, 신육종 생산 등 첨단기술은 맛의 혁신을 가져와 식생활에도 큰 변화를 주도하고 있다. IT 기술의 발달과 스마트폰의 보급은 모바일과 인터넷을 기반으로 외식 주문과 결제가 가능하며, 유명 음식점 메뉴를 배달해주거나 가정에서 조리하는 데 필요한 식재료를 구매 대행하는 서비스 등 식생활의 편의를 더욱 촉진하고 있다.

알아두기

환경 변화의 맥락에 따른 식생활지침의 변화

식생활지침은 환경, 문화, 경제 및 과학적인 맥락의 변화에 부합하는 메시지를 전달하게 되며, 전반적인 식사의 패턴 및 영양소 구성의 변화를 반영하여 제안된다. 1961년 1월호 〈타임지〉에서 미국의 생리학자 안셀 키즈(Ancel Keys) 박사가 심장질환을 예방하고 관리하기 위해 지방, 포화지방, 콜레스테롤 섭취를 낮추어야 한다는 식단-심장 가설을 처음으로 주장하였고, 그 이후 포화지방과 콜레스테롤이 심장질환의 주범이라는 인식이 받아들여지기 시작했다. 1984년 3월호 〈타임지〉는 접시 위에 달걀과 베이컨으로 만든 우는 얼굴 사진으로 콜레스테롤의 유해성을 각인시켰다.

1990년대 후반부터 2000년 초 · 중반에 시도된 다양한 임상연구와 역학연구에서는 포화지방과 콜레스테롤의 섭취가 심장질환에 미치는 영향에 대한 전혀 다른 결과가 제시되었다. 즉, 실제 미국인들이 하루 섭취하는 콜레스테롤의 양은 300 mg을 넘지 않으며, 콜레스테롤 섭취량과 심혈관 질환 위험률과의 연관성을 밝히지 못한 것이다. 1999년 7월호 타임지는 하루에 한 개 정도의 달걀섭취는 혈청 콜레스테롤 수치와 심장병 발병에 별다른 영향을 주지 않는다고 기사를 보도했으며, 2014년 6월호에서 〈타임지〉는 '버터를 먹으라(Eat Butter)'는 표지기사를 내놓았다. 2016년 1월 미국 농무부와 보건복지부에서 발표한 Dietary Guidelines for Americans 2015~2020에서는 2010년 가이드라인에는 포함되어 있던 식이 콜레스테롤의 하루 300 mg 이내 섭취제한이 빠지게 되었다.

1961년

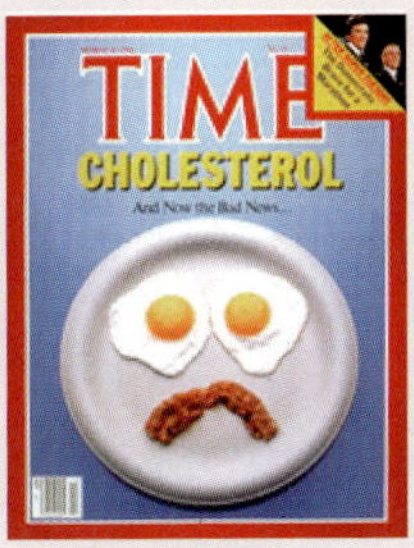

1984년

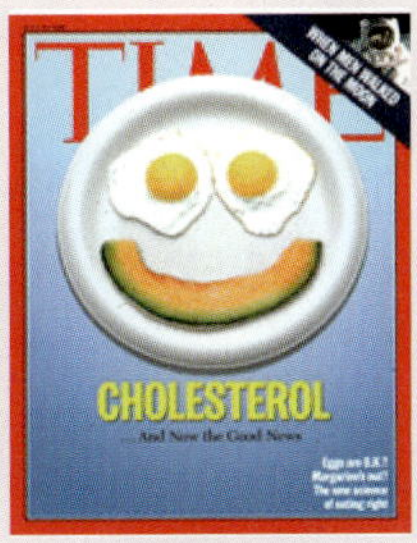

1999년

2014년

타임지 표지로 본 콜레스테롤 관련 영양 패러다임의 변천

쉬어가기

광범위한 식생활관리 연계 학문 분야

식생활관리와 연계되는 주된 학문은 영양학(Nutrition), 생활과학(Home Economics), 농학(Agriculture), 생리학(Philosophy), 가공학(Food Science Technology), 심리학(Psychology), 지리학(Geography) 등의 자연과학 영역이 포함된다. 또한 식생활 콘텐츠가 중요해지면서 인문과학 영역인 문학(Literature), 인류학(Anthropology), 사회학(Sociology), 역사(History), 소비자행동(Human Behavior), 여성학(Feminism and Women Studies), 정치학(Politics), 영화학(Film Studies) 등에서도 다루어져 광범위한 관점에서 식생활관리를 접근할 수 있는 시각이 요구된다. 최근에는 정보학과 컴퓨터학을 연계해서 식사 패턴, 레시피, 식품 성분 등의 빅데이터 분석을 하여 식생활과 관련된 복잡한 네트워크를 설명하기 위한 시도가 이루어지고 있다.

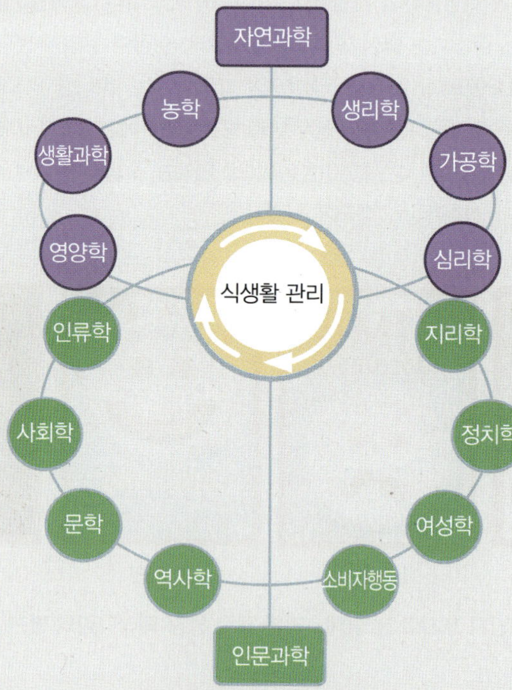

식생활관리 연계학문

5. 학문으로서의 식생활관리

우리가 이미 알고 있는 식품, 영양, 건강에 대한 지식 이외에 식생활관리를 학습하는 것이 무슨 의미가 있을지에 대한 의문을 제기할 수 있다. 왜 우리는 식생활관리를 학습해야 하는 것일까? 우리가 식생활관리를 학습해야 하는 첫 번째 이유는 현대의 복잡하고 변화하는 환경 속에서 식생활도 끊임없는 변화가 요구되는 가운데 현재 식생활의 주된 트렌드인 가정식 섭취 기회 감소, 외식, 가공식품, 패스트푸드의 섭취 증가에 따른 건강과 질병관리를 위한 식생활 개선이 무엇보다 필요하기 때문이다.

식생활관리를 학습해야 하는 두 번째 이유는 개인으로서 혹은 영양전문가로서 식생활관리 기술과 능력을 배울 수 있는 기초를 습득하기 위함이다. 과학적 근거와 상관없이 식품과 건강에 대해 제기되는 수많은 이슈와 의견들을 어떻게 해석하여 식생활관리에 적용할 것인가 하는 문제는 쉽지 않은 일이다. 식사를 구성하는 식품은 단순한 영양소들의 집합 이상으로서, 특정한 식품섭취 패턴은 특정 질병과 연관되기도 하며 동시에 개별 영양소가 가지지 못한 문화적 · 사회적 · 민족적 · 가족적인 의미를 내포하기도 한다.

따라서 식생활과 관련된 수많은 선택에서 합리적인 의사결정을 하기 위한 통찰력을 얻고, 균형 잡힌 식생활과 영양의 균형에 대한 올바른 지식을 전달하고 지역사회 내에서 영양전문가로서의 역할 수행에 필요한 지식과 정보 습득을 위해 식생활관리를 학습해야만 한다.

Case 사례연구

가정에서 요리하는 시간은 계속 줄고 있지만 요리에 쏟는 시간은 오히려 증가했다. 요리 영상과 서적이 전에 없이 인기이고, 몇몇 요리사들은 영화배우 부럽지 않은 스타이다. 부엌을 식품 산업에 넘긴 역사적 순간에, 우리는 왜 많은 시간을 들여 다른 사람이 요리하는 광경을 지켜보는 걸까? … (중략) 직접 요리해서 절약되는 돈보다 그 시간에 일을 해서 버는 돈이 더 큰 것은 물론, 십중팔구 맛은 떨어지고 고생만 태산이다. 그런데도 굳이 요리를 하는 것은 수동적인 소비자 역할에서 벗어나는 만족감 때문이다. 특히, 스크린 앞에서 키보드를 두드리는 사람에게 물질적인 유용함을 생산하는 즐거움은 각별하다. 요리는 현대사회의 전문화에 반기를 드는 행위이고, 이를 통해 소비자에서 생산자 쪽으로 조금만 옮겨가도 깊은 만족을 얻을 수 있다. 게다가 사랑하는 사람을 위해 맛있는 음식을 준비하는 것보다 덜 이기적이고 덜 노동에서 소외되는 일이 어디 있겠는가?

출처 : 마이클 폴란(2014) 재구성

1. 최근 1주일 간 나의 식사를 기록하고(식사횟수와 시간, 음식의 종류, 구매방법, 조리여부 등), 정치, 경제, 사회, 기술적인 측면에서 나의 식생활 관리(my meal management) 경향을 설명해 보시오.
2. 각자가 추구하는 식생활관리의 가치에 대하여 토론하시오.

Study Questions

1 식생활관리를 정의하시오.

2 식생활관리를 학습함으로써 얻을 수 있는 편익(Benefits)에 대하여 토론하시오.

3 매체(타임매거진 등)에서 기사화된 식품과 건강 이슈들을 찾아보고, 실제 생활에서 식생활의 변화에 대응되는 사례를 들어 설명하시오.

4 우리의 식생활에 영향을 미치는 여러 가지 환경에 대하여 사례를 중심으로 토론하시오.

참고 문헌

김광억. 1994. 음식의 생산과 문화의 소비: 총론. 한국문화인류학, 26 : 7–20

김정현, 이민준, 박미영, 문수재. 1996. 한국 남성의 식생활 행태에 관한 연구. **한국식생활문화학회지**, 11(5) : 621–634

김혜련, 김소운. 2016. 식생활지침 제정의 외국 동향과 시사점. **국제보건복지정책동향**, 4 : 81–93

손상희. 2006. 현대 음식 소비현상의 소비문화적 의미 연구. **한국식생활문화학회지**, 21(3) : 241–246

오세영. 1993. 생물학적, 문화적 측면에서 본 한국인의 식생활 행동 : 지난 50년을 중심으로. **한국식생활문화학회지**, 8(4) : 373–380

이규태. 2000. **한국인의 밥상문화 2 : 음식 속 숨은 문화 읽기**. 신원문화사

이은정. 2016. 식이 콜레스테롤 섭취와 지질 농도 : 달걀은 마음껏 먹어도 되나?. **대한당뇨병학회**, 17(2) : 73–38

한성우. 2016. **우리 음식의 언어**. 어크로스

Harris(서진영 역). 1997. **음식문화의 수수께끼**. 한길사

Luptun(박형신 역). 2015. **음식과 먹기의 사회학**. 한울 아카데미

Masuda(이정환 역). 2014. **지적자본론**. 민음사

Pollan(김현정 역). 2014. **요리를 욕망하다**. 에코리브르

Wrangham(조현욱 역). 2011. **요리본능**. 사이언스북스

MEMO

CHAPTER

02

식생활관리의 목표

학습 목표

- 영양적으로 균형 잡힌 식생활관리를 설명할 수 있다.
- 경제 수준에 맞는 식생활관리 목표를 설명할 수 있다.
- 구성원의 기호를 고려한 식생활관리 목표를 설명할 수 있다.
- 식중독 발생의 원인과 식품위생을 위협하는 식생활 행위를 설명할 수 있다.
- 능률을 고려한 식생활관리 목표를 설명할 수 있다.

끼니 거르고 짜게 먹고...한국인 식생활평가지수 63.3점

한국인의 건강 식생활에 대한 평가점수가 100점 만점에 겨우 60점을 넘겼다. 20대는 60점에도 미치지 못한 데다 전체 연령대 중 최저 수준이었다. 국민건강영양조사 제6기(2013~2015)에 참여한 19세 이상 1만 5,954명(남자 6,688명, 여자 9,266명)을 대상으로 평가한 결과, 우리나라 성인의 식생활평가지수는 100점 만점에 63.3점이었다. 남자는 61.7점, 여자 64.8점으로 남자가 여자보다 낮았다. 특히 20대는 57.5점으로 전 연령을 통틀어 점수가 가장 낮았다. 30대 역시 61.1점에 불과해 평균에 못 미쳤다. 성별까지 보면 20대 남성의 식생활평가지수가 56.7점을 최하위였다. 식생활평가지수는 나이가 들면서 올라가 60대(67.8점)에서 가장 높았다가 70대 이상에서 다시 감소하는 경향을 보였다.

식생활평가지수는 국민이 얼마나 건강한 식생활을 하는지를 총 100점 만점으로 표현한 수치다. 식생활평가지수는 국민의 식생활 영역을 총 14개로 나누고 영역별 평가 점수(0~10점 · 0~5점)를 합산해 나타낸다. 대개 국민이 과일 · 채소를 충분히 섭취할수록, 붉은 고기보다 흰 살 고기를 더 많이 먹을수록, 흰 쌀밥보다 현미밥을 많이 먹을수록 점수가 높아진다. 반면 나트륨(소금 등)과 주류, 탄산음료 등은 적게 먹을수록 높은 점수를 받을 수 있다.

이번 조사에서 가장 총점이 낮았던 20, 30대는 아침식사 결식률이 높고 잡곡과 과일 등을 섭취하지 않는 등 관련 항목 점수가 다른 연령에 비교해 매우 낮았다. 30~40대는 나트륨을 지나치게 많이 섭취해 점수가 깎였다. 60~70대는 상대적인 총점은 높았으나 고기, 생선, 달걀, 콩류, 우유 및 유제품 섭취가 부족했다. 이 연령대는 탄수화물과 지방 등 에너지를 발현할 만한 음식의 섭취량 자체가 적었다. 질병관리본부 질병예방센터는 이 보고서에서 "(전체적으로) 당류, 음료류, 포화지방산, 총 채소 섭취 항목은 다른 항목에 비해 점수가 높았으나 우유 및 유제품, 과일, 잡곡 섭취 항목은 점수가 낮았다"며 "식생활평가지수 증가를 위해서는 이들 항목의 개선이 필요하다"고 밝혔다.

출처: 연합뉴스(2018. 12. 30) 재구성

CHAPTER 02

바람직한 식생활관리는 영양적으로 우수한 식사를 계획하여 구성원들의 건강을 유지하게 하는 것이다. 가정의 경제상태와 구성원의 기호를 고려하여 위생적이고 안전한 식사를 계획 · 제공해야 한다. 또한 시간과 에너지를 능률적으로 사용하여 식생활관리를 해야 한다.

1. 영양 면

식생활관리의 가장 큰 목표는 가족구성원에게 영양소의 균형이 양적·질적으로 잘 갖추어진 식사를 제공하여 영양불균형을 예방하고 건강을 유지할 수 있도록 하는 것이다. 가족구성원에 따라 필요한 영양소 양과 종류가 다르고 영양관리에도 차이가 있으므로 이를 고려한 식사를 계획할 수 있도록 한다.

1) 식품영양섭취 및 식생활 현황

(1) 식품군별 섭취 실태

2019년 국민건강영양조사 제8기 1차년도 식품군별 섭취량을 살펴보면, 식품 총 섭취량은 1,519.2g이며, 곡류, 채소류, 음료류 등의 섭취량이 상대적으로 높았다. 곡류 섭취량은 곡류 섭취 감소 추세, 밥류 조리총량 적용 방법 변경(실험조리 비율 적용) 등의 영향을 받아 남자는 2018년 327g에서 2019년 308g, 여자는 2018년 248g에서 235g으로 감소하였다그림 2-1. 과일류 및 채소류 섭취량은 남자 122g, 287g, 여

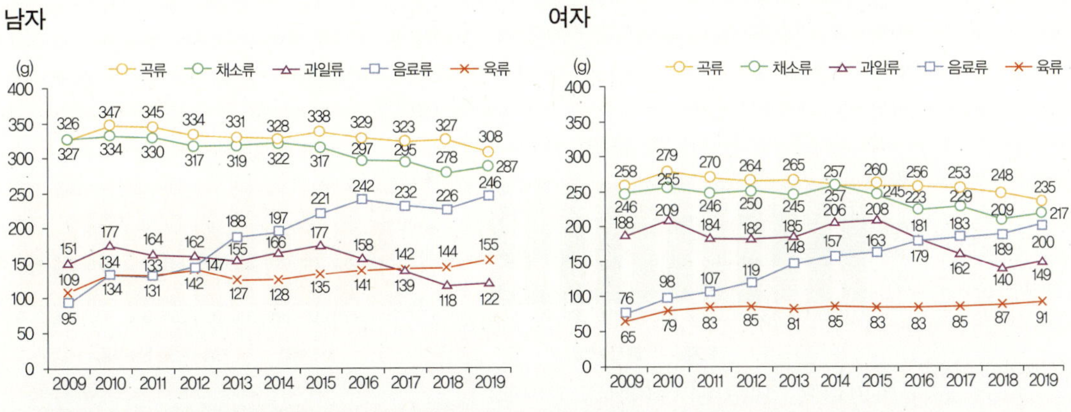

※ 식품군별 섭취량 : 1인 1일당 식품군별 섭취량의 평균, 만 1세 이상
※ 채소류, 육류 섭취량 : 2013년 이후 자료는 육수 식품이 포함됨에 따라 섭취량이 증가한 경향이 있기 때문에 이전 결과와의 비교를 위해 육수 외 섭취량으로 산출
※ 2005년 추계인구로 연령표준화

그림 2-1 식품군별 섭취량 추이

출처 : 보건복지부(2020)

자 149g, 217g으로 전년도 결과와 유사하였다. 육류섭취는 증가 추세가 지속되어 남자 155g, 여자 91g으로 남녀 모두 섭취량 조사 이래 가장 섭취량이 많았다. 음료류 섭취량은 남녀 각각 246g, 200g으로 2018년에 비해 식품군 중 섭취량이 가장 큰 폭으로 증가하였다.

(2) 영양섭취 실태

2019년 1일 평균 에너지 섭취는 남자 2,245.1kcal, 여자 1,629.0kcal였으며, 에너지 필요추정량과 비교했을 때 남자 99%, 여자 88%로 전년도 결과와 유사하였다그림 2-2, 그림 2-3. 영양소의 섭취비율을 보면, 탄수화물 섭취량 감소와 지방 섭취량 증가로 인해 에너지 섭취량 중 지방의 섭취분율은 남자 23.9%, 여자 23.3%로 전년대비 남자 1.2%, 여자 0.9% 증가하였다. 탄수화물의 에너지 섭취분율의 경우, 남자는 60.1%로 전년대비 0.5% 감소하였고, 여자는 61.6%로 전년대비 1.2% 감소하였다.

한국인 영양소 섭취기준과 비교할 때 단백질, 인, 티아민, 리보플라빈은 남녀 모두 영양섭취기준을 상회하였고, 철과 나이아신의 경우 남자는 영양섭취기준을 만족하였으나 여자는 충족하지 못하였다. 나트륨은 1일 평균 3,286.7 mg을 섭취

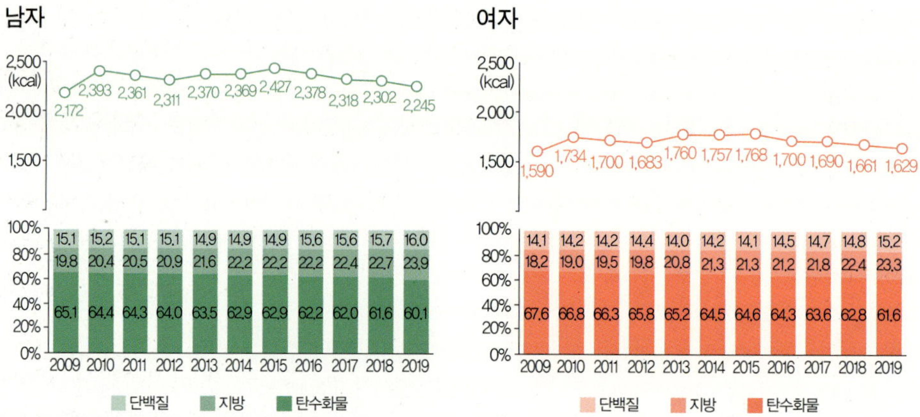

※ 에너지 섭취량 : 1인 1일당 에너지 섭취량의 평균, 만 1세 이상
※ 급원별 에너지섭취분율 : {(단백질 섭취량)×4+(지방 섭취량)×9+(탄수화물 섭취량)×4}에 대한 {(단백질 섭취량)×4} 또는 {(지방 섭취량)×9} {(탄수화물 섭취량)×4}의 분율, 만 1세 이상
※ 2005년 추계인구로 연령표준화

그림 2-2 에너지 섭취량 및 에너지 급원별 섭취분율 추이

출처 : 보건복지부(2020)

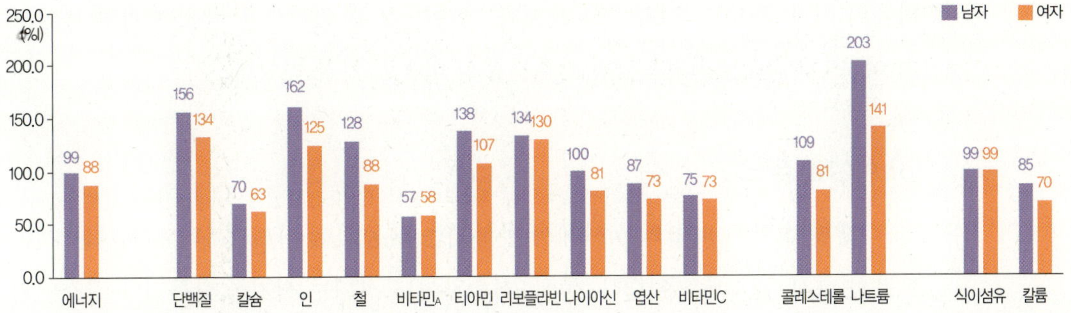

※ 영양소 섭취기준에 대한 섭취비율 : 영양소 섭취기준에 대한 개인별 영양소 섭취량 백분율의 평균값, 만 1세이상(나트륨 만 9세 이상, 콜레스테롤 만 19세 이상)
※ 영양소 섭취기준 : 2015 한국인 영양소 섭취기준(보건복지부, 2015);
에너지 – 필요추정량; 식이섬유, 칼륨 – 충분섭취량; 콜레스테롤, 나트륨 – 목표섭취량; 그 외 영양소 – 권장섭취량
※ 2005년 추계인구로 연령표준화

그림 2-3 영양소별 영양소 섭취기준 대비 섭취비율

출처 : 보건복지부(2020)

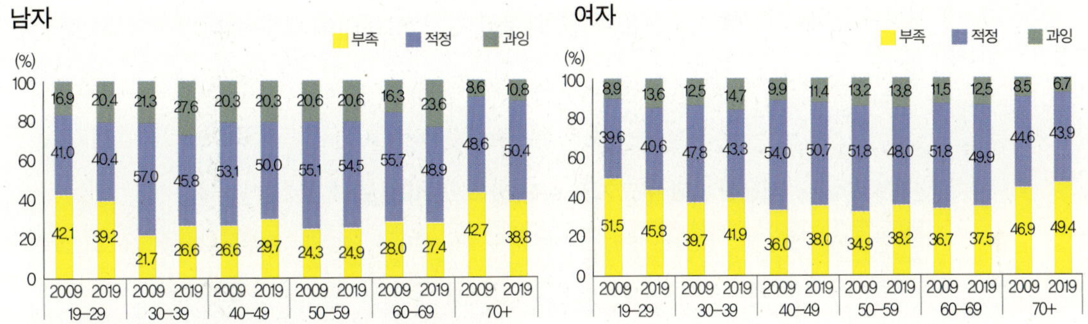

※ 부족 섭취 분율 : 에너지 필요추정량의 75% 미만 섭취, 만 19세 이상
※ 적정 섭취 분율 : 에너지 필요추정량의 75% 이상 125% 미만 범위 내 섭취, 만 19세 이상
※ 과잉 섭취 분율 : 에너지 필요추정량의 125% 이상 섭취, 만 19세 이상

그림 2-4 연령별 에너지 부족, 적정, 과잉섭취분율

출처 : 보건복지부(2019)

하여 목표섭취량 대비 남자 203%, 여자 141%로 나타났다. 반면, 칼슘은 권장섭취량 대비 남자 70%, 여자 63%였고, 칼륨은 충분섭취량 대비 남자 85%, 여자 70%로 섭취가 저조한 것으로 나타났다. 2009년과 2019년의 연령별 에너지 섭취분율을 비교해보면, 여자 70대를 제외하고 남녀 전연령에서 과잉 섭취분율은 같거나 증가한 것으로 조사되었다그림 2-4. 2019년 조사에서는 남자 전연령대의 적정 섭취분율

비율이 가장 높았고, 여자 19~29세와 70대는 부족 섭취분율 비율이 가장 높았으며 여자 나머지 연령대는 적정 섭취분율의 비율이 가장 높았다.

(3) 식생활 습관

식생활 습관은 매일의 식사에서 반복되는 행동으로 어려서부터 익혀지는 것이므로 변화시키기 매우 어렵다. 특히, 식습관이 고정되는 시기를 학동기와 청소년기로 보고 있어 이때의 올바른 식생활 습관이 몸에 배도록 하는 것이 매우 중요하다. 올바른 식생활 습관의 가장 기본이 되는 것이 규칙적인 식사를 하는 것이다. 그러나 최근의 식사를 살펴보면, 규칙적인 식사가 이루어지지 못하고 있으며, 특히 아침의 결식률이 31.3%를 보였다표 2-1. 하루 1회 이상 외식하는 비율은 2010년 26.1%에서 2019년 33.3%로 3배 증가하였고, 식이보충제 복용 경험률도 꾸준히 증가하고 있다. 식이보충제 경험률은 12~29세를 제외한 모든 연령대에서 50% 이상이었고, 소득수준이 높을수록 높았다.

표 2-1 식생활 습관 주요 지표 추이(2010~2019년도)

산출지표	2010	2011	2012	2013	2014	2015	2016	2017	2018	2019
아침식사 결식률(%)	21.8	21.4	23.4	23.9	24.1	26.2	27.3	27.6	28.9	31.3
하루 1회 이상 외식률(%)	26.1	28.2	25.2	31.7	32.4	33.2	34.0	32.6	35.3	33.3
식이보충제 복용 경험률(%)	40.0	39.8	43.0	44.0	41.2	40.9	45.3	48.0	49.8	56.3

출처 : 보건복지부(2020)

쉬어가기

식생활평가지수

식생활평가지수는 식생활 지침의 준수 여부 등을 점수화한 것으로 전반적인 식생활 및 식사의 질을 평가하는 도구이다. 식생활평가지수 항목은 섭취를 권고하는 식품과 영양소 섭취의 적정성을 평가하는 영역 8항목[(아침식사), (잡곡 섭취), (총 과일 섭취), (생과일 섭취), (총 채소 섭취), (김치, 장아찌류를 제외한 채소 섭취), (고기, 생선, 달걀, 콩류 섭취), (우유 및 유제품 섭취)], 섭취를 제한하는 식품과 영양소 섭취의 절제를 평가하는 영역 3항목[(포화지방산 에너지섭취 비율), (나트륨 섭취), (당류, 음료류 에너지섭취 비율)], 에너지 섭취의 균형을 평가하는 영역 3항목[(탄수화물 에너지섭취 비율), (지방 에너지섭취 비율), (에너지 적정 섭취)]의 총 14항목으로 구성하였다.

남자의 식생활평가지수는 61.7점, 여자 64.8점으로 남자가 여자보다 낮았으며, 20-30대의 경우 각각 57.5점, 61.1점으로 가장 낮았고, 연령이 많아질수록 증가, 60대(67.8점)에서 가장 큰 값을 보이다 70대 이상에서 다시 감소하는 경향을 보였다. 식생활평가지수 구성 항목별로 살펴보면, 당류, 음료류 에너지섭취 비율의 경우 10점 만점에 9.0점으로 구성 항목 중 가장 점수가 높았고, 그 다음으로 포화지방산 에너지섭취 비율이 8.1점, 총 채소 섭취가 5점 만점에 3.6점으로 높았다. 반면, 우유 및 유제품 섭취는 10점 만점에 3.2점으로 가장 낮았고, 잡곡 섭취, 총 과일 섭취, 생과일 섭취, 탄수화물 에너지섭취 비율의 경우에도 총점의 절반 이하 수준이었다.

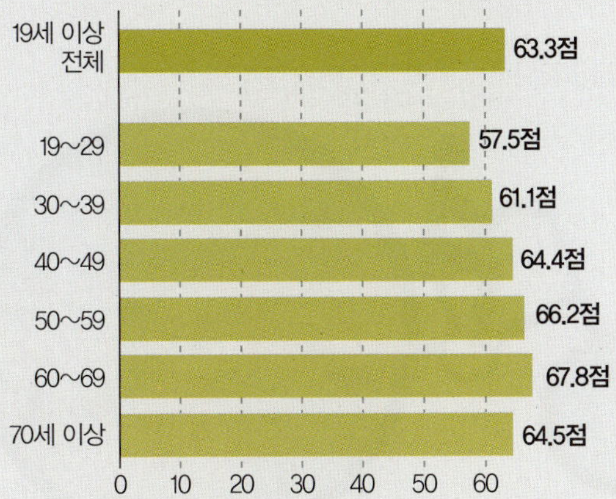

연령대별 식생활평가지수

국민건강영양조사 제6기(2013~2015)에 참여한 19세 이상 1만 5,954명(남자 6,688명, 여자 9,266명) 대상 평가

출처 : 질병관리청(2018)

2) 영양 면 목표

식생활관리의 가장 중요한 목표는 영양적으로 우수한 식사를 계획하여 구성원들의 건강을 유지하게 하는 것이다. 바람직한 식생활을 위한 식사를 계획할 때 기본적으로 고려할 점은 다양한 식품을 적절한 양으로 섭취하여 영양적으로 균형 잡힌 식사가 이루어지도록 하는 것이다. 이를 위해 식생활관리자는 식사대상자의 생애주기를 고려하여 이들의 영양요구량을 충족시키는 식사를 계획해야 한다.

(1) 균형 잡힌 식사

균형을 이룬 식사balance는 필요한 영양소가 골고루 적당한 양으로 포함되어 있는 식사로 특정 영양소나 식품에 치우치지 않게 구성된 식사이다. 우리가 건강한 삶을 유지하기 위해 필요한 영양소는 매우 많으나 한 식품에 모든 영양소가 포함되어 있지 않으므로 일상생활에서 균형식을 실천해야 한다. 균형 잡힌 식사를 실천하기 위해서는 식품구성자전거그림 2-6를 활용할 수 있다. 식품구성자전거는 6가지 식품군 중 과잉섭취에 주의해야 하는 유지 · 당류를 제외한 5가지 식품군을 골고루 필

그림 2-5 식품구성자전거

출처 : 보건복지부(2015)

요한 만큼 먹어 균형 잡힌 식사를 해야 한다는 의미이다. 또한 수분섭취의 중요성과 비만 예방을 위한 충분한 신체활동을 강조하고 있다.

(2) 다양한 식품 섭취

신체에 필요한 영양소의 종류는 매우 많으나 한두 가지 식품으로는 모든 영양소를 골고루 섭취할 수 없다. 같은 식품군도 영양소의 함량과 구성, 부족되는 영양소가 다르다. 고기, 생선, 달걀, 콩은 단백질은 풍부하지만 비타민이 부족하고, 우유는 칼슘의 주 급원이지만 철분 등의 일부 영양소가 부족하다. 따라서 다양한 여러 가지 식품으로 식단을 구성하여 한 가지 식품에 부족하게 함유된 영양소를 다른 식품에서 얻게 하여 상호보완 효과를 볼 수 있도록 해야 한다. 매일의 식생활에서 신체가 필요로 하는 다양한 영양소의 균형이 양과 질적인 면에서 모두 잘 갖추어진 건강한 식사를 실천하기 위해서는 여러 가지 식품을 골고루 섭취variety함으로써만 가능하다.

(3) 적절한 양의 섭취

식품섭취의 양이 부족하거나 과잉되면 질병에 대한 위험이 증가하므로 생활 습관병의 예방과 관리를 위해 적절한 양의 식품섭취moderation를 강조한다. 적절한 양의 섭취는 필요한 영양소가 과잉되거나 부족하지 않다는 것이다. 따라서 한 끼 식사에 특정 영양소가 함유된 식품을 많이 섭취할 경우 다른 끼 식사에서는 이 영양소가 적게 든 식품을 섭취하여 하루의 영양소 섭취가 적절하게 유지될 수 있도록 한다. 영양부족이나 과잉을 방지하기 위해서는 '2015 한국인 영양소 섭취기준'을 활용해야 한다.

표 2-2 식품섭취 다양성 평가

영양소	식품류	식품	배점		득점					
					아침		점심		저녁	
			균형식	식품	균형식	식품	균형식	식품	균형식	식품
단백질	고기류, 생선류	닭고기, 돼지고기, 소고기, 토끼고기, 오리고기, 염소고기, 소시지, 햄, 생선, 민물고기, 굴, 조개, 어묵	10	5						
	알류	달걀, 오리알, 메추리알		5						
	콩류	콩, 두부, 비지, 두류, 된장, 청국장		4						
칼슘	우유류	우유, 산양유, 분유, 치즈, 요구르트	10	5						
	뼈째 먹는 생선	멸치, 뱅어포, 잔새우, 미꾸라지, 양미리, 사골		4						
비타민·무기질	녹황색 채소류, 해조류	시금치, 당근, 깻잎, 고추, 갓, 미나리, 상추, 쑥갓, 무청, 아욱, 근대, 열무, 미역, 김, 다시마, 파래	10	5						
	담색 채소류, 버섯류	무, 배추, 양배추, 오이, 호박, 파, 양파, 우엉, 콩나물, 가지, 고구마줄기, 도라지, 버섯		2						
	과일류	사과, 감, 배, 복숭아, 귤, 포도, 살구, 자두, 참외, 토마토, 수박, 딸기, 대추		4						
탄수화물	쌀	쌀, 찹쌀	10	3						
	잡곡류	보리쌀, 밀가루, 옥수수, 조, 수수, 국수, 빵, 떡, 엿, 라면		3						
	감자류	감자, 고구마, 당면, 토란, 도토리		3						
지방	기름류	참기름, 들기름, 콩기름, 채종유, 옥수수기름, 올리브기름, 쇼트닝, 마요네즈, 마가린, 버터	10	4						
	종실류	참깨, 들깨, 호두, 잣, 땅콩		3						
합계			50	50						
			100							

식단 쓰기 아침 : 점심 : 저녁 :

진단방법

- 식단란에는 아침, 점심, 저녁별로 음식명과 사용한 식품명을 쓴다.
- 득점란에는 식품류별로 사용한 식품이 있을 때 ○표를 한다.
- 배점란의 균형식 점수는 영양소별로 ○표가 있을 때 해당점수를 득점한다.
- 합계란에는 끼니별로 균형식 점수와 식품 점수를 합하여, 이를 평가기준과 비교하여 끼니별로 평가한다.
- 1일 점수는 3끼니의 점수를 평균한 값이 되고, 이를 평가기준과 비교하여 1일 식단의 식품섭취 다양성을 평가한다.

평가기준

- 75점 이상은 훌륭합니다.
- 50~74점은 개선할 필요가 있습니다.
- 49점 이하는 많이 개선해야 합니다.

출처 : 서정숙 등(2007)

2. 경제 면

식생활관리자는 경제적인 측면을 고려하여 영양적으로 우수하고 균형 잡힌 식단을 작성하여야 한다. 우수한 식단을 작성하였더라도 예산을 초과하는 비용이 든다면 식생활관리를 합리적으로 실천할 수 없다. 계획적이고 영양적으로 우수한 식생활을 위해서는 수입에 맞는 식생활비를 책정하고 그 내용을 충분히 검토하여 식단을 작성해야 한다. 특히, 경제적인 문제로 식생활비 사용에 제약이 많은 경우에는 식생활관리가 계획적이고 체계적으로 이루어져야 가족의 영양상태에 문제가 발생하지 않는다. 제한된 식비 예산이라 하더라도 식생활관리자가 다양한 정보와 기술을 활용한다면 가계의 경제상태에 적합하면서도 가족의 기호와 영양을 충족시킬 수 있는 식생활을 계획할 수 있다.

1) 식비 지출 현황

대부분의 가정에는 수입에 한계가 있으며 수입에 따라 식생활비의 규모가 정해지므로 가정의 경제상태에 맞추어 식사를 계획하는 것이 중요하다. 가정의 식비 지출은 소득 수준과 가정의 가치관 및 라이프 스타일에 영향을 받는다. 가계동향조사 소비지출 중 식비식료품비와 외식비가 차지하는 비중인 엥겔지수는 1980년대 40%가 넘었으나 현재는 소득 수준의 향상으로 28.5%를 보이고 있다표 2-3. 외식의 경우는 1980년 전체 식비 중 3.7%를 차지하였으나 현재는 43.6%를 보여, 식비 중 외식비가 차지하는 비중이 점차 증가하고 있다. 1980년대 이후 외식비 지출이 빠른 속도로 급상승하였는데, 이는 우리나라 식생활 라이프가 크게 변화하였음을 보여 준다. 식품군별 식료품비 지출비율은 육류·육류가공품 20.6%, 과일·과일가공품 13.5%, 채소·채소가공품 9.4%, 수산물·수산가공품 9.4%, 곡물·곡물가공품 9.3%, 유제품·알류 8.2%, 당류·과자류가 8.0%를 차지하였다그림 2-7. 식비 지출은 가구의 소득, 가구원 수 등에 따라 달라진다표 2-4. 가족 수가 많아지면 필요한 식품의 양이 늘

표 2-3 가구당 월평균 식비 지출

(단위 : 천 원)

구분		2009	2010	2019	2020
소득		3,432	3,632	5,123	5,274
소비 지출		2,149	2,287	2,990	2,950
식비*	식료품 · 비주류 음료	298	317	405	474
	외식	275	286	399	367
엥겔지수**		26.6%	26.4%	26.9%	28.5%

* 식비 : 식료품 · 비주류음료와 외식비의 합

** 엥겔지수(%) = $\frac{\text{식비}}{\text{소비 지출}}$

* 가구당 월평균 가계지출(전국 2인 이상)자료 활용

출처 : 통계청(2021)

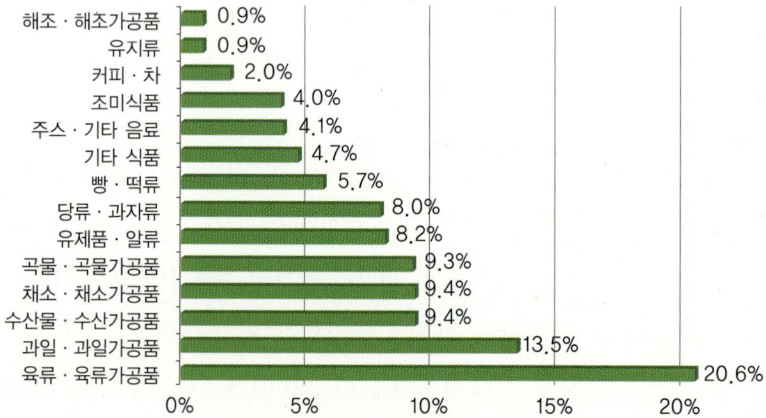

그림 2-6 가구당 월평균 식품군별 식료품비 지출 비율(전국 2인 이상, 2016년 3분기)

출처 : 통계청(2016)

어나고 이에 따라 식비의 지출도 증가한다. 가족 수가 많아질수록 엥겔지수와 1인당 식비 지출이 감소하는 추세를 보인다.

표 2-4 가구원수별 가구원당 월평균 식비 지출(2020년) _전국 2인 이상 (단위 : 천 원)

구분	소득	소비지출	식비		1인당 식비 지출	엥겔 지수
			식료품 · 비주류음료	외식		
1인	2,336	1,331	178	219	397	29.7%
2인	3,734	2,084	378	246	312	29.9%
3인	5,687	3,022	472	384	285	28.3%
4인	6,703	3,724	558	471	257	27.6%
5인 이상	6,628	4,011	637	466	221	27.5%

*가구원수별 가구당 월평균 가계지출(전국, 2인 이상) 자료 활용

출처: 통계청(2021)

2) 식품계획

(1) 소득 수준에 따른 식품계획

식품계획food plan은 가족구성원의 영양소 섭취기준을 충족시키면서 각 가정의 소득 수준에 맞게 합리적인 식품구입을 계획하는 것이다. 미국 농무부USDA에서는 가정의 소득 수준에 차이가 있어도 식품 선택을 경제적으로 현명하게 해서 필요한 영양소를 충족시킬 수 있도록 일상생활에서 활용할 수 있는 식품계획을 제시하였다. 식품계획은 소득 수준에 따라 절약계획thrifty plan, 저가격계획low cost plan, 적정가격계획moderate cost plan, 여유가격계획liberal cost plan으로 구분할 수 있다표 2-5.

- 절약계획 : 영양소 섭취기준만을 만족하도록 하고 저가격계획보다 식품비를 25~33% 낮게 계획한다. 저소득층 가족에게 좋은 영양분을 보충해 줄 수 있는 식품계획으로 곡류를 많이 사용하고, 육류, 어류, 채소, 과일은 적게 사용한다.
- 저가격계획 : 최저식품비로 한 식품계획으로 각 식품군에서 가격이 저렴한 식품을 선택한다.
- 적정가격계획 : 저가격계획보다 약 25% 높게 책정한다. 저가격계획보다 육

표 2-5 미국 USDA 식품계획(2016년 월평균)

(단위 : 달러)

성별	나이	절약계획	저가격계획	적정가격계획	여유가격계획
남자	12~13	165.6	236.1	295.7	346.7
	14~18	170.4	238.7	305.1	349.0
	19~50	183.6	237.5	298.0	367.2
	51~70	167.3	223.9	278.5	336.9
	71세 이상	168.8	221.0	274.3	340.8
여자	12~13	165.8	202.8	244.5	299.8
	14~18	162.7	202.8	246.2	303.2
	19~50	162.7	205.7	254.3	324.9
	51~70	161.0	200.2	249.9	301.8
	71세 이상	156.4	197.5	245.7	296.8

출처 : 미국 USDA(2016)

류, 어류, 우유 및 유제품 구입비를 증가시키고 곡류, 감자류, 유지류의 비용은 감소시킨다.

- 여유가격계획 : 저가격계획보다 약 50% 높게 책정한다. 식품을 다양하고 자유롭게 선택할 수 있고, 우수한 품질의 식품을 구입할 수 있다. 예산에 여유가 있어 식사계획이 쉽고, 육류, 과일, 채소 등을 다른 계획보다 다양하고 풍부하게 이용할 수 있다.

식품구입계획별 구입 가능한 식품군의 지출비율은 표 2-6과 같다. 식품비가 높아짐에 따라 상대적으로 곡류의 지출비율이 낮아지고 고기, 생선, 달걀, 콩류의 지출비율이 높아진다. 여유가격계획에서는 각 식품군 내에서 질적인 면뿐만 아니라 선택할 수 있는 식품의 종류가 훨씬 다양해진다.

표 2-6 식품계획에 따른 식품군의 지출비율

식품구입계획 식품군	저가격계획(%)	적정가격계획(%)	여유가격계획(%)
곡류	33.5	23.1	18.7
고기, 생선, 달걀, 콩류	27.5	25.6	38.4
우유, 유제품류	12.4	10.5	8.2
채소류와 과일류	34.9	45.3	38.7
유지류와 조미료류	6.8	5.7	3.5

출처 : 이경신 등(1998)

(2) 식비 지출에 영향을 주는 요소

① 가족구성원의 특성

가족구성원의 연령, 성별, 활동 정도, 건강상태에 따라 영양소의 필요량이 달라진다. 일반적으로 같은 나이일 경우 남성이 여성보다 식비가 증가되고, 생애주기에 따라서도 식비 지출에 차이가 난다. 가족 중에 알레르기를 가지고 있거나 식이문제를 가진 구성원이 있으면 이런 문제가 없는 가정보다 식비가 더 많이 든다.

② 가족구성원의 수

가족구성원의 수에 따라 총식품필요량도 달라지고 이에 따라 식품비 지출의 차이가 난다. 일반적으로 가족 수가 많으면 적은 가족보다 식비가 많이 필요하지만 1인당 식비는 약간 감소한다.

③ 가족구성원의 수입

일반적으로 가족의 수입이 많아지면 식생활비의 지출도 증가하고 1인당 식생활비도 증가한다. 또한 가족의 수입이 많을수록 식비 중 외식비 비율이 높다. 같은 식품을 구입하더라도 수입이 높으면 식품의 품질이 좋은 것을 선택하여 식생활비가 증가한다.

④ 가족의 식품기호도

가족의 식품기호는 식비에 영향을 준다. 가족구성원들이 단백질식품 중 소고기를 좋아하거나, 신선한 과일을 좋아한다면 식비가 증가한다.

⑤ 삶의 가치와 라이프스타일

가족의 목표와 가치에 따라 소비 형태가 다르므로 식비 지출에도 차이가 있다. 좋은 음식이나 외식을 즐기는 가족의 경우는 식생활에 지출하는 비용이 증가한다.

3) 경제 면 목표

식생활관리의 경제 목표는 소득 수준에 따라 식비 예산을 세우고, 주어진 예산 범위에서 우수한 식사를 계획하는 것이다. 가정의 소득에서 어느 정도를 식생활비로 할당해야 하는지를 결정하고, 식비의 내용을 주식, 부식, 기호식품, 외식으로 나누어 예산에 맞게 계획한다.

각 식품군에서 영양소 함량은 비슷하나 가격에 차이가 있는 식품이 많이 있으므로 가족의 식생활비와 영양필요량을 고려하여 식품을 선택한다. 단백질 급원으로 소고기 대신에 생선을 사용할 수도 있고, 닭고기, 달걀, 두부, 콩 등을 이용하면 필요한 단백질의 양을 비교적 저렴하게 충족시킬 수 있다. 예산에 알맞은 식생활을 실천하기 위해서는 대체식품을 알아두어 이용하는 것이 좋다. 예산이 충분하지 못하더라도 식생활관리자가 식생활 관련 정보를 충분히 활용하고, 식품을 구입하는 기술 및 능력을 충분히 발휘한다면 가족구성원의 기호와 영양을 충족시킬 수 있는 식사를 계획할 수 있다.

3. 기호 면

식품기호는 특정 식품을 즐기고 좋아하는 것을 말하며, 식품기호에 영향을 주는 관능적 요인으로는 음식의 색, 질감, 향미 전체적인 맛이다. 식품기호는 식품을 먹어 본 경험, 가족의 식습관, 종교, 교육, 지역 · 경제환경 등에 의해 형성된다. 또한 기호는 성별, 연령, 건강상태, 개인이 처한 환경에 따라 다르게 나타날 수 있다. 식생활관리자가 영양이 풍부한 식사를 준비했다 하더라도 식사를 하는 사람의 기호에 맞지 않아 잘 먹지 않는다면 목표에 부합하는 영양을 제공할 수 없다. 따라서 식생활관리자는 식사대상자의 영양요구를 만족시키면서도 맛있게 먹을 수 있도록 기호를 최대한 반영한 식사를 계획하고 식품구성의 조화와 조리방법에도 신경을 써야 한다.

1) 식품기호에 영향을 주는 요인

(1) 색과 외관

식품의 색, 모양, 크기 등의 외관은 식욕과 식품선택에 영향을 미치는 요인이며, 일차적으로 식품의 품질을 판단하는 기준이 된다. 식품에는 각기 고유의 색이 있어서 색을 보면서 식품의 냄새와 맛을 연상하게 되고, 익은 정도나 신선도를 판단할 수 있다. 빨간색의 딸기를 보면 향기로운 딸기향과 달콤함을 느끼고, 잘 구워진 빵을 보면 부드럽고 촉촉한 빵을 연상하기도 한다. 이러한 좋은 시각적 특성은 음식의 맛이나 향미에 대한 기대를 높일 수 있다.

식사를 구성할 때 시각적으로 맛있게 보이게 하기 위해서 식품 각각의 색 외에 전체적으로 색의 조화를 이루도록 해야 한다. 식품의 색은 빨강, 주황, 노랑, 초록, 하양, 검정 등의 다양한 색으로 이루어져 있는데, 조화롭게 다양한 색으로 식사를 구성하면 시각적으로 보기 좋을 뿐 아니라 영양적으로도 우수하다. 또한 음식의 색과 음식을 담는 식기의 색과 모양을 조화롭고 어울리게 선택하면 기호도를 높일 수 있다.

(2) 향미

향미flavor는 입으로 들어오는 물질에 의해 미각과 후각을 자극하고 입 안에 주는 고통, 촉감, 온도감수기에 자극을 주어 일어나는 감각 등을 모두 포함한다. 향미는 개인에 따라 인식의 차이가 있고 같은 사람이라도 시간이 지나면 다르게 느끼게 된다. 향미는 음식의 맛을 느끼게 할 뿐 아니라 식품의 신선도나 익은 정도를 판단하는 데도 도움을 준다. 후각은 냄새를 내는 물질의 농도가 매우 낮아도 쉽게 감지할 수 있으나 같은 냄새를 계속적으로 맡고 있으면 느끼는 냄새의 강도가 점점 약해져 냄새를 잘 느끼지 못하게 된다. 냄새는 여러 가지가 혼합되었을 때보다 한 가지 단독일 때 냄새에 대한 적응이 더 빠르게 나타나므로 한두 가지 음식으로 구성된 식사를 할 때 그 냄새에 빠르게 적응하여 맛을 잘 음미하지 못하게 된다. 따라서 식사는 다양한 음식으로 구성하고 비슷한 향미를 가진 식품, 양념 및 향신료 등을 한 끼의 식사에 반복적으로 사용하지 않아야 한다.

알아두기

후각기관과 냄새의 감지

냄새를 내는 물질이 코 안의 후각세포를 자극하여 냄새를 맡을 수 있다. 코의 제일 윗부분에 있는 후각상피에는 100만~200만 개의 후각세포가 있다. 후각세포의 한쪽 끝에는 머리털 모양의 섬모가 있고, 반대쪽은 후각신경이 연결되어 있다. 냄새를 내는 물질이 섬모에 충돌하여 후각세포가 흥분하면 이 자극이 후각신경을 통해 뇌에 전달되어 냄새를 감지하게 된다.

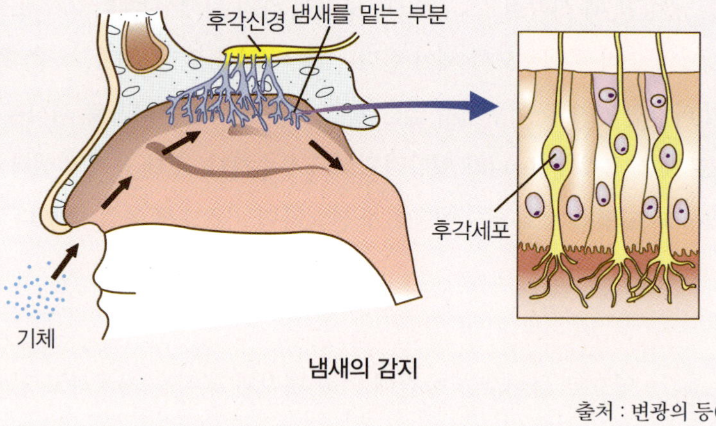

냄새의 감지

출처 : 변광의 등(2010)

쉬어가기

뇌에 새겨진 과자의 향기

프랑스 작가 마르셀 프루스트(Marcel Proust)는 어느 겨울날 홍차에 마들렌 과자를 적셔 한 입 베어 물었다. 그 순간, 어릴 적 고향에서 숙모가 내어주곤 했던 마들렌의 향기를 떠올렸다. 프루스트의 머리에 펼쳐진 고향의 기억은 그의 대표작《잃어버린 시간을 찾아서》의 집필로 이어졌다. 이후 향기가 기억을 이끌어 내는 것을 '프루스트 현상'이라고 부르게 됐다.

과학자들은 프루스트 현상의 비밀을 뇌와 진화에서 찾고 있다. 이스라엘 와이즈만연구소의 예슈런(Yeshurun) 박사는 '커런트 바이올로지(Current Biology)'에 향기와 기억 간의 연관관계를 추적한 실험 결과를 발표했다. 연구진은 16명의 성인에게 사진을 보여 주면서 달콤한 배나 눅눅한 곰팡내를 맡게 했다. 90분 뒤엔 같은 사진에 다른 냄새를 맡게 했다. 일주일 뒤 여러 가지 냄새를 맡게 하면서 뇌의 활동을 기능성자기공명영상(fMRI)으로 촬영했다. 뇌의 특정 부위가 작동하면 그쪽으로 피가 몰리는데, fMRI는 이를 영상에서 불이 반짝이는 형태로 보여 준다.

실험 결과 참가자들은 일주일 전 두 번의 실험 중 첫 번째 맡았던 냄새에 노출될 때 사진을 더 잘 기억했다. 이때 뇌에서는 기억을 담당하는 영역인 해마에 불이 켜졌다. 특히, 첫 번째 맡은 냄새 중에는 곰팡내처럼 기분 나쁜 냄새에 더 강력한 반응을 보였다. 예슈런 박사는 "뇌는 좋든 싫든 가장 먼저 맡았던 냄새의 기억을 각인한다"며 "나쁜 냄새에 대한 기억이 강한 것은 진화과정에서 독초나 썩은 음식물, 천적의 나쁜 냄새를 빨리 알아채야 생존에 유리했기 때문일 것"이라고 설명했다.

출처 : 최낙언(2012)

(3) 맛

맛taste은 식품기호를 결정하는 데 가장 중요한 요소이며, 식품의 품질을 결정하는 중요한 요소이다. 식품의 맛은 단맛, 짠맛, 신맛, 쓴맛의 4가지 기본적인 맛과 매운맛, 떫은맛, 감칠맛 등이 있다. 혀는 부위에 따라 각각 다른 맛을 느끼는데, 혀의 끝은 단맛, 혀의 양옆은 신맛과 짠맛, 혀의 안쪽은 쓴맛에 민감하다. 음식의 온도는 맛에 영향을 주며, 음식마다 맛을 가장 좋게 느끼게 하는 최적의 온도가 있다. 일반적으로 단맛은 35℃, 짠맛은 37℃, 신맛은 25℃, 쓴맛은 40~50℃, 매운맛은 50~60℃에서 가장 강하게 느껴진다. 온도는 식품의 맛에 크게 영향을 주므로 뜨거

표 2-7 맛의 상호작용

맛의 상호작용	현상	현상의 예
맛의 대비	소량 사용된 맛 성분이 주된 맛을 강하게 만드는 현상	단팥죽에 소금을 소량 넣으면 단맛이 강해짐
맛의 억제	서로 다른 맛 성분을 혼합할 때 주된 성분의 맛이 약해지는 현상	커피와 차에 설탕을 넣으면 쓴맛이 완화됨
맛의 상승	같은 종류의 맛을 가진 성분들을 혼합했을 때 원래의 맛보다 강해지는 현상	다시마와 멸치를 첨가하면 감칠맛이 강해짐

운 음식은 뜨겁게 찬 음식은 차갑게 먹을 수 있도록 제공시간에 맞추어 음식을 준비해야 한다.

맛의 지속성은 쓴맛, 신맛, 짠맛, 단맛의 순서로 나타나고 짠맛은 신맛보다 빨리 적응된다. 맛은 상호작용이 있어 서로 다른 맛을 섞었을 때 주된 맛이 더 강하게 느껴지거나, 약하게 느껴지게 한다표 2-7. 단팥죽의 단맛을 내기 위해 설탕과 소량의 소금을 넣어주면 설탕의 단맛이 훨씬 강하게 느껴지는데, 이처럼 소량 사용된 맛 성분소금의 짠맛이 주된 맛설탕의 단맛을 강하게 하는 것을 '맛의 대비'라고 한다. 쓴맛이 강한 커피나 차를 마실 때 설탕을 넣어 마시면 쓴맛이 상당히 완화되는데, 이를 '맛의 억제'라고 한다. 다시마와 멸치를 함께 사용하여 국물을 우리면 감칠맛이 강해지는데, 이를 '맛의 상승'이라 한다. 신맛은 짠맛과 쓴맛을 감소시키고 짠맛은 쓴맛과 신맛을 감소시키며 짠맛과 신맛은 단맛을 증가시킨다. 식생활관리자는 이러한 맛의 지속성 및 적응, 맛의 상호작용 등을 고려한 식사를 구성하도록 한다. 또한 식품 고유의 맛뿐 아니라 식사 전체의 맛을 조화롭게 느끼게 하기 위해서는 순한 맛을 가진 음식을 먼저 제공하고 강한 맛의 음식을 나중에 제공하는 것이 바람직하다.

(4) 질감

질감texture은 입 안에서 느끼는 식품의 물리적 성질로 식품의 기호에 매우 중요한 영향을 미친다. 식품을 입에 넣었을 때 느껴지는 식품의 크기, 모양, 수분 및 지방 함량 등에 대한 느낌을 질감이라 한다. 질감은 주로 입 안에서 느끼지만, 시각적으로 볼 때, 손으로 살짝 눌러볼 때, 수저로 뜰 때, 씹는 소리에 의해서도 느낄 수 있다. 질감은 단단하다, 질기다, 거칠다, 건조하다, 기름지다, 쫄깃하다, 끈적거리다, 부드럽다, 바삭하다, 촉촉하다 등으로 표현된다. 사람들은 식품에 따라 기대하는 질감이 다르다. 당근이나 오이 등의 생채소는 아삭함, 케이크는 촉촉하고 부드러움, 과자는 바삭함 등의 질감을 좋아한다. 식생활관리자는 식품과 음식에서 기대하는 질감을 느낄 수 있도록 식사를 구성해야 한다. 또한 한 끼의 식사에서 다양한 질감을 조화롭게 느낄 수 있도록 해야 한다.

2) 기호 면 목표

식생활관리자는 영양적으로 우수할 뿐 아니라 기호를 만족시킬 수 있는 식사를 계획하고 제공할 수 있어야 한다. 식품기호에 영향을 미치는 요인은 음식의 색, 향미, 맛, 질감 등 다양하므로 이를 고려하여 식단을 계획한다. 식생활관리자는 식사 구성에서 식품의 조화와 조리방법의 변화 등을 통해 기호도를 높이기 위한 노력을 해야 한다.

식품기호도를 높일 수 있는 식사 구성은 다음과 같다.

- 서로 다른 색의 식품을 넣어 식사를 조화롭게 구성한다.
- 식품재료를 다양하게 이용하고 재료가 중복되지 않도록 한다.
- 식품의 종류에 따라 모양, 크기, 양을 서로 다르게 한다.
- 다양한 질감을 느낄 수 있도록 구성한다.
- 여러 가지 맛을 소개하도록 한다.
- 한 식사에 유사한 향미, 맛의 식품을 중복해서 사용하지 않는다.
- 조리방법을 다양하게 선택한다.

알아두기

가공식품에 설탕세를 부과하면 비만인구가 줄어들 수 있다

세계보건기구(WHO)는 여러 나라에서 도입 찬반 논란이 일고 있는 설탕세 도입을 공식적으로 권고한다고 밝혔다. WHO에서 펴낸 '음식섭취와 비전염성 질병 예방을 위한 세제 정책' 보고서에 따르면 비만문제와 관련해 당류가 포함된 음료에 20%의 설탕세를 부과하면 해당 식품의 소비 감소 효과가 나타난다고 한다. WHO는 "당류 음료의 소비 감소는 '무가당'으로 표시된 음식과 전반적인 열량섭취를 줄이는 것을 의미한다"며 "과체중, 비만, 당뇨, 충치 등도 줄일 수 있다"고 전했다. 무가당으로 표시된 식품은 생산 · 조리 · 소비과정에서 글루코스, 과당 등 단당류나 이당류가 첨가되기도 한다. 자연에서 바로 얻는 꿀과 시럽, 과일 주스, 주스 농축액도 당 성분이 들어간다.

WHO 비전염성 질병국장은 "단 음료와 무가당식품의 섭취는 전 세계적으로 비만과 당뇨의 가장 큰 원인이 된다"며 "설탕세가 도입되면 질병 발생과 건강관리에 드는 비용도 줄일 수 있다"고 말했다. 현재 전 세계 18세 이상 성인의 3명 중 1명꼴로 과체중인 상황이다. 비만 유병률은 남성 11%, 여성 15%로 1980년에 비해 두 배가 됐다. 5세 이하 어린이 중에도 4,200만 명이 과체중이거나 비만으로 조사됐다. 2012년 비만 원인으로 사망한 사람은 150만 명에 이른다. WHO 프란체츠코 블랑카 박사는 "영양 관점에서 보면 사람들이 더는 설탕을 섭취할 필요가 없다"며 "매일 무가당 식품섭취가 전체 필요 에너지의 10% 이하가 되게 하면 250 mL 설탕 가공 음료를 한 번 덜 마신 셈이 되고 5% 이하로 낮추면 건강에 도움이 될 것"이라고 말했다. 보고서는 신선한 과일과 채소에 보조금을 지급해 가격을 10~30% 낮추고 무가당식품, 포화지방, 트랜스지방 등이 든 식품에는 과세하는 방식으로 식품 소비에 변화를 유도하면 비만율을 낮출 수 있다는 결론을 냈다.

출처 : 헤럴드경제(2016. 10. 12)

4. 위생 면

식생활관리에서 가장 중요하게 고려해야 할 목표 중 하나는 식품의 안전성이다. 식품은 생산, 재배, 채취과정부터 제조, 가공, 유통, 조리를 거쳐 소비자에게 제공될 때까지 여러 단계에서 위해요소가 존재한다. 즉, 생산 및 재배되는 단계에서 여러 위해요소에 의해 오염되어 있는데, 이후 단계에서 오염물질이 제거되지 않거나 부적절한 온도에서 보관될 경우 증식하여 문제를 유발한다. 최근 식품안전을 위협하

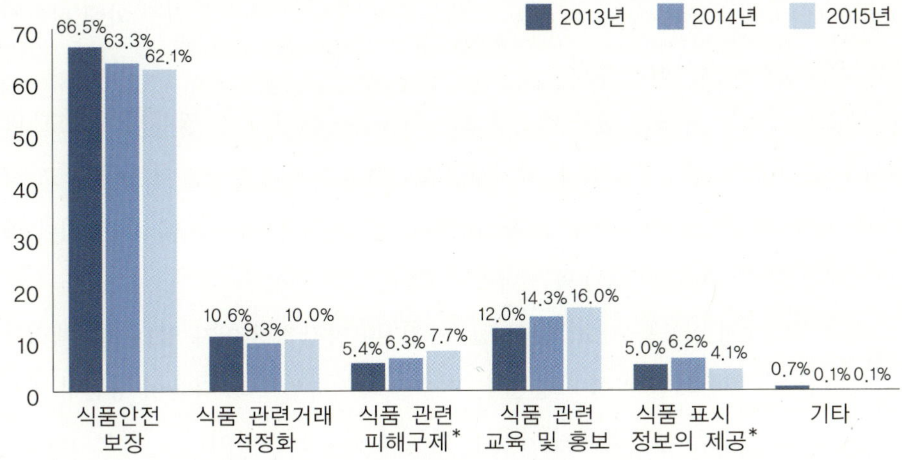

주 : *는 2014년 대비 2015년의 결과가 95% 신뢰 수준에서 유의한 차이가 있는 것으로 나타남

그림 2-7 성인의 식품소비정책의 분야별 중요도

출처 : 한국농촌경제연구원(2015)

는 요인들로는 수입식품 등 식품 생산 및 수급의 변화, 식품 오염을 유발하는 기후 변화 등의 환경, 식중독 사고 발생의 광역화, 신종 세균, 독소 및 항생물질의 출현 등이 지목되고 있다. 이에 따라 식품소비에 따른 안전 불안이 여전히 남아 있으며, 그림 2-8에서와 같이 가장 시급한 정책 요구도로 나타나고 있다. 식생활관리자는 식사 준비를 위한 식단계획에서부터 식품 구매, 식사 준비, 뒷정리에 이르기까지 식품안전을 위협하는 요인들을 인지하고, 위생관리기준에 적합하게 관리하여야 할 것이다.

1) 식중독 발생 현황

식중독 사고 발생 통계는 식품생산자, 소비자, 해당기관들에게 사전 예방을 실천할 수 있는 구체적인 전략 마련에 유익한 자료로 활용된다. 국내에서 발생하는 식중독 사고에 대한 통계는 식품의약품안전처 식품안전정보포털에서 제공되며, 월, 연도, 지역, 원인시설, 원인균의 5개 기준에 의해 제시되어 있다. 미국의 경우 질병통제예방센터US Centers for Disease Control and Prevention : US CDC에서 Foodborne

Outbreak Online DatabaseFOOD Tool로 제공되며, 국내의 총 5개 기준 외에 원인식품이 추가적으로 제시되고 있다.

식중독 사고는 국내의 경우 계절별로는 여름철6~8월에 가장 많이 발생하고, 다음이 12월 순으로 나타나고 있다. 원인시설별로는 음식점의 발생률이 가장 높고, 학교직영, 학교 외 집단급식시설 순으로 집계되고 있다. 미국의 경우 레스토랑이나 델리, 가정집 순으로 나타나 국내와는 다소 다르다.

최근 국내에서 식중독 사고의 원인균은 해마다 약간씩 차이가 있으나 대체적으로 노로바이러스에 의한 것이 가장 높은 비율을 차지하였으며, 다음이 병원성 대장균, 클로스트리디움, 살모넬라 순이었다. 미국의 경우 노로바이러스, 살모넬라, 캠필로박터 순으로 나타났다. 원인식품에 대한 자료는 매우 유용한 정보이나 국내의 경우 식품의약품안전처에서 제시하지 않고 있다. 국내 질병관리본부의 자료를 분석한 결과에 의하면, 2014년 식중독 사고의 원인균과 원인식품으로 볼 때 노로바이러스와 지하수, 굴, 채소 및 김치가 가장 높은 비율을 보였으며, 병원성 대장균은 열무김치, 클로스트리디움 퍼프린젠스와 캠필로박터는 돼지고기와 소고기에 의해 발생하였다. 미국 질병통제예방센터의 보고에 의하면 2008~2012년까지 원인식품으로 너트류Nuts, 가금류, 넝쿨채소류토마토와 오이, 달걀, 소고기, 돼지고기 순으로 나타나, 최근 들어 채소류의 비율이 높아지고 있음을 알 수 있다.

쉬어가기

미국에서 발생한 식중독 사고의 원인물질별 원인식품

미국에서 2014년 발생한 식중독 사고의 건수를 분석하여 상위 5위의 원인물질과 원인식품이 발표되었다. 가장 높은 순으로 시구아톡신(ciguatoxin)-생선, 스콤브로이드 톡신(scombroid toxin)-생선, 살모넬라-닭고기, 캠필로박터-유제품, 비브리오-굴, 홍합 등 연체동물(mollusks)이었다. 환자 수로는 살모넬라-종자채소가 가장 높았고, 다음이 살모넬라-닭고기, 황색포도상구균독소-칠면조육, 캠필로박터-유제품, 살모넬라-종자발아채소 순으로 나타났다.

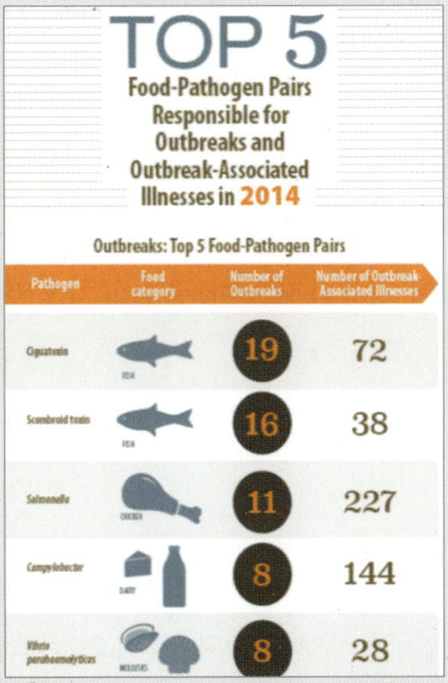

건수 순위

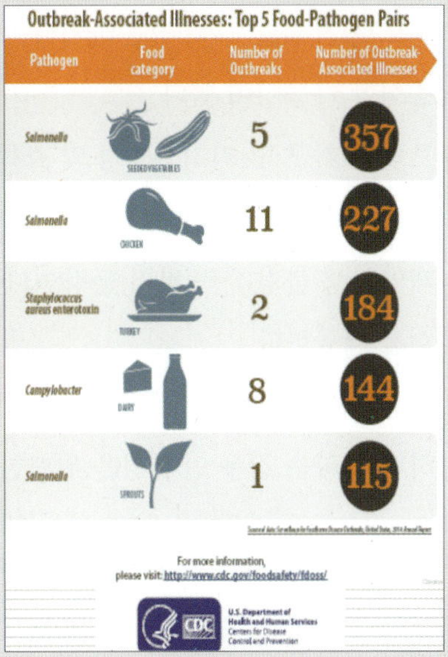

환자 수 순위

출처 : 미국 Centers for Disease Control and Prevention(2015)

2) 식중독 발생 위험인자

식중독 발생 시 역학조사를 통해 정확한 위험인자를 규명하면 위생관리방안을 마련하는 데 도움이 된다. 국내에서는 식중독 원인별 위험인자가 정확히 발표되지 않고 있으나, 미국 질병통제예방센터에서는 5개 위험인자와 관리방안을 다음과 같이 제시하여 위생관리 원칙의 근거로 이용되고 있다. 미국 식품의약국US Food & Drug Administration : US FDA은 위험인자를 관리하기 위해 위생관리 원칙인 4CClean, Separate, Cook, Chill를 마련하였다제7장 참조.

- 식품의 부적절한 보관온도 : 온도/시간관리를 요하는 식품Time/temperature Controlled for Safety Food : TCS Food을 위험온도 범주5~60℃에 보관하면 안전에 위협이 된다.

- 식품의 부적절한 가열 : 식품에 오염된 위해요소들은 75℃미국 74℃보다 낮은 온도로 가열할 경우 잔존하거나 이후 위험온도 범주에서 장시간 보관될 경우 증식할 가능성이 있다.
- 오염된 기구 및 기기 : 세척 및 소독이 부적절할 경우, 잔존하는 미생물이 식품으로 교차오염될 수 있다.
- 개인위생 불량 : 손 씻기 불량이나 복장이 청결하지 못한 경우 교차오염의 기회를 제공한다.
- 안전하지 못한 식품 공급처 : 식재료를 공급하는 업체가 위생관리기준을 준수하지 못하는 경우 안전성을 위협한다.

FDA는 CDC에 의해 규명된 식중독 발생 위험인자에 대한 실행 정도를 평가하기 위해 1998년, 2003년, 2008년에 걸쳐 3회의 연구를 수행하였다. 급식소, 레스토랑, 소매식품점의 3개 유형, 9개의 세부 유형으로 나누어 조사한 결과, 대부분의 급식소병원, 요양원, 초등학교 K-5, 레스토랑fast food & full service, 소매식품점델리전문점, 육류전문점, 수산물전문점, 농산물전문점에서 위생관리 적합률이 유의적으로 개선되었다. 그러나 개인위

표 2-8 가정주방의 식중독균 오염 가능성

구분	캠필로박터	살모넬라	황색포도상구균	병원성 대장균	리스테리아 모노사이토제네스
행주, 수세미	√	√	√	√	√
싱크대, 수도꼭지		√	√	√	√
냉장고 손잡이	√		√	√	√
쓰레기통	√		√	√	
도마	√		√	√	
작업대	√		√	√	
부엌 바닥	√			√	

출처 : Kennedy 등(2005) ; Quick 등(2013)

알아두기

■ 식품 취급 시 안전을 위협하는 행위

미국 보건복지부에서는 식품 취급과 관련하여 안전을 자주 위협하는 행동들을 다음과 같이 제시하였다.

- 식품의 상태가 괜찮은지 맛을 보는 행위
- 조리되지 않은 육류를 담았던 접시에 조리된 것 담기
- 작업대 위 상온에서 해동
- 육류 및 가금류를 세척하여 싱크대를 오염시키는 행위
- 식품을 냉장고에 넣기 전 상온에서 냉각하는 행위
- 익히지 않은 반죽을 맛보기(또는 가열하지 않은 달걀 맛보기)
- 작업대 위 상온에서 육류나 수산물 재우기
- 가열한 식품 위에 가열하지 않은 육류를 재워두기(marinate)
- 육류, 가금류, 수산물 및 달걀을 완전 조리하지 않는 행위
- 손 세척을 하지 않는 행위

출처 : U. S. Department of Health & Human Services(2017)

생, 식품의 부적절한 보관, 오염된 식품접촉표면 및 기기, 이 세 항목에 대한 개선이 필요한 것으로 지적되었다.

가정의 주방에서 자주 발견되는 주요 식중독균은 캠필로박터*Campylobacter*, 살모넬라*Salmonella*, 황색포도상구균*Staphylococcus aureus*, 병원성 대장균*Escherichia coli*, 리스테리아 모노사이토제네스*Listeria monocytogenes* 등이다표 2-8.

3) 식중독 예방

각 나라는 국가 차원에서 식품의 기준규격과 정책을 설정하여 식중독을 예방하고 있다. 식중독 예측지도는 식중독 발생 정보, 기상 환경 진료 정보와 사회관계망서비스SNS 빅데이터를 융합하여 지역별 발생 위험정보를 지도 형태로 시각화한 것

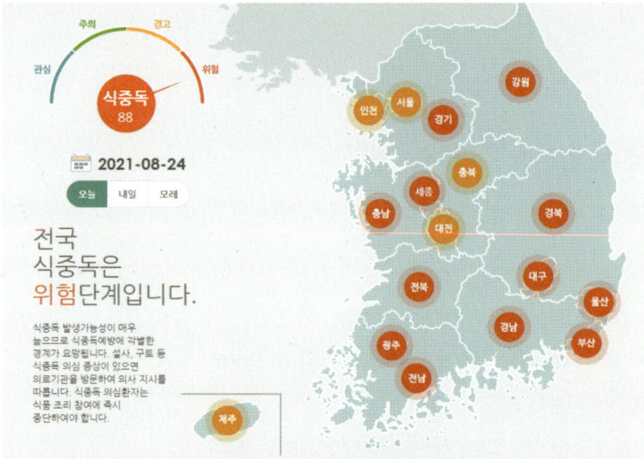

그림 2-8 식중독 예측 지도

출처 : 식품의약품안전처 홈페이지

이다그림 2-9. 2016년 3월부터 식품의약품안전처 홈페이지 등에서 서비스되고 있다. 주요 서비스는 시 · 군 · 구 단위로 당일 기준 2일 후까지 식중독 발생 위험 정보이며, 관심 · 주의 · 경고 · 위험 4단계로 구분하여 각 단계별 식중독 예방을 위한 행동요령을 제공한다표 2-9. 또한 식중독 발생정보 분석을 통해 월별로 높은 원인시설 · 원인균, 실시간 기상정보 및 트위터 · 블로그 등 SNS 통계도 제공하고 있다.

표 2-9 식중독 서비스 단계별 행동요령

단계	지수 범위	행동요령
관심(청색)	0~40%	• 식중독 발생 가능성은 낮으나 식중독 예방에 지속적인 관심이 요망된다. • 화장실 사용 후 귀가 후, 조리 전에 손 씻기를 생활화한다.
주의(녹색)	41~70%	• 식중독 발생 가능성이 중간 단계이므로 식중독 예방에 주의가 요망된다. • 조리음식은 중심부까지 75℃(어패류 85℃)에서 1분 이상 완전히 익히고 외부로 운반할 때에는 가급적 아이스박스 등을 이용하여 10℃ 이하에서 보관 운반한다.
경고(주황색)	71~90%	• 식중독 발생 가능성이 높으므로 식중독 예방에 경계가 요망된다. • 조리도구는 세척, 소독 등을 거쳐 세균오염을 방지하고 유통기한, 보관방법 등을 확인하여 음식물 조리 보관에 각별히 주의하여야 한다.
위험(적색)	91~100%	• 식중독 발생 가능성이 매우 높으므로 식중독 예방에 각별한 경계가 요망된다. • 설사, 구토 등 식중독 의심 증상이 있으면 의료기관을 방문하여 의사 지시를 따른다. 식중독 의심환자는 식품 조리참여에 즉시 중단하여야 한다.

출처 : 식품의약품안전처 홈페이지

4) 위생 면 목표

식생활관리의 위생관리 목표는 가정식사나 외식에 의한 식중독이 발생하지 않도록 식사를 계획하는 것이다. 식단 작성, 식재료 구매 및 보관, 조리, 상차림 등의 과정 중 잔존하는 미생물의 증식이 일어나지 않고, 사멸할 수 있도록 식품의 온도-시간관리time-temperature control 등 예방수칙을 준수해야 한다. 안전한 식사를 준비하는 데에는 식사 준비자에 의해 오염이 발생하지 않도록 개인위생을 철저히 하고, 식품취급기준을 준수해야 한다. 또한 주방기기와 기구 등에 의한 교차오염이 예방될 수 있도록 위생관리 수칙을 실천하여야 한다.

5. 능률 면

사회의 급속한 발전에 따라 맞벌이 가구와 1인 가구 등 가족의 구조와 생활양식의 변화가 가중되고 있다. 대부분의 현대인들은 식생활관리에서 시간 부족 등의 효율성 문제에 직면하게 되었다. 그러므로 식단계획에서부터, 식품구매, 식사 준비 등 다양한 식생활관리 분야에서 더 효율적인 관리를 위한 방안이 요구된다.

1) 식생활 관련 가사노동시간 현황

통계청의 생활시간조사자료에 의하면 맞벌이 부부가 늘어나면서 남편과 아내의 가정관리시간은 달라지고 있다. 2014년 가정관리시간을 분석해보면, 남성보다 여성이 총 1시간가량 더 소요하는 것으로 나타났다. 20세 이상 성인의 음식 준비시간은 1일 평균 51분이었으며, 남성이 여성에 비해 1시간 정도 덜 소비하는 것으로 조사되었다. 맞벌이와 외벌이 모두 여자가 남자보다 가사노동시간이 길었고, 특히 남자가 외벌이를 하는 경우에는 여자의 가사노동 시간이 매우 긴 것으로 나타났다. 맞

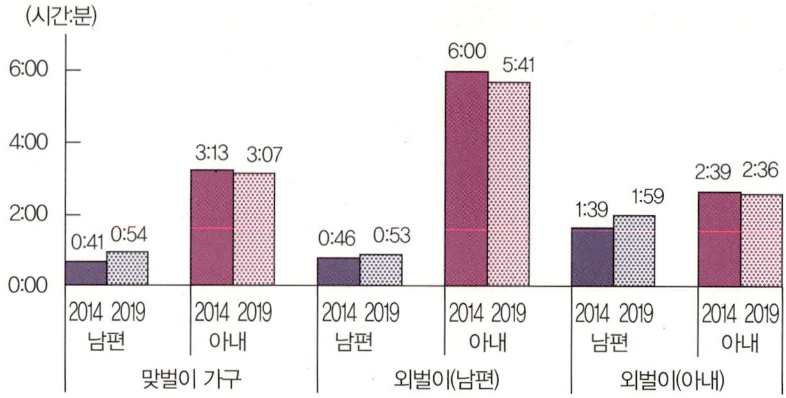

그림 2-9 맞벌이와 외벌이의 가사노동 시간

출처 : 통계청(2020)

벌이와 외벌이 가구 모두 5년 전에 비해 가사노동시간에 큰 차이는 보이지 않았으나, 남자의 가사노동시간은 증가하고 여자의 가사노동시간을 감소하였다.

2) 시간관리에 영향을 주는 요인

식사관리에 소요되는 시간은 식사의 계획, 식품의 구입, 식사 준비 및 배식, 뒤처리를 어떻게 계획하는가에 따라 다르다. 식사 준비에 사용되는 시간은 가족의 패턴, 식생활에 대한 가치, 노동 요구도, 기기 활용 등의 요인에 의해 결정된다.

(1) 가족 패턴

식사 준비를 위한 시간계획에 가족 패턴이 고려되어야 한다. 가족 패턴이란 가족의 규모와 연령 등을 일컫는다. 자녀의 연령이 낮을수록 식사 준비시간과 식사에 걸리는 시간이 길어질 수 있다. 가족구성원의 수가 많을 경우 가족의 도움으로 시간을 줄일 수 있거나 동시에 일을 진행하여 공간 사용의 혼잡성 등으로 시간이 더 소요되기도 한다. 개인의 시간계획 수립 시 숙련과 경험 정도가 크게 영향을 미치므로 시간을 잘 분배해야 한다.

쉬어가기

쿡방 열풍과 조리 소요시간

최근 시대 상황의 변화에 따라 가정에서 요리하는 시간은 줄어든 반면, 요리 관련 방송 프로그램이 대세이다. 2015년 3월 30일 독일 전문조사기관인 Gfk가 22개국에서 15세 이상 2만 7,000명을 대상으로 일주일의 조리 소요시간을 조사하였다. 그 결과, 주 평균 6.4시간을 조리에 사용하며, 여성은 7.5시간 이상, 남성은 5시간이었다. 국가별로 살펴보면, 1위가 인도로 일주일 평균 13.2시간, 2위가 우크라이나로 13.1시간이었고, 한국은 일주일에 조리하는 시간이 3.7시간에 그쳐 22개국 중에서 가장 짧은 것으로 나타났다.

우리나라는 조리에 소요하는 시간은 적지만 최근 지상파 방송이나 케이블, 종편 채널에서 요리 관련 먹방이나 쿡방 프로그램에서 유명 연예인이나 유명 요리사들이 요리를 만들고, 맛있게 먹는 장면들을 연출하는 것이 인기를 끌고 있다. 〈허핑턴포스트지〉(2015. 12. 31)에 의하면, 그 이유로 1인 가구의 증가, 가족해체 등으로 인해 혼자 먹기 위한 식사를 건강하게 하고자 하는 욕구가 출현한 것을 꼽고 있다. 또한 경제활동 여성 인구의 증가로 가정식사 준비시간이 줄고 가정간편식을 선호하는 가구가 증가하였으며, 먹지 않고 보기만 해도 만족하고자 하는 즐거움을 중시하는 소비자 욕구의 변화 등으로 설명되고 있다.

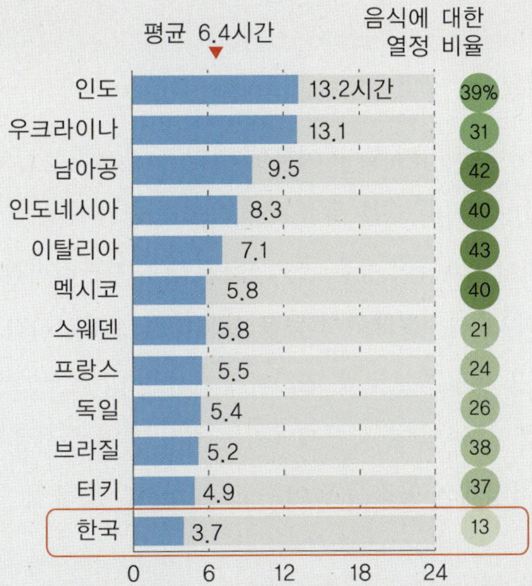

22개국 15세 이상 남녀 일주일 요리시간

출처 : 연합뉴스(2015. 4. 2)

(2) 식생활에 대한 가치

개인이 가지는 식생활에 대한 가치는 전반적인 식생활관리에 영향을 미친다. 예를 들면, 음식의 심미적 가치를 우선적으로 고려한다면, 디자인이나 테이블 세팅 등에 더 많은 시간을 계획한다. 편리함이나 기능성에 가치를 두는 경우 편이식이나 전처리된 식재료를 구입할 것이다.

(3) 노동요구도

구입하는 식재료의 가공 정도에 따라 노동요구도가 달라지므로 시간계획에 영향을 준다. 시간이 부족할 경우 냉동식품, 완제품에 가까운 가공식품을 구입하거나 편의점의 도시락 구입, 배달음식을 이용하는 것도 하나의 대안이 될 수 있다. 저녁식사를 준비할 때 시간이 가장 많이 소요되므로 주말에 미리 음식을 만들어두었다가 주중에 조금씩 사용할 수 있다. 조리방법별 시간 소요량에서 볶기는 시간이 가장 짧고, 구이는 튀김보다, 찌기는 끓이기보다 더 소요된다. 그러나 신선재료 사용 시 가공 정도가 높은 것보다 다듬고, 씻고, 써는 등 준비하는 데 시간이 더 걸린다.

(4) 기기 활용

주방에 구비된 기기 활용 여부에 따라 시간계획은 달라질 수 있다. 시간 예약이 가능한 전기밥솥이나 오븐 등을 사용하면 시간계획이 훨씬 유연해질 수 있다. 전자레인지나 에어프라이어 등은 조리 및 기기 유지관리시간을 절약하는 데 매우 유용하며, 블렌더, 주서, 슬라이서 등을 사용하면 전처리시간을 줄일 수 있다. 최근에는 스마트오븐을 이용함으로써 조리과정에서 미리 프로그램화된 조리방법을 활용하여 시간을 줄일 수 있다. 식기세척기는 식사 준비에 사용한 도구 및 그릇을 바로 넣을 수 있어 작업대의 공간을 덜어주고, 세척시간을 줄일 수 있다.

3) 시간 사용을 위한 대안

시간 사용의 대안으로 돈, 지식·기술·능력, 그리고 시간 활용을 들 수 있다. 식생활관리자의 모든 자원은 시간 사용을 위한 대안이 되며, 이들을 어느 정도 이용할 수 있는가는 식생활관리자가 활용할 수 있는 자원에 따라 달라진다.

(1) 돈의 활용

돈을 활용하면 다양한 방법으로 시간을 쉽게 쓸 수 있다. 그러나 대부분의 사람들에게 돈의 사용은 제한요인이 되므로 이를 활용하기는 쉽지 않다. 돈을 활용하면, 가정대용식이나 능률적 주방시설 및 기기의 구비뿐만 아니라 타인의 시간 활용에 도움이 된다.

닭튀김, 라면, 인스턴트 국, 완전조리 반찬 등의 가정대용식Home Meal Replacement : HMR을 구입할 수 있다. 그러나 돈과 시간 사용이 제한될 때에는 이들 식품의 사용과 시간 절약 가치를 비교하여 소비된 돈에 대해 최대로 시간을 절약하는 식품을 구매할 수 있다.

또한 능률적인 주방시설과 기기를 구비할 수 있다. 값 비싼 투자로 최신형 주방을 만들 수 있고, 작은 투자로는 주방의 효율을 개선할 수 있다. 핸드 블렌더, 식기세척기, 음식물쓰레기 처리기, 오븐, 전자레인지, 믹서, 전기밥솥, 압력솥, 계량기구 등의 주방 소도구와 이동식 선반 등을 사용하면 시간을 절약할 수 있다. 동일한 시설과 기기가 갖추어지더라도 모든 사람에게 동등한 가치가 있는 것이 아니므로 구입 시 신중을 기하여야 한다. 또한 가사도우미 등 타인의 시간을 활용할 수 있는데, 설거지, 주방 및 식당 청소 등에 가능하다.

(2) 지식, 기술 및 능력 활용

식생활관리자의 지식, 기술 및 능력은 식사계획 및 준비를 위한 시간 사용을 조절하는 데 매우 중요하다. 구매시간 및 장소, 구매방법, 식품 선택방법, 가격 등의 요소들에 대해 의사결정하고, 조리순서와 방법을 결정하며, 효과적으로 작업할 수 있는 방법을 선택할 수 있게 한다.

식생활관리자는 경험이 많아짐에 따라 가족 구성 개개인이 선호하는 식품이나 조리법을 파악하여 기호도에 준한 식단을 계획하고, 섭취량을 예상함으로써 불필요한 음식 준비에 소요되는 시간을 줄일 수 있다. 또한 미디어, 전문서적, 이웃과의 정보교류 등을 통해 레시피를 습득함으로써 식단을 단순하게 계획할 수 있다.

계획된 식단을 토대로 하면 필요한 식재료 산정이 용이하다. 가정에 보유된 식재료의 종류와 양을 파악한 후 구매량을 산정할 수 있으며 인터넷이나 모바일 구매 등을 활용하여 시간을 절약할 수 있다그림 2-11.

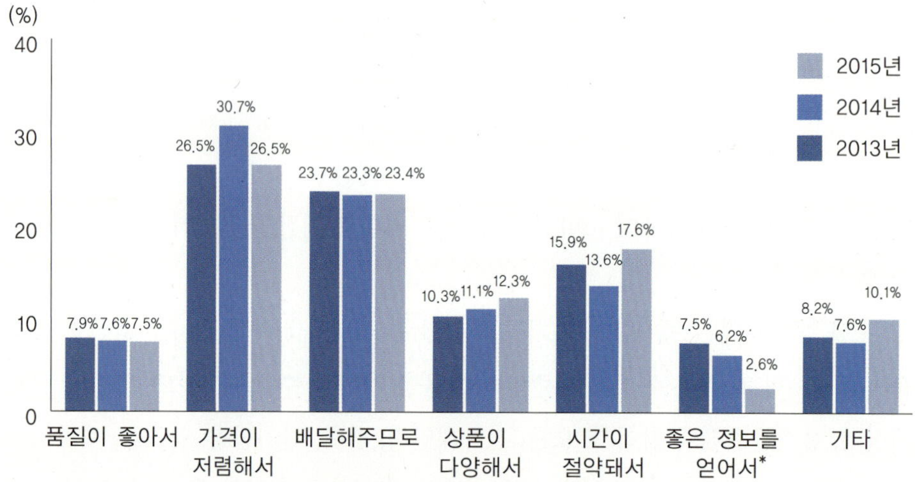

• 우선순위 응답의 결과에 가중치를 부여(1순위×2+2순위×1)하여 백분율로 계산한 수치임
• *은 2014년 대비 2015년의 결과가 95% 신뢰 수준에서 유의한 차이가 있는 것으로 나타남

그림 2-10 인터넷을 통한 식품 구입 주요 이유(2015년)

출처 : 한국농촌경제연구원(2015)

알아두기

즉석조리식품 구입 행태

한국농수산식품유통공사가 2015년 전국 2,000가구를 대상으로 가공식품 소비량 및 소비 행태를 조사하였다. 즉석조리식품 구입 유경험자 1,493명에 대해 구입하는 주 이유를 물어본 결과, '음식을 조리할 시간이 부족해서/시간을 절약하기 위해서'(34.1%, 1순위 기준), 그 다음으로는 '조리하는 것보다 저렴해서'(26.6%), '맛이 좋아서'(11.7%) 순으로 나타났다.

가구원 수별로 2인 이상 가구는 '음식을 조리할 시간이 부족해서/시간을 절약하기 위해서'가 높은 반면, 1인 가구는 '조리하는 것보다 저렴해서'가 가장 높게 나타났다. 연령대별로는 20대와 40~50대에서 '음식을 조리할 시간이 부족해서/시간을 절약하기 위해서'가 상대적으로 높게 나타났으며, 20대에서 '조리하는 것보다 저렴해서', 60대에서 '다양한 음식을 맛볼 수 있어서'가 상대적으로 높게 나타났다. 가격 민감도와 식품 표시사항 확인 여부별로 모두 둔감형은 '조리하는 것보다 저렴해서', 민감형은 '음식을 조리할 시간이 부족해서/시간을 절약하기 위해서'가 높게 나타났다.

(단위 : %)

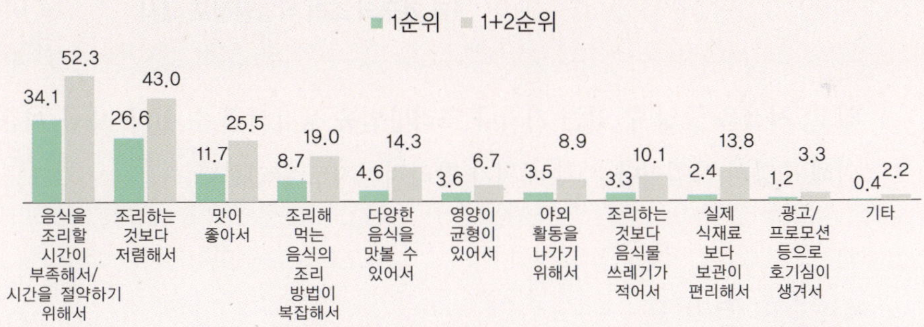

즉석조리식품 구입 이유

출처 : 한국농수산식품유통공사(2015)

(3) 시간 활용

시간은 소요시간을 절약하거나 단계별 시간 사용을 조절하기 위해 투자될 수 있는 자원이다. 시간을 효율적으로 사용하기 위해 작업공정도그림 2-12를 작성하여 현재 사용하고 있는 시간을 분석함으로써 과도하게 사용되고 있는 부분을 찾아낼 수

그림 2-11 4인 가구의 조리 작업공정도 예시

있고, 시간을 줄일 수 있는 기기나 조리방법을 생각해낼 수 있다. 또한 시간 사용을 위해 주방의 작업이나 기기 배치가 합리적인지도 확인한다.

4) 능률 면 목표

식생활관리에서 능률 면의 목표는 식단계획, 식품구매, 식사준비 및 뒷정리, 시설 및 설비관리 등에 소요되는 시간을 제한하는 것이다. 이를 위해 과도한 시간이 사용되는 지점을 찾아내고, 시간을 절약하는 방법이나 시간 사용에 대한 대안을 찾아야 한다. 능률적으로 식사를 준비하기 위해서는 시간 절약을 방해하는 요인을 알아내고, 시간계획표를 구체적으로 작성하여 시간에 대한 최적 사용에 대한 지침을 실천해야 한다.

쉬어가기

스마트오븐, 광파오븐 열풍

가정에서 요리를 효율적으로 하기 위해 오븐과 전자레인지가 함께 접목된 오븐을 속속 선보이고 있다. 한 오븐에서 다양한 조리방법으로 조리할 수 있도록 설계되어 요리시간을 획기적으로 줄일 수 있다는 평가를 받고 있다. 삼성과 LG 전자는 '스마트오븐'과 '광파오븐'으로 각각 명명하고 해마다 기능을 보완한 신제품을 출시하고 있다.

삼성전자는 조리실 상단에서 열풍이 고루 쏟아 내리는 '핫블라스트'기술을 적용한 제품을 선보였는데, 이는 조리실 내부 상단에 위치한 에어홀(air hole)에서 음식물로 고르게 쏟아지는 직화 열풍을 이용해 조리시간을 최대 50%까지 단축한 기술을 말한다. 최근에는 32 L 신제품이 콤팩트한 디자인으로 제품이 차지하는 공간은 적게 하면서도 99% 항균력을 갖춘 세라믹 조리실 내부는 더욱 넓어진 와이드 그릴과 지름 345 mm의 회전판을 적용한 모델이 출시되었다. 기름 없이 바삭하고 건강한 튀김요리를 할 수 있는 '웰빙튀김' 기능과 '핫블라스트' 전용요리 20가지를 포함해 총 70가지의 자동조리기능이 제공되어 구이, 간식, 발효 등 다양한 요리를 간편하게 완성할 수 있다.

LG 전자는 광파오븐을 출시하였다. 음식물의 속까지 골고루 익게 하는 오븐(열풍식)조리, 히터의 에너지 손실을 최소화하면서 음식물을 가열하도록 하여 자체 평가 전기오븐레인지 대비 조리속도를 최대 3배까지 신속하게 하여 음식물의 영양소 파괴를 줄였다고 한다. 스팀 웰빙 조리도 가능하며, 전기오븐레인지 대비 40%까지 전기 절약이 가능하도록 하였다.

가정용 오븐 신제품

Case 사례연구

2014년 통계청에서 발표한 가정관리시간에서 여성은 남성보다 총 1시간가량 더 소요하였다. 20세 이상 성인의 음식 준비시간은 1일 평균 51분이었고, 여성이 남성에 비해 1시간 정도 더 소비하였다. 맞벌이와 외벌이 모두 여자가 남자보다 가사노동시간이 길었고, 특히 남자가 외벌이를 하는 경우에는 여자의 가사노동 시간이 매우 긴 것으로 나타났다. 맞벌이와 외벌이 가구 모두 5년 전에 비해 가사노동시간에 큰 차이는 보이지 않았으나, 남자의 가사노동시간은 증가하고 여자의 가사노동시간을 감소하였다.

1. 식생활관리에서 취업한 유배우 여성이 능률을 향상시킬 수 있는 방안을 제시해보시오.
2. 취업한 여성이 온라인으로 식품구매를 할 경우 능률이 향상될 수 있는가? 그 이유를 적어보시오.

Study Questions

1 50세 아버지, 47세 어머니, 20세 딸, 15세 아들로 구성된 4인 가정의 식생활 목표(영양, 경제, 기호, 위생, 능률 등)를 설정하고, 이를 달성하기 위한 방법을 모색해 보시오.

2 국내의 가정에서 가장 큰 식중독 위험인자라고 여겨지는 행동은 무엇인지 생각해 보시오.

3 본인의 엥겔지수를 계산해 보시오.

참고 문헌

박태선, 김은경. 2011. 현대인의 생활영양. 교문사

백희영, 이심열, 안윤진, 심재은, 정자용, 송윤주, 김현주, 김지혜, 박은미, 김동우. 2016. 건강을 위한 식생활과 영양. 파워북

변광의, 손천배, 김향숙, 구난숙, 송은승, 이선영, 이경애. 2010. 식품, 음식 그리고 식생활. 교문사

보건복지부. 2015. 국민건강영양조사 제6기 2차년도(2014)

보건복지부. 2020. 국민건강영양조사 제8기 1차년도(2019)

서정숙, 이혜상, 이심열, 김경민, 김복희. 2007. 식생활관리. 신광출판사

이경신, 최성원, 최혜미. 1998. 경제위기시대의 합리적인 식생활: 소득수준에 따른 식생활 계획의 모델. 대한지역사회영양학회지, 3(3) : 480-495

연합뉴스. 2018. 끼니 거르고 짜게 먹고...한국인 식생활평가점수 63.3점. 2018.12.30

장인선. 2016. '단짠'의 매력, 건강 생각한다면 적당히 빠지세요. 2016. 8. 29, http://news.khan.co.kr/kh_news/khan_art_view.html?artid=201608291636582&code=9
00303#csidx1707685754bece080aba493ae64bbb8

질병관리청. 2018. 국민건강영양조사 기반의 식생활평가 지수 개발 및 현황.

최낙언. 2012. 뇌에 새겨진 과자의 향기, http://seehint.com/hint.asp

최혜미, 박영숙. 2009. 21세기 식생활관리. 교문사

통계청. 2015. 2014년 생활시간조사 결과를 활용한 한국인의 삶 심층분석. 2015년 통계청 연구용역 결과보고서

통계청. 2015. 가계동향조사

한국농촌경제연구원. 2015. 2015 식품소비행태조사 기초분석보고서

헤럴드경제. 2016. 가공식품에 설탕세를 부과하면 비만인구가 줄어들 수 있다. 2016. 9. 18

Kennedy J, Jackson V, Blair IS, McDowell DA, Cowen C, Bolton DJ . 2005. Food safety knowledge of consumers and the microbiological and temperature status of their refrigerators. *J Food Prot, 68* : 1421–1430

Kinews. 2016. 신혼부부용 직화 열풍. Kinews 2016. 2. 25

McWilliams M. 2009. Fundamentals of Meal Management. Upper Saddle River, NJ, USA

New Zealand Ministry for Primary Industries. 2012. Food safety in the home. Available from http://www.foodsmart.govt.nz

Quick V, Corda K, Byrd-Bredbenner C. 2013. Determinants of safe food handling behaviours among middle school youth. *Nutrition and Food Science, 43* : 543–553

US Food and Drug Administration. 2009. FDA report on the occurrence of foodborne illness risk factors in selected institutional foodservice, restaurant, and retail food store facility types. Available from http://www.fda.gov/downloads/Food/FoodSafety/RetailFoodProtection/FoodborneIllnessandRiskFactorReduction/RetailFoodRiskFactorStudies/UCM224682.pdf

US Ministry of Health and Human Services. 2017. Dangerous Food Safety Mistakes. Available from https://www.foodsafety.gov/keep/basics/mistakes/cited 27 October 2016]

World Health Organization. 2016. 10 facts on food safety. Available from http://www.who.int/features/factfiles/food_safety/en/

권장 웹사이트

국가통계포털 http://kosis.kr/customStatis/customStatis_04List.jsp

미국 질병통제예방센터 http://www.cdc. gov/foodborneburden/PDFs/CDC–and–Food–Safety.pdf

보건복지부 http://www.mohw.go.kr

식품의약품안전처 식중독 예측지도 http://forecast.nhis.or.kr/menu.do?selectedMenuId=3&linkOrgan=mfds

식품의약품안전처 식품안전나라 http://www.foodsafetykorea.go.kr/portal/main.html

한국영양학회 http://www.kns.or.kr/FileRoom/FileRoom.asp?BoardID=Kdr

http://www.banrepcultural.org/sites/default/files/colf__aya_guerrero_cindy_lorena_

Part 2

식사계획

CHAPTER 03 식단계획의 기초 | CHAPTER 04 식단 작성의 실제 및 평가

CHAPTER

03

식단계획의 기초

학습 목표

- 한국인 영양소 섭취기준의 내용을 설명할 수 있다.
- 국민공통식생활지침을 설명할 수 있다.
- 식단계획 시 필요한 요소를 설명할 수 있다.

한국인 식단 50년 만에 '곡류 반 토막, 고기는 4배 증가'

한국인의 밥상에서 곡류가 차지하는 비중은 지난 50년 사이 절반으로 줄어들고, 고기류는 4배 넘게 늘어난 것으로 나타났다. 이 과정에서 수입식품의 비중도 해마다 증가, 식단 전체 칼로리 가운데 60%를 외국산 식품에 의존하는 것으로 조사됐다. 최근 한국농촌경제연구원이 펴낸 《식품수급표 2013》을 토대로 1963~2013년까지 한국인의 식단 변화 양상을 분석한 결과, 1963년 85.9%에 달했던 쌀 · 보리 · 밀 등 곡물이 전체 식단에서 차지한 칼로리 비중은 2013년 48.9%로 뚝 떨어졌다. 주식인 쌀밥 등 곡물을 육류가 대신하는 식단의 서구화가 급속히 진행됐기 때문이다. 쌀(1,026 kcal → 773 kcal)과 보리(493 kcal → 9 kcal)의 1일 칼로리 공급량이 대폭 줄어들며 감소세를 이끌었다. 곡류 비중의 감소 추세 속에서도 밀가루는 짜장면 · 스파게티 등 면류 음식과 빵의 인기에 힘입어 1인당 1일 공급량이 215 kcal에서 327.3 kcal로 오히려 늘어났다. 식단 서구화의 가장 큰 영향은 육류 섭취 증가로 나타났다. 1963년 2%에 불과했던 고기류 비중은 2013년 8.7%로 4.3배가량이나 증가했다. 같은 기간 우리 국민 한 명에게 1년 동안 공급되는 고기량은 6.1 kg에서 49.2 kg으로 8배나 급증했다. 채소 · 과일류는 1인당 1일 공급량이 117.8 g에서 531.4 g으로 늘어 칼로리 비중 또한 2%에서 6.7%로 늘었다. 고작 0.5 g에 불과했던 견과류의 1일 공급량은 서양식 샐러드 등을 통한 섭취가 크게 늘면서 5 g으로 10배나 증가했다.

출처 : 한국농촌경제연구원(2014)

03 CHAPTER

식단계획은 영양학의 원리를 실천하는 활동으로 각 대상자에 맞는 영양소를 어느 정도 먹어야 하는지에 대한 기준을 토대로 해야 한다. 주로 한국인 영양소 섭취기준을 근거로 적당한 양의 영양소 섭취에 관한 기준을 적용한다. 또한 일반인의 식생활방법의 주요 원칙인 국민공통식생활지침을 고려하여 식품 중심의 식사와 건강에 대한 이해를 통한 식단계획을 실행할 수 있다. 뿐만 아니라 식단계획 시 기본적으로 식생활관리의 영양, 기호, 경제, 위생 측면의 목표가 수행될 수 있도록 해야 한다.

1. 한국인 영양소 섭취기준

1) 한국인 영양소 섭취기준의 개념

한국인 영양소 섭취기준Dietary Reference Intakes : DRIs이란 국민의 건강증진 및 질병 예방을 목적으로 에너지 및 각 영양소의 적정 섭취 수준을 제시한 것이다. 한국인 영양소 섭취기준은 1962년에 국제연합식량농업기구FAO 한국협회에서 한국인 영양소 섭취기준을 제정하면서 처음으로 제시되었다. 이후 보건사회연구원에서 필요에 따라 이를 제·개정하여 다각적으로 활용해 왔다. 2005년에는 영양소의 결핍과 과잉으로 인한 문제를 예방하기 위하여, 평균필요량, 권장섭취량, 충분섭취량, 상한섭취량을 포함한 새로운 개념의 '한국인 영양소 섭취기준'을 제정하였고, 2010년에 1차 개정이 이루어졌다.

인체 필요량에 대한 과학적인 근거가 있을 경우에는 평균필요량과 권장섭취량을 제정하고, 근거가 충분하지 않은 경우에는 충분섭취량을 제정하였으며, 과잉섭취로 인한 유해영향에 대한 근거가 있을 경우에는 상한섭취량을 제정하였다그림 3-1. 2020 한국인 영양소 섭취기준에는 에너지 및 다량영양소 12종, 비타민 13종, 무기질 15종, 총 40종의 영양소에 대한 기준이 제시되었다표 3-1.

평균필요량, 권장섭취량, 충분섭취량, 상한섭취량의 설정방법은 다음과 같다.

- 평균필요량(Estimated Average Requirement : EAR) : 건강한 사람들의 일일 필요량의 중앙값으로부터 산출한 수치이며 인체필요량에 대한 과학적 근거가 충분한 경우 설정된다.
- 권장섭취량(Recommended Nutrient Intake : RNI) : 약 97~98%에 해당하는 사람들의 영양소 필요량을 충족시키는 섭취 수준으로, 평균필요량에 표준편차 또는 변이계수의 2배를 더하여 산출된다.
- 충분섭취량(Adequate Intake : AI) : 영양소의 필요량을 추정하기 위한 과학적 근거가 부족할 경우, 대상 인구집단의 건강을 유지하는 데 충분한 양이 설정된다.
- 상한섭취량(Tolerable Upper Intake Level : UL) : 인체에 유해한 영향이 나타나지 않는 최대 영양소 섭취기준으로, 과량을 섭취할 때 유해영향이 나타날 수 있다는 과학적 근거가 있을 때 설정된다.

표 3-1 영양소별 한국인 영양소 섭취기준 설정 현황

영양소		영양소 섭취기준					
		평균필요량	권장섭취량	충분섭취량	상한섭취량	만성질환 위험감소를 고려한 섭취량	
						에너지적정비율	만성질환위험감소섭취량
에너지	에너지	○[1]					
다량 영양소	탄수화물	○	○			○	
	당류						○[2]
	식이섬유			○			
	단백질	○	○				
	아미노산	○	○				
	지방			○			
	리놀레산			○			
	알파-리놀레산			○			
	EPA+DHA			○[2]			
	콜레스테롤						○[3]
	수분			○			
지용성 비타민	비타민 A	○	○		○		
	비타민 D			○	○		
	비타민 E			○	○		
	비타민 K			○			
수용성 비타민	비타민 C	○	○		○		
	티아민	○	○				
	리보플라빈	○	○				
	니아신	○	○		○		
	비타민 B_6	○	○		○		
	엽산	○	○		○		
	비타민 B_{12}	○	○				
	판토텐산			○			
	비오틴			○			
다량 무기질	칼슘	○	○		○		
	인	○	○		○		
	나트륨			○			○
	염소			○			
	칼륨			○			
	마그네슘	○	○		○		
미량 무기질	철	○	○		○		
	아연	○	○		○		
	구리	○	○		○		
	불소			○	○		

영양소		영양소 섭취기준					
		평균필요량	권장섭취량	충분섭취량	상한섭취량	만성질환 위험감소를 고려한 섭취량	
						에너지적정비율	만성질환위험감소섭취량
미량 무기질	망간			○	○		
	요오드	○	○		○		
	셀레늄	○	○		○		
	올리브덴	○	○		○		
	크롬			○			

1) 에너지필요추정량
2) 0~5개월과 6~11개월 영아의 경우 DHA, 단일성분으로 충분섭취량 설정
3) 권고치

출처 : 보건복지부, 한국영양학회(2020)

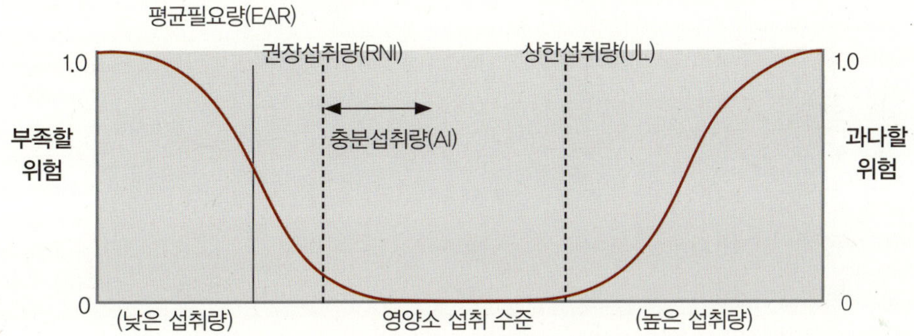

그림 3-1 영양섭취 기준

출처 : 보건복지부, 한국영양학회(2015)

2) 한국인 영양소 섭취기준

'2020 한국인 영양소 섭취기준'은 국민건강증진 종합계획, 국민영양관리 기본계획, 영양표시제도 등 식생활 관련 정책과 국민건강영양조사, 영양플러스, 급식관리, 식생활교육 등 식생활 관련 사업, 산업체에서 식품 개발 시 사용하는 영양소 기준치 등에 활용될 수 있다. 2020 한국인 영양소 섭취기준은 생애주기에 따라 영아기0~5개월, 6~11개월, 유아기1~2세, 3~5세, 아동기6~8세, 9~11세부터 청소년기12~14세, 15~18세, 성인기19~29세, 30~49세, 50~64세, 노년기까지는 남녀를 분류하여 기준체위를 설정하였다표 3-2.

표 3-2 2020 한국인 영양소 섭취기준 연령 · 체위기준

연령	2020 체위기준					
	신장(cm)		체중(kg)		BMI(kg/m²)	
0~5(개월)	58.3		5.5		16.2	
6~11	70.3		8.4		17.0	
1~2(세)	85.8		11.7		15.9	
3~5	105.4		17.6		15.8	
연령	남자	여자	남자	여자	남자	여자
6~8(세)	124.6	123.5	25.6	25.0	16.7	16.4
9~11	141.7	142.1	37.4	36.6	18.7	18.1
12~14	161.2	156.6	52.7	48.7	20.5	20.0
15~18	172.4	160.3	64.5	53.8	21.9	21.0
19~29	174.6	161.4	68.9	55.9	22.6	21.4
30~49	173.2	159.8	67.8	54.7	22.6	21.4
50~64	168.9	156.6	64.5	52.5	22.6	21.4
65~74	166.2	152.9	62.4	50.0	22.6	21.4
75 이상	163.1	146.7	60.1	46.1	22.6	21.4

출처 : 보건복지부, 한국영양학회(2020)

(1) 에너지와 다량영양소

개인의 에너지필요량을 측정하는 것에는 기술적인 문제 등 제한점이 있으므로 에너지필요량은 에너지소비량을 통해 추정한다. 따라서 에너지필요량이라는 용어 대신에 에너지필요추정량Estimated Energy Requirement : EER을 사용한다. 에너지필요추정량은 건강하고 적정 활동을 수행하며 정상체격을 지닌 사람이 에너지 평형을 유지하는 데 필요한 양으로, 섭취 부족에 따른 유해 효과와 과잉섭취에 따른 피해가 최소가 되는 섭취량이다. 에너지필요추정량은 에너지소비량total energy expenditure 산출 공식을 사용하였고, 한국인의 낮은 활동 수준을 고려하여 신체활동 계수를 '저활동'수준으로 적용하였다표 3-3.

에너지필요추정량(EER)=α−β×연령(세)+PA[γ×체중(kg)+δ×신장(m)]	
성인 여자	354−6.9×연령(세)+PA[9.36×체중(kg)+726×신장(m)] PA(신체활동계수) : 1.0(비활동적), 1.12(저활동적), 1.27(활동적), 1.45(매우 활동적)
성인 남자	662−9.53×연령(세)+PA[15.9×체중(kg)+539.6×신장(m)] PA(신체활동계수) : 1.0(비활동적), 1.11(저활동적), 1.25(활동적), 1.48(매우 활동적)

에너지적정비율이란 총에너지섭취량 중 탄수화물, 단백질, 지질을 통해 섭취하는 양의 적정 범위로 건강유지 및 질병 예방에 적절한 섭취비율을 제시한 것이다. 에너지적정비율은 탄수화물은 55~65%, 지방은 19세 이상에서 15~30%로 상향조정되었으며, 단백질은 기존의 7~20%가 유지되었다표 3-4. 총당류는 총에너지섭취량의 10~20% 이내, 그중에서도 식품조리 및 가공에 사용하는 첨가당시럽, 꿀, 설탕 등은 10% 이내로 섭취하는 것을 권장한다. 총당류 급원식품 중 가공식품이 차지하는 비율 증가와, 최근 발표된 WHO의 당 섭취기준유리당 섭취는 총열량의 10% 미만을 고려하여 섭취기준이 설정되었다.

단백질은 근육과 골격을 형성하는 주요 성분이며 효소, 호르몬, 항체 합성을 하는 데 중요한 역할을 한다. 1일 단백질섭취량을 총에너지섭취량의 15% 정도로 하고, 총단백질섭취량 중 1/3 이상을 동물성 단백질 급원으로 섭취할 것을 권장하고 있다. 단백질섭취량이 필요량보다 적게 되면 체단백질의 붕괴가 일어나고, 피부의 탄력성이 저하되며, 빈혈 또는 면역기능의 저하가 나타난다. 특히, 성장기, 임산부, 수유부의 경우에는 단백질섭취가 매우 중요하다. 식단을 계획할 때 가장 고려해야 할 것은 단백질식품의 종류와 양이다. 반드시 식사는 다양한 식품으로 구성하며, 필요한 아미노산이 충분히 제공되도록 해야 한다. 하루에 필요한 단백질은 세 끼 식사에 골고루 분배하도록 식단을 계획한다.

표 3-3 한국인 영양소 섭취기준-에너지, 단백질

성별	연령	에너지(kcal/일)	단백질(g/일)		
		필요추정량	평균필요량	권장섭취량	충분섭취량
영아	0~5(개월)	500			10
	6~11	600	12	15	
유아	1~2(세)	900	15	20	
	3~5	1,400	20	25	
남자	6~8(세)	1,700	30	35	
	9~11	2,000	40	50	
	12~14	2,500	50	60	
	15~18	2,700	55	65	
	19~29	2,600	50	65	
	30~49	2,500	50	65	
	50~64	2,200	50	60	
	65~74	2,000	50	60	
	75 이상	1,900	50	60	
여자	6~8(세)	1,500	30	35	
	9~11	1,800	40	45	
	12~14	2,000	45	55	
	15~18	2,000	45	55	
	19~29	2,000	45	55	
	30~49	1,900	40	50	
	50~64	1,700	40	50	
	65~74	1,600	40	50	
	75 이상	1,500	40	50	
임산부		+0/+340/+450 (1분기/2분기/3분기)	+12/+25 (2분기/3분기)	+15/+30 (2분기/3분기)	
수유부		+340	+20	+25	

출처 : 보건복지부, 한국영양학회(2020)

표 3-4 2020 한국인 영양소 섭취기준-에너지적정비율

7~20	탄수화물	단백질	지질		
			지방	포화지방산	트랜스지방산
1~2세	55~65	7~20	20~35	-	-
3~18세	55~65	7~20	15~30	8 미만	1미만
19세 이상	55~65	7~20	15~30	7 미만	1미만

출처 : 보건복지부, 한국영양학회(2020)

알아두기

▌총당류, 첨가당, 유리당이란?

- 총당류 : 탄수화물 중 과당, 포도당과 같은 단당류와 자당, 맥아당, 유당과 같은 이당류를 말하며 식품에 내재하거나 가공, 조리 시에 첨가된 당류를 모두 포함한다.
- 첨가당 : 미국 농무성(USDA)에서 제안한 용어로, 식품의 제조과정이나 조리 시에 첨가되는 당과 시럽으로 백설탕, 흑설탕, 옥수수시럽, 고농도의 과당 시럽, 꿀, 물엿 등을 포함한다(USDA/DHHS, 2000).
- 유리당 : 식품의 제조과정이나 조리 시에 첨가하는 단당류와 이당류의 총량과 꿀, 시럽, 과일주스에 포함되어 있는 천연당을 포함한다(WHO, 2003).

(2) 비타민

비타민은 건강 유지에 필수적인 유기화합물로 필요한 양은 소량이나 세포의 정상적인 대사활동을 위하여 반드시 필요한 영양소이다표 3-5. 비타민은 용해도에 따라 지용성 비타민과 수용성 비타민으로 나눌 수 있다. 지용성 비타민에는 A, D, E, K가 있고, 수용성 비타민에는 티아민, 리보플라빈, 니아신, 비타민 B_6, 엽산, 비타민 B_{12}, 비오틴, 비타민 C가 있다. 비타민은 특성에 따라 영양소가 손실될 우려가 크므로 식단계획 시 어떠한 조리법을 선택할 것인가를 신중히 고려하여야 한다.

① 비타민 A

비타민 A는 지용성으로 동물성식품에 포함된 레티노이드와 식물성식품에 있는 비타민 A의 전구체인 카로티노이드를 포함한다. 비타민 A는 정상적인 세포성장과 어두운 곳에서 정상적인 시력을 갖는 데 매우 중요한 역할을 하며, 부족하면 성장부진, 피부건조, 야맹증, 안구건조가 나타난다. 비타민 A는 동물의 간, 난황 등의 동물성식품에 많이 들어 있고, 베타-카로틴은 녹황색 채소 및 해조류에 많이 들어 있다그림 3-2. 베타-카로틴이 함유되어 있는 식물성식품은 식물성기름을 사용하여 조리하면 흡수를 높일 수 있으므로 식단계획 시 이를 고려하여야 한다.

표 3-5 2020 한국인 영양소 섭취기준-비타민*

성별	연령	비타민 A (μg RAE/일)	비타민 D (μg /일)	티아민 (mg/일)	리보플라빈 (mg/일)	비타민 C (mg/일)
		권장섭취량	충분섭취량	권장섭취량	권장섭취량	권장섭취량
영아	1~5(개월)		5			
	6~11		5			
유아	1~2(세)	250	5	0.4	0.5	40
	3~5	300	5	0.5	0.6	45
남자	6~8(세)	450	5	0.7	0.9	50
	9~11	600	5	0.9	1.1	70
남자	12~14	750	10	1.1	1.5	90
	15~18	850	10	1.3	1.7	105
	19~29	800	10	1.2	1.5	100
	30~49	750	10	1.2	1.5	100
	50~64	750	10	1.2	1.5	100
	65~74	700	15	1.2	1.5	100
	75 이상	700	15	1.2	1.5	100
여자	6~8(세)	400	5	0.7	0.8	50
	9~11	550	5	0.9	1.0	70
	12~14	650	10	1.1	1.2	90
	15~18	650	10	1.2	1.2	100
	19~29	650	10	1.1	1.2	100
	30~49	650	10	1.1	1.2	100
	50~64	600	10	1.1	1.2	100
	65~74	600	15	1.0	1.1	100
	75 이상	600	15	0.8	1.0	100
임산부		+70	+0	+0.4	+0.4	+10
수유부		+490	+0	+0.4	+0.5	+40

* 한국인 영양소 섭취기준 중 일부만 표시(부록 참조)

출처 : 보건복지부, 한국영양학회(2020)

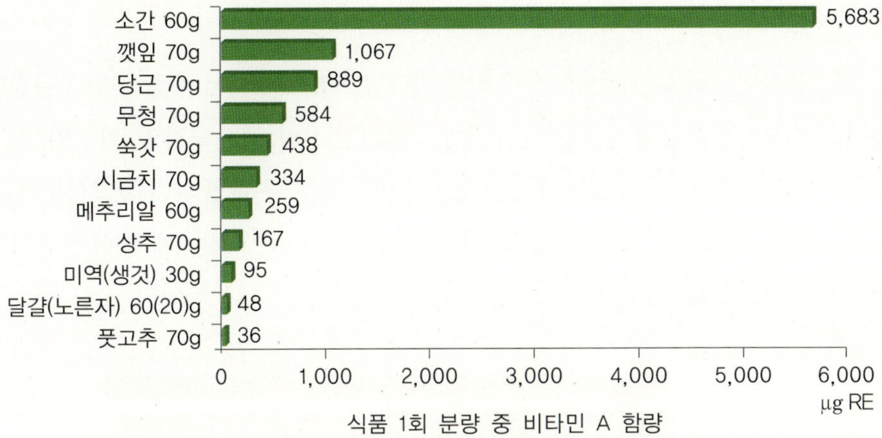

그림 3-2 식품 1회 분량 중 비타민 A 함량

출처 : 농촌진흥청(2016)

② 티아민

티아민thiamin, 비타민 B_1은 수용성으로 체내에서 당질대사에 관여하는 여러 효소들의 보조효소로서 작용한다. 티아민의 함량이 적은 백미 위주의 식사를 계속할 때 결핍증이 나타날 수 있으며, 가벼운 결핍 증세로는 식욕감퇴, 체중감소, 심한 상태에서는 각기병이 유발된다. 티아민은 돼지고기, 전곡배아, 두류, 견과류 등에 함유되어 있다그림 3-3. 티아민은 물에 쉽게 용해되며 열에 의해 파괴되기 쉽다. 따라서 티아민이 함유된 식품을 조리할 때는 조리수의 재이용이 권장되며 열처리에 주의하여야 한다.

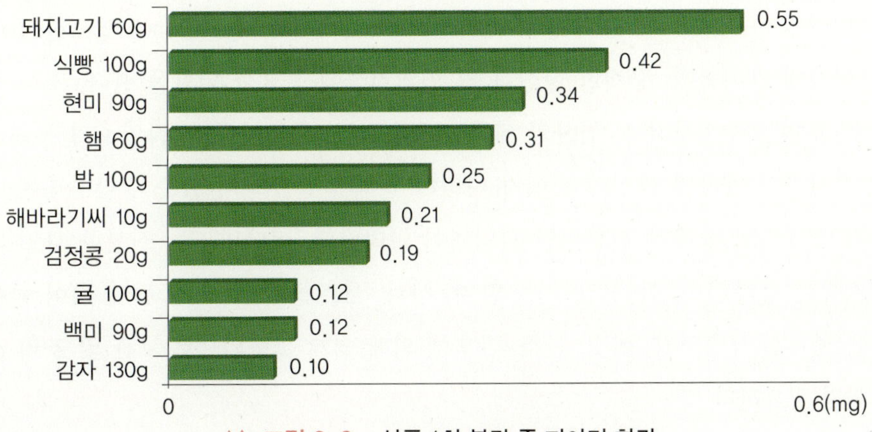

그림 3-3 식품 1회 분량 중 티아민 함량

출처 : 농촌진흥청(2016)

③ 리보플라빈

리보플라빈riboflavin, 비타민 B_2은 수용성 비타민으로 체내에서 각종 산화·환원반응에 보조효소로 작용한다. 리보플라빈이 결핍되면 설염, 구순구각염, 피부염, 신경질환이 유발될 수 있다. 리보플라빈은 육류, 생선, 달걀, 우유 등의 동물성식품에 다량 함유되어 있으므로, 우유 및 동물성식품의 섭취가 낮은 사람에게 특히 부족하기 쉬운 비타민이다그림 3-4.

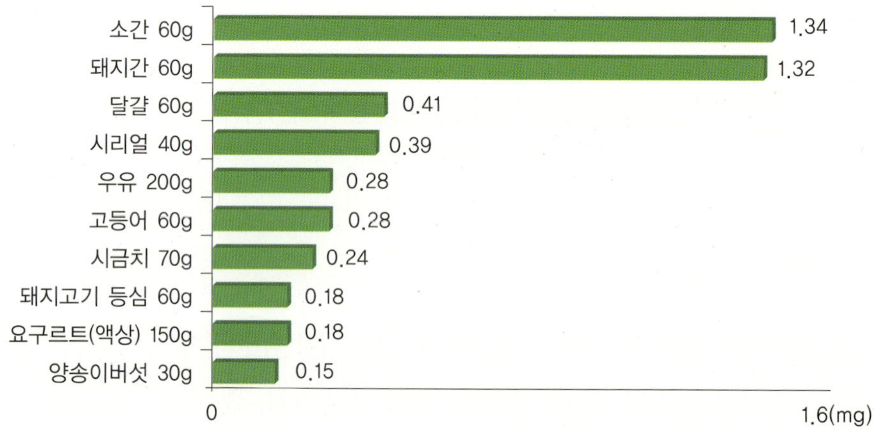

그림 3-4 식품 1회 분량 중 리보플라빈 함량

출처 : 농촌진흥청(2016)

④ 비타민 C

비타민 Cascorbic acid는 수용성 비타민으로 체내에서 세포결합에 필요한 콜라겐 합성에 관여하며, 강력한 항산화 및 면역기능에 중요한 역할을 한다. 또한 철분의 흡수를 촉진시키고, 엽산의 체내 이용을 원활하게 한다. 비타민 C가 부족하면 정상적인 콜라겐 합성에 장애가 나타나 신체에 분포되어 있는 결합조직에 변화가 초래되고 증세가 진전되면 괴혈병이 나타난다. 비타민 C는 신선한 과일 및 채소류에 풍부하며, 특히 감귤류, 딸기, 사과, 브로콜리, 풋고추 등에 많이 들어 있다그림 3-5. 가열조리, 햇빛, 산소, 금속에 의해 쉽게 산화되므로 보관 및 조리 시 주의가 필요하다.

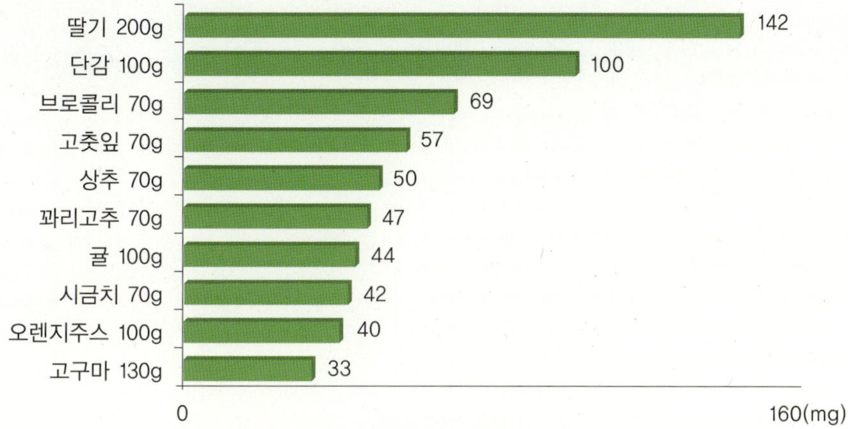

그림 3-5 식품 1회 분량 중 비타민 C 함량

출처 : 농촌진흥청(2016)

(3) 무기질

신체에서 발견되는 무기질은 함유량에 따라 크게 다량무기질과 미량무기질로 구분된다. 체중의 0.05% 이상이거나 하루 섭취필요량이 100 mg 이상인 경우는 다량무기질, 그렇지 않은 경우를 미량무기질이라고 한다. 다량무기질에는 칼슘, 인, 황, 칼륨, 나트륨, 염소, 마그네슘이 있으며, 미량무기질에는 철, 아연, 구리, 망간, 요오드, 셀레늄이 있다표 3-6. 무기질의 필요량은 적으나 한 가지라도 결핍된다면 건강에 큰 문제를 일으키게 되므로 무기질의 섭취는 매우 중요하다.

① 칼슘

체내 칼슘의 99% 이상은 골격과 치아에 있고, 나머지는 연조직과 혈액에 위치한다. 칼슘은 뼈와 치아의 구성성분일 뿐 아니라 혈액응고, 신경세포 자극전달, 근육수축, 세포대사 조절 등에 관여한다. 칼슘의 주 급원식품은 우유, 치즈, 요거트 등의 유제품, 멸치, 뱅어포 등의 뼈째 먹는 생선 등이 있다그림 3-6. 칼슘은 한국인에게 가장 결핍되기 쉬운 영양소이므로, 식단계획 시 주의를 기울여야 한다.

표 3-6 2020 한국인 영양소 섭취기준 : 무기질*

성별	연령	칼슘(mg/일)	인(mg/일)	철(mg/일)	아연(mg/일)
		권장섭취량	권장섭취량	권장섭취량	권장섭취량
영아	1~5(개월)				
	6~11			6	3
유아	1~2(세)	500	450	6	3
	3~5	600	550	7	4
남자	6~8(세)	700	600	9	5
	9~11	800	1200	11	8
	12~14	1,000	1200	14	8
남자	15~18	900	1200	14	10
	19~29	800	700	10	10
	30~49	800	700	10	10
	50~64	750	700	10	10
	65~74	700	700	9	9
	75 이상	700	700	9	9
여자	6~8(세)	700	550	9	5
	9~11	800	1200	10	8
	12~14	900	1200	16	8
	15~18	800	1200	14	9
	19~29	700	700	14	8
	30~49	700	700	14	8
	50~64	800	700	8	8
	65~74	800	700	8	7
	75 이상	800	700	7	7
임산부		+0	+0	+10	+2.5
수유부		+0	+0	+0	+5.0

* 한국인 영양소 섭취기준 중 일부만 표시(부록 참조)

출처 : 보건복지부, 한국영양학회(2020)

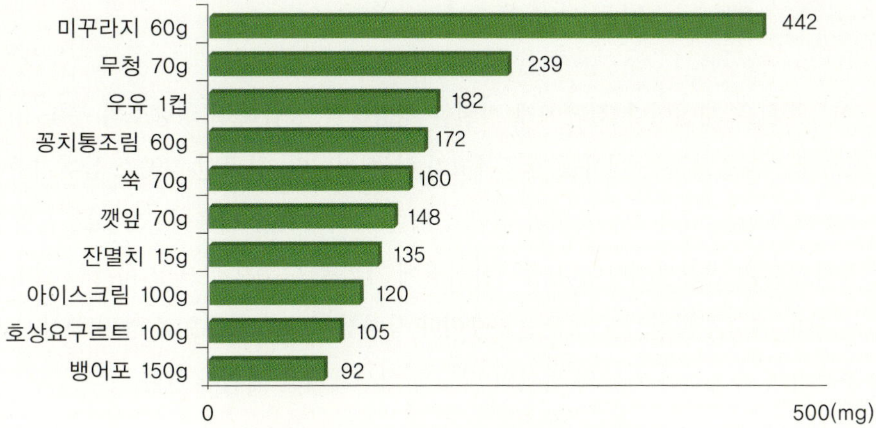

그림 3-6 식품 1회 분량 중 칼슘 함량

출처 : 농촌진흥청(2016)

② 철

체내 철의 약 75%는 헤모글로빈과 미오글로빈의 구성성분으로 산소의 운반과 대사에 관여한다. 적혈구에 있는 헤모글로빈은 폐에서 산소와 결합하여 각 조직으로 산소를 운반하고, 근육의 미오글로빈은 헤모글로빈으로부터 산소를 받아 근육세포에 산소를 전달한다. 성인 여자는 월경 시 다량의 철이 손실되므로 이를 보충하기 위해 공급량을 증가시켜야 한다. 철은 동물성식품을 섭취하는 것이 흡수율이 좋으며, 소간, 소고기, 육류 등이 철의 좋은 급원식품이다그림 3-7.

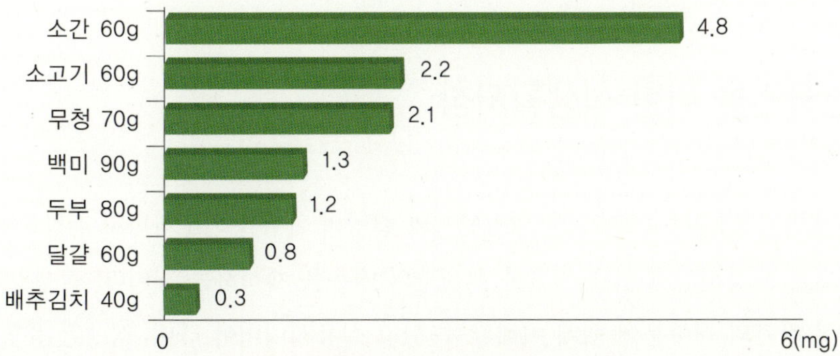

그림 3-7 식품 1회 분량 중 철 함량

출처 : 농촌진흥청(2016)

CHAPTER 3

3) 한국인 영양소 섭취기준의 활용

식사계획은 개인이나 집단에게 적절한 영양소를 공급하여 영양소의 부족 또는 과잉문제를 최소화하는 식사를 제공하고자 하는 것이다. 한국인 영양소 섭취기준을 이용하여 개인을 위한 식사계획과 집단을 위한 식사계획을 세울 수 있다표 3-7. 개인의 식사계획은 권장섭취량이나 충분섭취량에 가까운 수준으로 영양 목표를 설정한다. 집단의 식사계획에서는 평균필요량이나 상한섭취량을 기준으로 하며 평상시 섭취 분포가 부족하거나 과잉의 위험이 적도록 식사계획을 세워야 한다.

표 3-7 식사계획을 위한 영양섭취기준 활용

영양섭취기준	개인 대상	집단 대상
평균필요량	개인의 영양섭취 목표로 사용하지 않음	평소 섭취량이 평균필요량 이하인 사람의 비율을 최소화하는 것을 목표로 함
권장섭취량	평소 섭취량이 평균필요량 이하인 사람은 권장섭취량을 목표로 함	집단의 식사계획 목표로 사용하지 않음
충분섭취량	평소 섭취량을 충분섭취량에 가깝게 하는 것으로 목표로 함	집단에서 섭취량의 중앙값이 충분섭취량이 되도록 하는 것을 목표로 함
상한섭취량	평소 섭취량을 상한섭취량 미만으로 함	평소 섭취량이 상한섭취량 이상인 사람의 비율을 최소화하도록 함

출처 : 보건복지부, 한국영양학회(2015)

2. 한국인을 위한 식생활지침

식생활지침dietary guidelines은 영양문제와 질병의 위험을 최소화하고 건강증진 및 삶의 질을 향상시키기 위해 필요한 식생활의 내용을 제시하는 것이다. 식생활지침은 대상 집단의 대부분이 쉽게 이해할 수 있고 실용적이어야 하며, 식생활 유형, 문화적·지역적 특성을 반영해야 한다. 우리나라에서도 비만, 당뇨, 고혈압 등의 만성질환이 증가함에 따라, 이와 관련이 있는 식생활을 개선하기 위해 정부 각 부처별로 식생활지침을 개발 · 보급하여 왔다. 그러나 국가 차원의 통일된 표준 식생활지침이 없고 부처 간 지침 내용이 상이해 교육 및 확산에 한계가 있었다. 이에 보건복지부, 농림축산식품부, 식품의약품안전처 공동으로 정부부처의 분산되어 있는 지침을 종합하여, 국민의 건강하고 균형 잡힌 식생활가이드라인을 제시하는 '국민공통식생활지침(2016)'을 발표하였다. 이후 5년 만에 '국민영양관리법'에 근거하여 '한국인을 위한 식생활지침'이 발표되었다표 3-8.

표 3-8 한국인을 위한 식생활지침

한국인을 위한 식생활지침	지정 배경
1. 매일 신선한 채소, 과일과 함께 곡류, 고기 · 생선 · 달걀 · 콩류, 우유 · 유제품을 균형있게 먹자	• 채소류 · 과일류 섭취는 감소 추세, 음료류 · 육류 섭취는 증가 추세에 있음 • 과일 및 채소를 1일 500g 이상 섭취하는 인구 비율은 2015년 이후로 감소하는 경향으로, 2019년 기준 31.3%
2. 덜 짜게, 덜 달게, 덜 기름지게 먹자	• 나트륨 섭취량 : 세계보건기구 권고량 2,000mg 대비 약 1.6배(3,289mg, 2019) 섭취 * 남성 : (19~29세) 4,031mg, (30~49세) 4,487mg, (50~64세) 4,036mg * 여성 : (19~29세) 2,813mg, (30~49세) 2,993mg, (50~64세) 2,766mg • 당류 섭취량 : 우리 국민의 가공식품을 통한 당류 섭취(36.4g, 2018)는 1일 총 열량(1,968 kcal)의 7.4%로 WHO 권고기준(10%)보다 낮은 수준이나, 3~5세(유아)는 10.1%, 12~18세(청소년)는 10.3%로 WHO 권고기준(10%) 초과 • 가공식품 중 당류 섭취의 주공급원은 음료류로, 가공식품 당류 섭취 비율의 32.7% 차지
3. 물을 충분히 마시자	• 물을 충분하게 섭취하는 비율 : 42.7%(2015), 44.8%(2016), 42.1%(2017년), 39.6%(2018)
4. 과식을 피하고, 활동량을 늘려서 건강체중을 유지하자	• 성인, 아동 · 청소년 비만 유병률(체질량지수 25kg/m^2 이상) 모두 증가 추세 • 만 19세 이상 성인 비만 유병률은 지속적으로 증가 추세에 있으며 특히, 2019년 성인 남성 비만 유병률은 41.8% • 유산소신체활동 실천율은 전반적으로 감소 추이를 보이며, 아동 · 청소년의 경우 고학년으로 갈수록 신체활동 기회 부족
5. 아침식사를 꼭 하자	• 아침식사 결식률은 꾸준히 증가 추세에 있으며, 특히 젊은 성인의 아침식사 결식률이 높음
6. 음식은 위생적으로, 필요한 만큼만 마련하자	• 음식물 쓰레기 줄이기 실천율 감소 : 2011년 62.1% → 2014년 60.6% • 식중독 발생 건수 및 환자수 증가 : 2011년 249건/7,105명 → 2013년 235건/4,958명 → 2015년 330건/5,947
7. 음식을 먹을 땐 각자 덜어 먹기를 실천하자	• 식문화 개선 관련 인지도 · 실천율 : 증가
8. 술은 절제하자	• 월간음주율, 월간폭음률 등 음주 관련 지표는 답보 상태에 있으며, 성인 남성 5명 중 1명은 고위험음주자
9. 우리 지역 식재료와 환경을 생각하는 식생활을 즐기자	• 식량 자급률은 50% 미만, 우리 식재료에 대한 관심도 70% 수준

출처 : 보건복지부(2021)

쉬어가기

미국인의 건강한 식생활을 위한 MyPlate(2015)

미국은 균형 잡힌 식사를 위해 영양권장량을 제시해주던 기존의 음식피라미드를 간결한 접시 모양으로 변경하였다. 'MyPlate'로 이름 붙이고 접시를 4구역으로 나눠 절반은 과일과 채소로, 절반은 곡물과 단백질로 구성하고 또 다른 작은 원 모양의 접시를 만들어 유제품을 채워 넣었다.

MyPlate를 활용하여 건강한 식사 형태(healthy eating style)를 갖도록 한다.

- 모든 식품과 음료를 선택할 때 식품의 다양성, 적정량, 영양소를 고려한다.
- 다양한 종류의 과일, 채소, 곡류(특히, 전곡), 단백질식품, 유제품을 섭취한다.
- 나이, 키, 체중, 신체활동을 고려한 적절한 양을 섭취한다.
- 포화지방, 나트륨, 첨가당이 적은 식품과 음료를 선택한다.
- 식품과 음료를 선택할 때 영양표시정보를 활용한다.

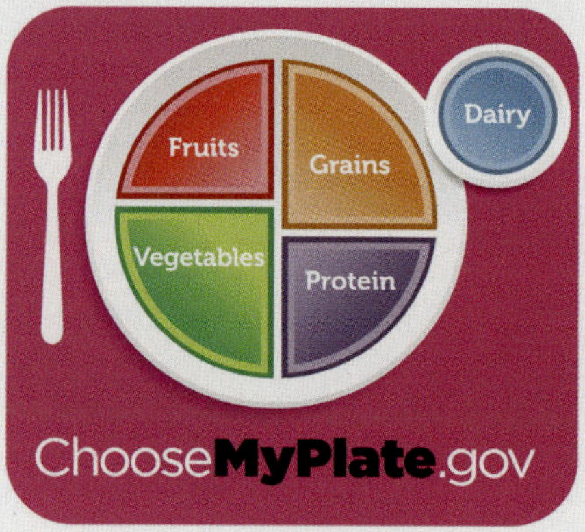

MyPlate

출처 : 미국 USDA(2015)

3. 식단계획의 기본

식단을 계획할 때에는 식재료의 선택부터 조리 후 뒷정리까지의 각 과정이 식생활관리의 목표에 부합할 수 있도록 해야 한다. 즉, 식단을 통해 구성원의 상태에 맞는 영양소 섭취가 가능하고, 예산과 기호에 맞는 식사 제공, 그리고 식생활관리자의 효율적인 시간과 노력관리가 가능한 식단을 작성하는 것을 기본으로 한다.

1) 영양 대상자 특성 파악

대상자의 연령, 활동량, 신체상태에 적합한 영양소 필요량을 결정하고, 그에 따른 식품의 종류, 음식의 양, 조리법을 고려해야 한다. 또한 대상자의 식습관을 고려하여 아침, 점심, 저녁 각 끼니에 적합한 식단을 작성하도록 한다. 비록 기호도가 서로 다른 가족구성원들의 식단 작성이 쉽지는 않지만, 대상자들의 메뉴에 대한 선호도를 파악하여 식단에 반영하도록 한다.

2) 하루를 한 단위로

매끼를 기준으로 하는 것보다 하루 세 끼를 한 단위로 생각하여 식단을 계획하며 각 끼니가 상호 보충되도록 한다. 한 끼를 간단하고 영양가가 덜한 음식으로 제공하는 경우 나머지 두 끼를 통해 단백질과 지방 함량이 높은 음식으로 보충할 수 있는 식단을 계획한다. 또한 한 끼에 음식의 수가 많을 경우 1인분의 양을 줄이고 에너지를 많이 내는 식품의 수는 줄인다1식 3찬, 5찬.

3) 합리적인 식품 선택

각 식품군의 식품이 매일, 매끼에 다양한 종류가 포함되도록 한다. 식품은 제각

CHAPTER 3

표 3-9 계절별 식품 종류

구분	봄	여름	가을	겨울
어패류	가자미, 전어, 삼치, 꽁치, 조기, 주꾸미, 바지락, 키조개, 멍게, 개조개, 멸치	민어, 병어, 도미, 준치, 홍어, 복어, 다시마, 전복	갈치, 고등어, 꽃게, 낙지, 새우	과메기, 굴, 홍합, 김, 꼬막, 대구, 매생이, 명태, 문어, 물미역, 파래, 톳, 오징어, 정어리
채소류	쑥, 쑥갓, 죽순, 풋마늘, 달래, 냉이, 두릅, 미나리, 더덕, 고사리, 봄동, 곰피, 민들레, 참나물, 취나물	풋고추, 오이, 옥수수, 가지, 애호박, 호박잎, 감자, 마늘, 양배추, 도라지, 아욱, 상추, 근대, 깻잎, 머위, 부추, 비름, 청대콩, 완두콩	시금치, 버섯, 단호박, 대추, 더덕, 들깨, 마, 무, 무청, 밤, 고구마, 연근, 수수, 우엉, 잣, 콜라비, 토란, 새송이버섯, 느타리, 표고버섯	배추, 무, 시금치, 야콘, 우엉, 검정깨, 동초, 땅콩, 팥, 호두
과일류	참다래, 토마토, 딸기	수박, 포도, 복숭아, 참외	사과, 배, 감	귤, 사과

각 영양소 함유량이 다르므로, 각 식품이 가진 특성을 잘 살려서 식품을 배합하도록 한다. 또한 식품의 영양적 가치와 비교했을 때 가격이 합리적인지, 구매할 수 있는지, 계절식품 혹은 지역 농산물인지 여부를 고려하여 우수한 식품을 선택하도록 한다. 또한 안전한 식재료를 확보하기 위해서 온도관리를 요하는 식품TCS에 대한 정보와 기간별 금지 식재료 및 규제 메뉴를 식단 작성 시에 활용할 수도 있다.

4) 다양한 조리법

밥과 국 중심의 한식 상차림은 다양한 음식을 동시에 먹을 수 있도록 한꺼번에 차려 놓은 공간전개형 방식을 취하고 있어 식단을 구성하는 음식들 간의 맛과 향, 질감에 대한 총체적인 조화와 균형을 고려해야 한다food pairing. 이를 위해 단맛, 짠맛, 쓴맛, 신맛, 감칠맛이 적절하게 식단에 구성되도록 하고 맛의 중복을 피하며, 향미의 강약이 균형되도록 한다. 또한 식단에 다양한 조리법을 적용하기 위해 패턴화된 조리법 틀template을 사용할 수도 있다표 3-10. 저장식품절임, 젓갈, 피클류 등이나 양념

표 3-10 표준화된 조리법 패턴

구분	월	화	수	목	금
중식	잡곡류 국류 구이류 숙채류 김치류 우유	잡곡류 국류 볶음류 숙회류 김치류 우유	일품요리 맑은국류 과일류 김치류 우유	잡곡류 국류 찜류 튀김류 김치류 우유	잡곡류 국류 조림류 생채류 김치류 우유

출처 : 강원도교육청(2007).

류를 많이 자주 사용하는 것은 음식 본연의 맛을 느끼지 못하기 때문에 좋지 않다. 주재료, 색과 질감을 다양하게 구성하고, 일품요리 및 가공식품의 사용은 식단주기에 맞춰 횟수를 정하도록 한다.

5) 예산 및 식재료비

예산을 고려하여 지출 가능한 식재료비를 결정하고, 그 범위 내에서 식단을 계획한다. 예산이 적을수록 식품 선택이 제한되며, 일반적으로 열량을 충족시키기 위한 탄수화물식품 위주의 식단으로 치우치게 되는 반면, 예산이 여유가 있는 경우 육류, 유제품과 기호를 충족시킬 수 있는 식품을 구매할 수가 있게 된다. 따라서 예산 범위 내에서 영양, 기호 측면에서 효과적인 식단 작성을 위해서는 식품 단가의 변화에 대하여 지속적으로 관심을 갖고 모니터링해서 물가 수준에 따라 식생활비를 최대한 활용할 수 있도록 한다. 경우에 따라 식품의 생산량에 차질이 생겨 가격이 급등하는 경우 대체식품에 대한 정보를 참고한다표 3-11.

대체식품이란 대신해서 먹을 수 있는 식품으로, 원하는 식품과 비슷한 영양소를 가진 다른 식품으로 대체할 수 있는 식품을 말한다. 예를 들어, 식단을 계획했을 때 식단의 식품비가 식비 예산의 범위를 넘었을 경우, 같은 영양소를 공급하면서 보다 싼 값으로 구입할 수 있는 대체식품을 선택해야 한다.

표 3-11 대체식품의 종류

종류		대체식품
곡류	원곡	백미, 찹쌀, 쌀보리, 밀, 옥수수, 수수, 조
	가공	빵, 떡, 소면, 메밀국수, 마카로니, 소맥분, 라면
감자류	원품	감자, 고구마, 토란
	가공품	녹말, 말린 고구마, 당면, 포도당
두류	두류	대두, 대두분, 팥, 녹두, 완두, 강낭콩, 땅콩, 동부콩
	두류 제품	두부, 튀김두부, 콩조림, 된장, 고추장, 간장, 청국장, 콩비지
채소류	일반 채소류	시금치, 배추, 미나리, 상추, 당근, 가지, 무, 콩나물, 호박
	건조채소	호박고지, 무말랭이, 무청, 고춧잎
	김치류	통김치, 열무김치, 오이김치, 오이지, 단무지, 알타리김치, 무청김치
	과실	감, 곶감, 귤, 사과, 수박, 포도, 토마토, 밤, 딸기, 자두, 복숭아
	해초	김, 미역, 다시마, 파래
어패류	신선 어패류	가자미, 꽁치, 조기, 연어, 갈치, 오징어, 대구, 청어, 조개, 새우, 동태
	기타 어패류	염갈치, 염고등어, 염꽁치, 염청어, 말린 조기, 북어
	가공	어류 통조림, 생선튀김, 새우젓, 굴젓
	난류	명란젓, 대구알젓, 기타 어란
수조육류	수육	소고기, 돼지고기, 토끼고기, 양고기
	조육	닭, 꿩, 칠면조
	난류	달걀, 오리알, 메추리알
	우유	우유, 분유, 연유, 농축유
유지류	식유	참기름, 콩기름, 샐러드유, 면실유
	자류	버터, 강화 마가린, 라드
조미료 및 향신료	조미료	식염, 깨소금, 간장, 파, 마늘, 설탕
	향신료	말린 고추, 고춧가루, 생강, 겨자, 후춧가루, 카레가루, 계핏가루
기호품	당류	설탕, 캐러멜, 엿류, 얼음사탕, 사탕
	기타	인삼차, 생강차, 커피, 홍차, 주류(정종, 맥주, 소주, 양주, 위스키)

Case 사례연구

건강한 식생활 실천해요, '한국인을 위한 식생활지침' 발표

보건복지부, 농림축산식품부와 식품의약품안전처는 건강하고 균형잡힌 식생활 수칙을 제시하는 '한국인을 위한 식생활지침'을 14일 발표했다. 식생활 지침은 일반 대중이 건강한 식생활을 할 수 있도록 이해와 실천을 돕기 위해 마련된 권장 수칙이다. 이는 2016년 '국민 공통 식생활지침'이 발표된 이후 5년 만에 마련된 것으로, 국민영양관리법은 보건복지부 장관이 식생활 지침을 5년 주기로 제·개정해 발표하도록 규정하고 있다. 복지부는 이번 지침에서 식품 및 영양섭취, 식생활 습관, 식생활 문화 분야의 수칙을 정비했다. 식품 및 영양섭취와 관련해서는 만성질환 예방을 위한 균형 있는 식품 섭취, 채소·과일 섭취 권장, 나트륨·당류·포화지방산 섭취 줄이기 등을 강조했다. 식생활 습관 관련 지침으로는 '과식을 피하고 신체활동을 늘리기', '아침식사 하기', '술 절제하기' 등 비만을 예방할 수 있는 수칙을 제시했다. 이어 식생활 문화와 관련해서 코로나19 이후 위생적인 식생활 정착, 지역 농산물 활용을 통한 지역 경제 선순환 및 환경 보호의 중요성을 명시했다.

출처: 연합뉴스(2021. 4.15) 기사 재구성

최근 가정 밖에서의 식사가 크게 증가하고 있다. 이에 따라 가족구성원은 각자 식생활관리를 해야 하는 경우가 많아졌다. 학교, 직장 등에서 많은 시간을 보내고 있는 현대인들이 '국민공통식생활지침'을 실천할 수 있는 구체적인 실천방안에 대하여 토론해 보시오.

Study Questions

1 대부분 사무실에서 일하며 앉아서 활동하고, 통근 또는 쇼핑으로 2시간 정도 걷는 23세 여자(160 cm, 55 kg)가 필요한 에너지필요량 및 필요한 영양소 섭취량을 분석하시오.

2 어린이, 청소년이 있는 가정에서 식단을 계획할 때 어떤 부분에 중점을 둘 것인지를 설명하시오.

3 경제적인 식단 작성(budget-friendly) 방안 5가지를 제안하시오.

4 비빔밥류, 볶음밥류, 면류 등의 일품요리에 어울리는 식단을 패턴화하시오.

1 2 3 4 5 6 7 8

참고문헌

농촌진흥청, 식품종합정보시스템. 2016. 국가표준식품성분표 검색

박태선, 김은경. 2011. **현대인의 생활영양**. 교문사

백희영, 이심열, 안윤진, 심재은, 정자용, 송윤주, 김현주, 김지혜, 박은미, 김동우. 2016. **건강을 위한 식생활과 영양**. 파워북

보건복지부, 농림축산식품부, 식품의약품안전처. 2020. 2020 한국인 영양소 섭취기준

보건복지부, 농림축산식품부, 식품의약품안전처. 2021. 한국인을 위한 식생활지침

연합뉴스. 2021. 건강한 식생활 실천해요, '한국인을 위한 식생활지침'발표. 2021.4.14

왕수경, 구난숙, 윤은영, 이나영, 임영희. 2012. **식생활 정보와 체중관리**. 형설출판사

한국농촌경제연구원. 2014. 2013 식품수급표

McWilliams M. 2009. *Meal Management*, 5th ed., Pearson Prentice Hall, NJ

US Department of Agriculture, US Department of Health and Human Service. 2015. Dietary guidelines for Americans 2015

권장 웹사이트

농촌진흥청 국립농업과학원 농식품종합시스템 http://koreanfood.rda.go.kr/kfi/fct/fctFoodSrch/list

미국 농무성 마이플레이트 https://www.choosemyplate.gov/MyPlate

보건복지부 http://www.mohw.go.kr

한국영양학회 http://www.kns.or.kr/FileRoom/FileRoom.asp?BoardID=Kdr

CHAPTER

04

식단 작성의 실제 및 평가

학습 목표

- 식사구성안을 이용하여 식단을 작성할 수 있다.
- 연령 및 대상별 니즈에 맞는 식단을 작성할 수 있다.
- 식단 평가를 위한 적절한 기준을 제시할 수 있다.
- 제공된 식단을 다양한 관점에서 평가하고 개선방안을 제시할 수 있다.

우리 상차림 그 자체가 바로 'Korean Food'

'Korean Food'를 검색하면 무엇이 나올까? 구글 검색 결과가 보여 주는 다양한 이미지에서는 김치, 비빔밥, 불고기 등의 특정 음식 대신 우리 상차림 그 자체, 즉 반찬의 이미지를 보여 주고 있다. 세계인들이 한국 음식의 전형으로 떠올리는 이미지는 풍성하고 아름답게 상차림 한 반찬인 것이다. 반찬은 우리 음식의 핵심이고 반찬 없는 한식은 한식이 아니다. 다양한 맛과 향을 잘 버무려 균형을 맞추는 우리 전통음식 문화의 꽃이다. 반찬을 매 끼니 만드는 일은 매우 고된 일이다. 맞벌이가 일상화된 1980년대 이후 직접 조리할 시간이 없는 직장 여성을 위해 재래시장과 마트에서 '포장 반찬'을 팔기 시작했다. 반찬은 언제나 식탁에서 우리와 함께해 왔고 언제까지나 함께 있을 것 같았다. 2010년대 중반에 접어들며 가정간편식이 우리 식탁에 자주 오르고 있다. 가정 간편식은 집에서 한 끼 식사를 간편하게 대체해 먹을 수 있는 음식으로, 볶음밥 · 짬뽕 · 죽 · 냉동피자 등 다양한 형태의 한 끼 음식을 통칭한다. 이들 음식이 우리 식탁 위에 오르면서 반찬이 식탁에서 사라지기 시작했다. 대부분의 간편식은 조리하는 데 5분 내외가 걸리고 그 자체로 완전한 한 그릇 음식이다. 소비자들은 그 간편함에 매료되어 밥상에 반찬을 올릴 필요성도 못 느낀다. 1인 가구 수가 늘고 외식문화가 일반화되고 간편식이 식탁에 자주 오르면서 가정에서의 반찬문화는 서서히 사라지고 있다. 7첩 반상, 5첩 반상은 이미 옛 역사책에서나 나오는 이야기가 되었다. 머지않은 미래에 반찬은 한정식집에나 가야 먹을 수 있는 존재가 될지도 모르겠다. 그때 구글 검색은 한식 이미지로 무엇을 보여 줄까.

출처 : 중앙일보(2016. 7. 4) 재구성

CHAPTER 04

건강한 식사는 다양한 식재료의 섭취, 어느 한 식품에 치우치지 않은 균형 잡힌 식사, 그리고 적절한 양의 섭취를 기본으로 하며, 이러한 전제를 충족시키기 위해 매끼 식사에서 음식의 종류와 분량을 결정해야 한다. 식사를 구성하는 밥, 국, 찌개, 주반찬, 부반찬, 김치 등의 조합을 식단이라고 하며, 식단 작성은 영양, 경제, 기호, 능률 등을 고려한 식재료, 조리법, 음식명의 선택과정을 말한다.

1. 식사구성안을 이용한 식단 작성

식사구성안은 식생활로 인해 발생할 수 있는 건강문제를 예방하기 위해 일반인들도 쉽게 영양섭취기준에 충족되는 식단을 작성할 수 있도록 제시된 도구이다. 즉, 식품군별 대표 식품과 권장식사 패턴의 섭취 횟수를 활용하여 영양섭취기준에 따른 건강한 식사를 실생활에 적용할 수 있도록 식사의 기본구성개념을 설명한 것이다. 식품에는 여러 가지 영양소가 함유되어 있어 어떤 식품을 얼마나 먹을 것인가를 영양섭취기준만으로 일반인들이 이해하기란 쉽지 않은데, 식사구성안에서는 영양소 단위를 식품단위로 전환하여 식단을 계획할 수 있도록 함으로써 복잡한 영양가 계산을 피하고 간단하고 편리하게 식단을 작성할 수 있게 하였다.

1) 식사구성안의 목표

식사구성안의 영양적 목표는 에너지, 비타민, 무기질, 식이섬유는 섭취필요량의 100%를 충족하며, 탄수화물, 단백질, 지방의 에너지 비율은 각각 55~65%, 7~20%, 15~30% 정도를 유지하고, 설탕이나 물엿과 같은 첨가당 및 소금은 되도록 적게 섭취하도록 구성하였다.

표 4-1 식사구성안 영양 목표와 일반적 개념의 목표

<table>
<tr><th colspan="2">섭취 허용</th><th colspan="2">섭취 주의</th></tr>
<tr><td>에너지</td><td>100% 에너지 필요추정량</td><td rowspan="2">지방</td><td>1~2세 총에너지의 20~35%</td></tr>
<tr><td>단백질</td><td>총에너지의 약 7~20%</td><td>3세 이상 총에너지의 15~30%</td></tr>
<tr><td>비타민
무기질</td><td>100% 권장섭취량 또는 충분섭취량 상한섭취량 미만</td><td rowspan="2">당류</td><td rowspan="2">설탕, 물엿 등의 첨가당을 최소한으로 섭취</td></tr>
<tr><td>식이섬유</td><td>100% 충분섭취량</td></tr>
<tr><th colspan="4">일반적 개념의 목표</th></tr>
<tr><td colspan="4">1. 건강인의 건강증진을 위한 것이다.
2. 과학적인 근거를 기반으로 식사구성안을 개발해야 하며, 그러기 위해서는 최신 연구의 결과와 국민건강 영양조사의 최신 조사 결과를 반영해야 한다.</td></tr>
</table>

3. 식사구성안은 한국인의 식생활지침에도 부합되도록 전반적인 식생활을 포함하는 내용으로 권장한다.
4. 식사구성안은 일반인들이 사용하기 쉽고 간편해야 한다.
5. 식사구성안은 영양소 섭취기준의 목표가 실제 식생활에 적용이 가능해야 한다.
6. 식사구성안은 사용자의 개인 선호식품에 따라 동일한 식품군 내에서는 식품의 변화를 주고자 할 때 식품의 대체가 용이하며, 변경한 식품은 식품 간의 영양소가 충족되어야 한다.

출처 : 보건복지부, 한국영양학회(2015)

2) 각 식품군별 대표식품과 1인 1회 분량

식품은 함유된 영양소의 특성에 따라 곡류, 고기·생선·달걀·콩류, 채소류, 과일류, 우유·유제품류, 유지·당류의 6개 식품군으로 분류된다. 식품군별 대표식품은 우리나라 국민들이 자주 섭취하는 다빈도 식품을 바탕으로 선정되었다. 또한 각 식품의 분포나 통상적으로 1회 섭취하는 양을 바탕으로 1인 1회 분량을 설정한 후, 에너지 함량을 고려하여 1인 1회 분량에 해당하는 횟수를 제시하였다. 1인 1회 분량에 해당하는 섭취횟수는 식품군의 에너지 함유량을 맞추는 방향으로 결정하였다. 1인 1회 분량이 각 해당 식품군의 에너지 함유량과 같다면 1회, 약 1/3 정도에 해당하는 분량이면 0.3회로 명시하였다. 식품군별 1인 1회 분량 설정의 기준은 다음과 같다.

① 곡류의 대표 식품 분량 및 해당 횟수는 평균 에너지 함량 300 kcal에 해당되도록 하였다. 예로 식빵 1쪽 35 g을 1회 분량으로 설정하면 약 100 kcal에 해당되므로 0.3회라는 1인 1회 분량에 해당하는 횟수를 제시하였다표 4-2, 표 4-3.

표 4-2 곡류의 주요 식품, 1인 1회 분량 및 1회 분량 해당 횟수

식품군	품목	식품명	1회 분량(g)*	횟수**
곡류 (300 kcal)	곡류	백미, 보리, 찹쌀, 현미, 조, 수수, 기장, 팥	90	1회
		옥수수	70	0.3회
		쌀밥	210	1회
	면류	국수(말린 것)	90	1회
		국수(생면)	210	1회
		당면	30	0.3회
		라면사리	120	1회

식품군	품목	식품명	1회 분량(g)*	횟수**
곡류 (300 kcal)	떡류	가래떡/백설기	150	1회
		떡(팥소, 시루떡 등)	150	1회
	빵류	식빵	35	0.3회
		빵(잼빵, 팥빵 등)	80	1회
		빵(기타)	80	1회
	시리얼류	시리얼	30	0.3회
	감자류	감자	140	0.3회
		고구마	70	0.3회
	기타	묵	200	0.3회
		밤	60	0.3회
		밀가루, 전분, 빵가루, 부침가루, 튀김가루, 믹스	30	0.3회
	과자류	과자(비스킷, 쿠키)	30	0.3회
		과자(스낵)	30	0.3회

* 1회 섭취하는 가식부 분량임

** 곡류 300 kcal에 해당하는 분량을 1회라고 간주하였을 때, 해당 1회 분량에 해당하는 횟수

출처 : 보건복지부, 한국영양학회(2015)

표 4-3 곡류의 1인 1회 분량

식품군	1인 1회 분량				
곡류 (300 kcal)					
	쌀밥(210 g)	보리밥(210 g)	백미(90 g)	현미(90 g)	수수(90 g)

	팥(90 g)	가래떡(150 g)	시루떡(150 g)	국수 말린 것(90 g)	라면사리(120 g)

	팥빵, 잼빵(80 g)				

	고구마(70 g)*	감자(140 g)*	옥수수(70 g)*	밤(60 g)*	묵(200 g)*

식품군	1인 1회 분량				
곡류 (300 kcal)					
	시리얼(30 g)*	당면(30 g)*	식빵(35 g)*	과자(30 g)*	밀가루(30 g)*

* 표시는 0.3회

출처 : 보건복지부, 한국영양학회(2015)

② 고기 · 생선 · 달걀 · 콩류는 1인 1회 분량이 평균 에너지 함량 100 kcal, 평균 단백질 함량 10 g에 해당한다. 육류의 경우 60 g으로 설정하였으나, 가공식품인 햄, 소시지, 베이컨은 30 g으로 설정하였다표 4-4, 표 4-5.

표 4-4 고기 · 생선 · 달걀 · 콩류의 주요 식품, 1인 1회 분량 및 1회 분량 해당 횟수

식품군	품목	식품명	1회 분량(g)*	횟수**
고기 · 생선 · 달걀 · 콩류 (100 kcal)	육류	소고기(한우, 수입우)	60	1회
		돼지고기, 돼지고기(삼겹살)	60	1회
		닭고기	60	1회
		오리고기	60	1회
		햄, 소시지, 베이컨, 통조림햄	30	1회
	어패류	고등어, 명태/동태, 조기, 꽁치, 갈치, 다랑어(참치)	60	1회
		바지락, 게, 굴	80	1회
		오징어, 새우, 낙지	80	1회
		멸치자건품, 오징어(말린 것), 새우자건품, 뱅어포(말린 것), 명태(말린 것)	15	1회
		다랑어(참치통조림)	60	1회
		어묵, 게맛살	30	1회
		어류젓	40	1회
	난류	달걀, 메추라기알	60	1회
	콩류	대두, 완두콩, 강낭콩	20	1회
		두부	80	1회
		순두부	200	1회
		두유	200	1회
	견과류	땅콩, 아몬드, 호두, 잣, 해바라기씨, 호박씨	10	0.3회

* 1회 섭취하는 가식부 분량임

** 고기 · 생선 · 달걀 · 콩류 100 kcal에 해당하는 분량을 1회라고 간주하였을 때, 해당 1회 분량에 해당하는 횟수

출처 : 보건복지부, 한국영양학회(2015)

표 4-5 고기 · 생선 · 달걀 · 콩류의 1인 1회 분량

식품군	1인 1회 분량				
고기 · 생선 · 달걀 · 콩류 (100 kcal)					
	돼지고기(60 g)	돼지고기삼겹살 (60 g)	소고기(60 g)	닭고기(60 g)	소시지(30 g)

	햄(30 g)	고등어(60 g)	명태(60 g)	참치통조림(60 g)	오징어(80 g)

	바지락(80 g)	새우(80 g)	어묵(30 g)	멸치 말린 것 (15 g)	명태 말린 것 (15 g)

	오징어 말린것 (15 g)	달걀(60 g)	두부(80 g)	대두(20 g)	

	잣(10 g)*	땅콩(10 g)*			

* 표시는 0.3회

출처 : 보건복지부, 한국영양학회(2015)

③ 채소류는 1인 1회 분량이 에너지 함량 평균 15 kcal에 해당하는 생채소류 70g 정도로 하고, 다른 생채소류에 비해 에너지 함량이 높은 우엉은 40 g으로 설정하였다. 김치는 염분섭취를 고려하여 배추김치 40 g을 기준으로 하였다 **표 4-6, 표 4-7**.

표 4-6 채소류의 주요 식품, 1인 1회 분량 및 1회 분량 해당 횟수

식품군	품목	식품명	1회 분량(g)*	횟수**
채소류 (15 kcal)	채소류	파, 양파, 당근, 풋고추, 무, 애호박, 오이, 콩나물, 시금치, 상추, 배추, 양배추, 깻잎, 피망, 부추, 토마토, 쑥갓, 무청, 붉은고추, 숙주나물, 고사리, 미나리	70	1회
		배추김치, 깍두기, 단무지, 열무김치, 총각김치	40	1회
		우엉	40	1회
		마늘, 생강	10	1회
	해조류	미역, 다시마	30	1회
		김	2	1회
	버섯류	느타리버섯, 표고버섯, 양송이버섯, 팽이버섯	30	1회

* 1회 섭취하는 가식부 분량임

** 채소류 15 kcal에 해당하는 분량을 1회라고 간주하였을 때, 해당 1회 분량에 해당하는 횟수

출처 : 보건복지부, 한국영양학회(2015)

표 4-7 채소류의 1인 1회 분량

식품군	1인 1회 분량				
채소류 (15 kcal)					
	당근(70 g)	양배추(70 g)	오이(70 g)	무(70 g)	애호박(70 g)

	콩나물(70 g)	부추(70 g)	풋고추(70 g)	상추(70 g)	시금치(70 g)

	토마토(70 g)	양파(70 g)	마늘(10 g)	배추김치(40 g)	총각김치(40 g)

	열무김치(40 g)	깍두기(40 g)	표고버섯(30 g)	느타리버섯(30 g)	김(2 g)

	미역(30 g)				

출처 : 보건복지부, 한국영양학회(2015)

④ 과일류는 1인 1회 분량이 평균 에너지 함량 50 kcal에 해당하며 사과, 귤 등은 100 g, 말린 과일은 15 g으로 설정하였다표 4-8, 표 4-9.

표 4-8 과일류의 주요 식품, 1인 1회 분량 및 1회 분량 해당 횟수

식품군	품목	식품명	1회 분량(g)*	횟수**
과일류 (50 kcal)	과일류	수박, 참외, 딸기	150	1회
		사과, 귤, 배, 바나나, 감, 포도, 복숭아, 오렌지, 키위, 파인애플	100	1회
		건포도, 대추(말린 것)	15	1회
	주스류	과일음료	100	1회

* 1회 섭취하는 가식부 분량임

** 과일류 50 kcal에 해당하는 분량을 1회라고 간주하였을 때, 해당 1회 분량에 해당하는 횟수

출처 : 보건복지부, 한국영양학회(2015)

표 4-9 과일류의 1인 1회 분량

식품군	1인 1회 분량				
과일류 (50 kcal)					
	참외(150 g)	사과(100 g)	배(100 g)	복숭아(100 g)	귤(100 g)

	오렌지(100 g)	바나나(100 g)	키위(100 g)	감(100 g)	포도(100 g)

	건포도(15 g)	대추 말린 것 (15 g)	과일주스 (100 mL)		

출처 : 보건복지부, 한국영양학회(2015)

⑤ 우유 · 유제품류는 1인 1회 분량이 에너지 함량 평균 125 kcal에 해당하며 이는 우유 1잔200 mL에 해당하는 분량이다. 치즈의 경우 치즈 1회 제공량에 해당하는 20 g으로 설정하였다표 4-10, 표 4-11.

표 4-10 우유 · 유제품류의 주요 식품, 1인 1회 분량 및 1회 분량 해당 횟수

식품군	품목	식품명	1회 분량(g)*	횟수**
우유 · 유제품류 (125 kcal)	우유	우유	200	1회
	유제품	치즈	20	0.3회
		요구르트(호상)	100	1회
		요구르트(액상)	150	1회
		아이스크림	100	1회

* 1회 섭취하는 가식부 분량임

** 우유 · 유제품류 125 kcal에 해당하는 분량을 1회라고 간주하였을 때, 해당 1회 분량에 해당하는 횟수

출처 : 보건복지부, 한국영양학회(2015)

표 4-11 우유 · 유제품류의 1인 1회 분량

식품군	1인 1회 분량			
우유 · 유제품류 (125 kcal)				
	우유(200 mL)	호상요구르트(100 g)	액상요구르트(150 mL)	아이스크림(100 g)

	치즈(20 g)*			

* 표시는 0.3회

출처 : 보건복지부, 한국영양학회(2015)

⑥ 유지 · 당류는 1인 1회 분량이 에너지 함량 평균 45 kcal에 해당한다표 4-12, 표 4-13.

표 4-12 유지 · 당류의 주요 식품, 1인 1회 분량 및 1회 분량 해당 횟수

식품군	품목	식품명	1회 분량(g)*	횟수**
유지 · 당류 (45 kcal)	유지류	참기름, 콩기름, 커피프림, 들기름, 유채씨기름/채종유, 흰깨, 들깨, 버터, 포도씨유, 마요네즈	5	1회
		커피믹스	12	1회
	당류	설탕, 물엿/조청, 꿀	10	1회

* 1회 섭취하는 가식부 분량임

** 유지 · 당류 45 kcal에 해당하는 분량을 1회라고 간주하였을 때, 해당 1회 분량에 해당하는 횟수

출처 : 보건복지부, 한국영양학회(2015)

표 4-13 유지 · 당류의 1인 1회 분량

식품군	1인 1회 분량			
유지 · 당류 (45 kcal)				
	깨(5 g)	콩기름(5 g)	마요네즈(5 g)	버터(5 g)

	설탕(10 g)	물엿(10 g)	꿀(10 g)	

출처 : 보건복지부, 한국영양학회(2015)

3) 권장식사패턴

권장식사패턴이란 영양소 섭취기준에 맞는 식단 작성을 위해 하루에 필요한 식품군별 섭취 횟수를 제시한 패턴이다. 개인의 1일 에너지필요량에 따라 식품군별 섭취 횟수를 계산하여 제시하였기 때문에 개인의 필요열량을 안다면 자신에게 필요한 식품군별 섭취 횟수를 확인할 수 있다. 식품군별 섭취 횟수에 따라 식단을 작성하여 식사를 하면 하루에 필요한 영양소 섭취량을 충족할 수 있다.

(1) 생애주기별 권장식사패턴

- 권장식사패턴은 1,000~2,800 kcal까지 100 kcal 단위로 구성된다표 4-14, 표 4-15.
- 우유 · 유제품의 권장섭취 횟수에 따라 권장식사패턴을 A, B 타입으로 구분한다.
  - A 타입 : 영유아 · 청소년기18세 이하, 우유 · 유제품류의 권장섭취 횟수 2회
  - B 타입 : 성인기 이후19세 이상, 우유 · 유제품류의 권장섭취 횟수 1회

표 4-14 생애주기별 권장식사패턴 A(우유 · 유제품 2회 권장)

A 타입						
열량(kcal)	곡류	고기 · 생선 · 달걀 · 콩류	채소류	과일류	우유 · 유제품	유지 · 당류
1,000	1	1.5	4	1	2	3
1,100	1.5	1.5	4	1	2	3
1,200	1.5	2	5	1	2	3
1,300	1.5	2	6	1	2	4
1,400	2	2	6	1	2	4
1,500	2	2.5	6	1	2	5
1,600	2.5	2.5	6	1	2	5
1,700	2.5	3	6	1	2	5
1,800	3	3	6	1	2	5
1,900	3	3.5	7	1	2	5
2,000	3	3.5	7	2	2	6
2,100	3	4	8	2	2	6
2,200	3.5	4	8	2	2	6
2,300	3.5	5	8	2	2	6
2,400	3.5	5	8	3	2	6
2,500	3.5	5.5	8	3	2	7
2,600	3.5	5.5	8	4	2	8
2,700	4	5.5	8	4	2	8
2,800	4	6	8	4	2	8

출처 : 보건복지부, 한국영양학회(2015)

표 4-15 생애주기별 권장식사패턴 B(우유 · 유제품 1회 권장)

B 타입						
열량(kcal)	곡류	고기 · 생선 · 달걀 · 콩류	채소류	과일류	우유 · 유제품	유지 · 당류
1,000	1.5	1.5	5	1	1	2
1,100	1.5	2	5	1	1	3
1,200	2	2	5	1	1	3
1,300	2	2	6	1	1	4
1,400	2.5	2	6	1	1	4
1,500	2.5	2.5	6	1	1	4
1,600	3	2.5	6	1	1	4
1,700	3	3.5	6	1	1	4
1,800	3	3.5	7	2	1	4
1,900	3	4	8	2	1	4
2,000	3.5	4	8	2	1	4
2,100	3.5	4.5	8	2	1	5
2,200	3.5	5	8	2	1	6
2,300	4	5	8	2	1	6
2,400	4	5	8	3	1	6
2,500	4	5	8	4	1	7
2,600	4	6	9	4	1	7
2,700	4	6.5	9	4	1	8

출처 : 보건복지부, 한국영양학회(2015)

(2) 권장식사패턴에 적용할 성별 · 연령별 기준 에너지

- 성별 · 연령별 권장식사패턴을 활용하기 위한 기준 에너지는 1~2세부터 제시하였으며, 3~5세 유아에서는 에너지필요추정량과 동일하게 1,400 kcal를 기준 에너지로 설정하였다표 4-16.
- 6~11세와 12~18세, 19~64세의 경우 해당 성별 · 연령별 에너지필요추정량의 평균을 사용하였으며, 여자의 경우 기준 에너지를 단순화하고자 반올림하여 6~11세는 1,700 kcal, 19~64세는 1,900 kcal로 설정하였다.

표 4-16 성별 · 연령별 기준 에너지

<table>
<tr><th rowspan="3">연령</th><th colspan="2">에너지필요추정량</th><th colspan="2">기준 에너지</th></tr>
<tr><th colspan="2">2015 한국인 영양소 섭취기준</th><th colspan="2">2015 한국인 영양소 섭취기준</th></tr>
<tr><th>남자</th><th>여자</th><th>남자</th><th>여자</th></tr>
<tr><td>1~2세</td><td>1,000</td><td>1,000</td><td>1,000A</td><td>1,000A</td></tr>
<tr><td>3~5세</td><td>1,400</td><td>1,400</td><td>1,400A</td><td>1,400A</td></tr>
<tr><td>6~8세</td><td>1,700</td><td>1,500</td><td rowspan="2">1,900A</td><td rowspan="2">1,700A</td></tr>
<tr><td>9~11세</td><td>2,100</td><td>1,800</td></tr>
<tr><td>12~14세</td><td>2,500</td><td>2,000</td><td rowspan="2">2,600A</td><td rowspan="2">2,000A</td></tr>
<tr><td>15~18세</td><td>2,700</td><td>2,000</td></tr>
<tr><td>19~29세</td><td>2,600</td><td>2,100</td><td rowspan="3">2,400B</td><td rowspan="3">1,900B</td></tr>
<tr><td>30~49세</td><td>2,400</td><td>1,900</td></tr>
<tr><td>50~64세</td><td>2,200</td><td>1,800</td></tr>
<tr><td rowspan="2">65세 이상</td><td>2,000</td><td>1,600</td><td rowspan="2">2,000B</td><td rowspan="2">1,600B</td></tr>
<tr><td>2,000</td><td>1,600</td></tr>
</table>

출처 : 보건복지부, 한국영양학회(2015)

4) 식단 작성 실제

식사구성안에서 제시하는 권장식사패턴을 이용한 식단 작성의 실제는 다음과 같은 절차를 따른다그림 4-1.

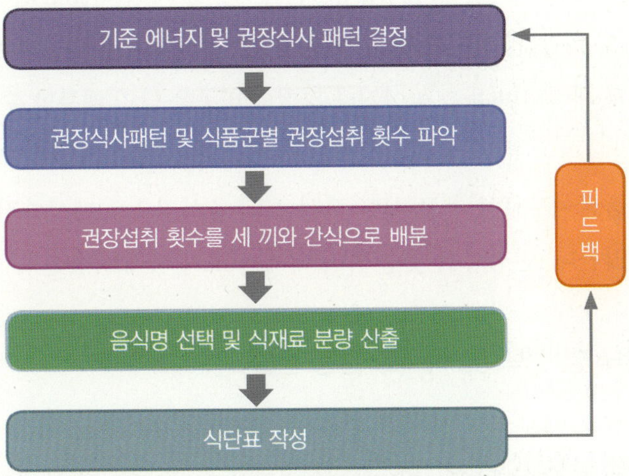

그림 4-1 식사구성안을 이용한 식단 작성 절차

(1) 1단계 : 기준 에너지 및 권장식사패턴 결정

- 식단 대상자의 에너지필요량은 키, 몸무게, 성별, 활동량을 고려하여 계산제3장 p. 78 참조한 후, 에너지필요량에 따라 표 4-14, 표 4-15에 제시된 권장식사패턴을 결정한다.
- 성별 · 연령별 기준 에너지에 따라 권장식사패턴을 결정한다표 4-16.

(2) 2단계 : 식품군별 권장섭취 횟수 파악

- 권장식사패턴에서 제시하는 식품군별 권장섭취 횟수를 파악한다표 4-14, 표4-15.
- 권장섭취 횟수로 제시된 식사구성은 영양섭취기준을 만족시킬 수 있는 예시로서, 이를 토대로 개인의 기호도를 고려해서 식품군별 섭취 횟수를 조정할

수 있다.

(3) 3단계 : 권장섭취 횟수를 세 끼와 간식으로 배분

- 식품군별 권장섭취 횟수의 배분 : 하루 세 끼 식사와 간식으로 배분하며, 일반적으로는 세 끼 식사를 아침 : 점심 : 저녁 = 1 : 1 : 1의 비율로 균등하게 배분한다. 개인의 식습관, 직업의 종류, 활동 강도, 근무시간 등 개인의 상황을 고려해서 점심과 저녁의 비율을 높이거나 간식의 비중을 달리 배분할 수 있다.
- 유지 · 당류의 배분 : 건강한 식생활 유지의 관점에서 가능한 적게 섭취해야 되는 식품군이므로 실제로 식단 작성 시에 음식명으로 제시하거나 횟수를 배분하지 않는다. 권장섭취 횟수 범위 내에서 조리 시에 사용할 수 있다.

(4) 4단계 : 음식명 선택 및 식재료 분량 산출

- 각 끼니별로 배분된 권장섭취 횟수에 해당하는 음식으로 밥류, 국, 주찬, 부찬, 김치, 간식 등 구체적인 메뉴를 결정하고, 주재료 및 부재료로 사용되는 식품을 식품군 섭취 횟수 기준에 맞도록 분량을 결정한다.
- 음식을 선택할 때 식품군 '곡류'를 주식으로 가장 먼저 결정하고 난 후, 부식으로 '고기 · 생선 · 달걀 · 콩류'의 단백질 반찬과 '채소류'의 채소 반찬을 정한다. 그 다음 각 음식을 만드는 데 필요한 식재료를 적고, 식재료 분량은 한국인 1인 1회 섭취량을 기준으로 끼니별로 배분된 횟수에 해당하는 만큼 계획한다표 4-2~표 4-13.
  - 주식 : 주로 밥 위주의 식단이며, 빵, 국수, 파스타 등으로 변화를 주어 매 끼니마다 주식을 다양하게 선택하고, 밥의 경우 수수, 현미, 귀리 등의 전곡류whole grain를 혼용해서 사용할 것을 권장한다표 4-17.
  - 부식 : 부식의 구성은 단백질 반찬 1~2가지, 채소 반찬 2~3가지 정도로 선택하며, 이때 구이, 볶음, 찜, 조림, 무침 등의 다양한 조리법을 적용하도록 한다. 또한 관능적인 측면에서 질감, 색감, 향미가 전체적으로 조화를 이룰 수 있도록 하며 나트륨 및 당 저감화를 고려해서 부식류를 결정하고, 김치

알아두기

건강한 식사 실천을 위한 포함 내용(Healthy eating pattern INCLUDES)

칼슘, 철, 식이섬유는 한국인에게 부족되기 쉬운 영양소이므로 식단계획 시 필요량을 섭취할 수 있도록 하는 것이 중요하다. 칼슘은 권장식사패턴에 준하여 매일 우유나 유제품을 섭취할 수 있도록 해야 하며, 칼슘강화 유제품을 선택하는 것도 좋은 방법이다. 우유를 소화시키지 못하는 경우에는 대체식품으로 요구르트와 같은 발효유를 섭취하도록 한다. 저지방우유는 일반우유에 비해 포화지방이나 콜레스테롤 함유량이 적으므로 비만이나 심혈관질환의 질병력이 있는 경우 이를 선택하는 것이 좋다. 철은 급원식품인 살코기, 고등어, 달걀노른자, 당근, 시금치, 깻잎 등을 최대한 활용하되, 가능한 흡수율이 높은 동물성식품을 주 급원으로 할 수 있도록 한다. 식이섬유는 쌀밥보다는 잡곡밥으로, 주스보다는 생과일 형태로 섭취하도록 하며, 채소 반찬은 매끼 2가지 이상은 반드시 섭취하도록 한다.

건강한 식사 실천을 위한 지양 내용(Healthy eating pattern LIMITS)

과도한 단순당과 동물성 지방섭취는 지양해야 한다. 따라서 간식 선택 시 설탕이나 과당이 많이 함유된 빵이나 과자보다는 감자, 고구마, 과일 등을 선택하도록 하며, 바나나우유, 커피우유 등과 같은 가공우유는 흰 우유에 비해 단순당 함량이 높으므로 선택을 지양한다. 동물성 지방섭취를 줄이기 위해 육류 선택 시 기름기가 적은 살코기 부위를 주로 이용하며, 눈에 보이는 지방과 기름은 제거하는 것을 권장한다. 만약 고지방 육류 섭취 시에는 권장식사패턴 중 유지 · 당류의 1일 횟수와 교환하여 배분해야 한다. 나트륨의 경우는 권장식사패턴에 맞춰 섭취할 경우 1~2세, 3~5세를 제외한 연령층에서 목표섭취량 1일 2 g을 상회하며, 더욱이 조리 시 추가되는 소금, 간장, 된장, 고추장 등을 감안하면 전 연령층에서 나트륨섭취량이 목표섭취량을 크게 상회할 것으로 예상되므로, 메뉴 선택에 있어 김치, 장아찌류, 가공식품 등의 선택을 줄이고, 조리 시 소금, 간장, 된장, 고추장 등의 사용을 최소화하는 것이 필요하다.

출처 : 보건복지부, 한국영양학회(2015)

류의 경우 배추김치뿐 아니라 제공되는 다른 음식들과 조화를 이룰 수 있도록 깍두기, 열무김치, 물김치 등을 다양하게 활용한다.

– 간식 : 과일류와 우유 및 유제품류를 간식 및 후식으로 제공한다.

• 양념류 : 권장섭취패턴에 이미 양념 사용량이 포함되어 있으므로 조리 시 사용되는 양념류의 양을 따로 계산하지 않아도 된다. 즉, 양념류 10 g당 간

장 6.4 kcal, 고추장 21.7 kcal, 토마토케첩 11.9 kcal, 된장 16.1 kcal로 감안하였다.

표 4-17 메뉴별 대표 음식

분류		음식명
주식	밥	현미밥, 보리밥, 비빔밥, 수수밥, 쌀밥, 완두콩밥, 잡곡밥, 조밥, 현미밥, 팥밥, 콩밥, 콩나물밥, 찰밥, 차조밥, 차수수밥, 비빔밥
	일품요리	김치볶음밥, 오무라이스, 카레라이스, 장어덮밥, 고기덮밥, 짜장덮밥, 하이라이스, 잡채밥, 김밥, 떡국, 누룽지, 팥죽, 닭죽
	분식류	비빔국수, 우동, 짜장면, 짬뽕, 잔치국수, 칼국수, 냉면, 스파게티, 토스트, 팬케이크, 샌드위치, 도넛
국 · 찌개	국	감잣국, 달걀국, 근대된장국, 김칫국, 김치콩나물국, 냉이된장국, 닭개장, 동탯국, 두부된장국, 미역국, 배추된장국, 북엇국, 소고기국, 소고기무국, 순댓국, 시래기된장국, 오징어국, 호박새우젓국, 미역국, 아욱국, 어묵국, 육개장, 갈비탕, 감자탕, 곰탕, 꽃게탕, 닭백숙, 삼계탕, 설렁탕, 오리탕
	찌개	고등어찌개, 조기찌개, 동태찌개, 갈치찌개, 된장찌개, 순두부찌개, 비지찌개, 김치찌개, 참치김치찌개, 호박된장찌개, 우거지찌개
찬	찜	달걀찜, 깻잎찜, 닭찜, 돼지갈비찜, 조기찜, 찐만두, 순대
	조림	갈치조림, 감자조림, 게장, 고등어조림, 꽁치조림, 두부양념조림, 땅콩조림, 메추리알조림, 소고기장조림, 어묵조림, 우엉조림, 콩자반, 연근조림, 닭볶음탕, 멸치조림
	나물	가지나물, 고사리나물, 고춧잎나물, 깻잎나물, 머위나물, 배추나물, 숙주나물, 시금치나물, 시래기나물, 콩나물, 도라지나물, 취나물
	무침	고구마줄기무침, 김무침, 도라지무침, 도토리묵무침, 부추겉절이, 상추겉절이, 오이부추무침, 오징어채무침, 노각무침, 더덕무침, 무말랭이무침, 미나리무침, 파래무침, 꼬막무침, 미나리숙주초무침, 무생채, 무초절이
	볶음	감자채볶음, 고추멸치볶음, 김치볶음, 낙지볶음, 닭갈비, 돼지불고기, 소고기불고기, 소고기버섯볶음, 떡볶이, 마늘종볶음, 멸치볶음, 미역줄기볶음, 버섯볶음, 어묵볶음, 오징어채볶음, 호박볶음, 오징어볶음, 잡채
	구이	갈치구이, 달걀말이, 달걀프라이, 고등어구이, 김구이, 꽁치구이, 닭강정, 돈가스, 삼겹살구이, 조기구이, 생선가스, 군만두, 뱅어포구이, 더덕구이
	부침	김치전, 두부부침, 호박전, 부추전, 빈대떡, 삼색전, 연근전, 완자전
	튀김	감자튀김, 탕수육, 치킨너겟, 채소튀김, 새우튀김, 오징어링튀김
	샐러드	채소샐러드, 양상추샐러드, 과일샐러드, 고구마채소샐러드, 치킨샐러드
김치	김치	배추김치, 깍두기, 부추김치, 열무김치, 오이소박이, 총각김치, 동치미, 갓김치
	장아찌	마늘장아찌, 명란젓, 오이숙장아찌, 오이피클

쉬어가기

다양한 곡류 가공제품

우리나라 곡물 소비에서 쌀은 지속적으로 감소하고 있지만 잡곡은 대세를 이루고 있다. 일부에선 쌀이 밀에 의해 빵 등으로 대체되고 있다고 주장하지만 사실 밀은 늘지도 줄지도 않고 있다. 결국 고기로 대체되는 것으로 보고 있다. 이러한 쌀의 감소와는 반대로 잡곡은 수요가 꾸준히 늘고 있다. 2011~2014년 쌀의 가구당 구매액은 2% 감소했고, 잡곡은 이 기간 2% 증가했다. 이러한 잡곡의 부흥을 이루고 있는 것이 렌틸콩, 퀴노아, 귀리, 치아시드 등 소위 말하는 슈퍼곡물이다. 이 곡물은 유명인들의 다이어트 식단으로 화제가 되며 미디어에 자주 노출되었고, 항산화성분 등 효능이 강조되며 곡물섭취를 통해 영양과 건강을 챙기려는 소비자들의 주목을 받았다. 특히, 밥으로 먹는 것뿐 아니라 유아간식, 유제품, 간편식 등 다양한 제품으로 출시되며 건강 지향적 소비 트렌드를 보여 주고 있다. 즉, 영양소가 풍부한 곡물류가 대중적인 건강식으로 인식됨에 따라 향후 시장은 더욱 커질 것으로 보인다.

다양한 제품으로 출시되고 있는 곡류

출처 : 식품음료신문(2016. 6. 14) 재구성

(5) 5단계 : 식단표 작성 및 식단 평가 후 피드백

- 식단표 작성 : 밥, 국, 반찬류 순으로 적으며 김치류는 맨 마지막에 적는다. 또한 식단표에 음식명, 식재료, 분량, 횟수를 표기하도록 하며, 1일 식단표가 완성되면 주간 또는 월간 식단표를 작성할 수 있다.

- 평가와 피드백 : 음식의 종류와 분량이 대상자의 기호도, 식재료비, 조리기술 요구도, 기기 지원 가능 여부 등이 충족되었는지 검토하고, 중복되는 조리법과 식재료가 사용되었는지 등을 평가하여 새로운 식단 작성에 반영한다.

5) 생애주기별 식단

다음은 각 생애주기별 6개 유형의 권장 식단의 예를 작성하여 제시하였다.

(1) 1~2세 권장 식단(1,000 kcal, A타입)

- 식품군별 권장섭취 횟수 : 곡류 1회, 고기 · 생선 · 달걀 · 콩류 1.5회, 채소류 4회, 과일류 1회, 우유 · 유제품류 2회표 4-18
- 끼니별 제공 횟수 : 곡류는 0.3회, 고기 · 생선 · 달걀 · 콩류는 주 · 부재료에 따라 0.5~1회, 채소류는 주 · 부재료에 따라 0.5~1회, 과일류는 1회, 우유 · 유제품류는 1회를 기준으로 3끼 식사와 간식에 균등하게 배분하였다.
- 식단 작성 : 이유식 단계를 마무리하는 1~2세의 연령적 특성을 고려하여 닭살새송이진밥, 새콤달콤 배추겉절이처럼 자극이 적으면서 다양한 맛을 느낄 수 있는 식단을 선택하였다. 1~2세의 저작능력을 감안하여 미니깍두기와 가시가 없는 순살고등어간장조림 등을 반영하였다.

(2) 3~5세 권장 식단(1,400 kcal, A타입)

- 식품군별 권장섭취 횟수 : 곡류 2회, 고기 · 생선 · 달걀 · 콩류 2회, 채소류 6회, 과일류 1회, 우유 · 유제품류 2회표 4-19
- 끼니별 제공 횟수 : 곡류는 0.5회, 고기 · 생선 · 달걀 · 콩류는 주 · 부재료에 따라 0.5~1회, 채소류는 주 · 부재료에 따라 0.5~1회, 과일류는 1회, 우유 · 유제품류는 1회를 기준으로 3끼 식사와 간식에 배분하였다.
- 식단 작성 : 섭취하는 식품의 종류와 섭취 가능한 조리법의 종류가 점차 증가

표 4-18 1~2세 권장 식단(1,000kcal, A타입)

메뉴	분량	아침	점심	저녁	간식
		닭살새송이진밥, 콩나물국, 김구이, 백김치	기장밥, 감자미소된장국, 순살고등어간장조림, 애호박전, 미니깍두기	쌀밥, 미역국, 두부완자조림, 새콤달콤배추겉절이	우유, 갈은 사과 & 배, 호상요구르트
곡류	1회	쌀밥 63 g(0.3)	기장밥 63 g(0.3) 감자 47 g(0.1)	쌀밥 63 g(0.3)	
고기 · 생선 · 달걀 · 콩류	1.5회	닭고기 30 g(0.5)	고등어 30 g(0.5)	두부 40 g(0.5)	
채소류	4회	새송이 9 g(0.3) 콩나물 21 g(0.3) 김 1 g(0.5) 백김치 20 g(0.5)	애호박 35 g(0.5) 깍두기 20 g(0.5)	미역 12 g(0.4) 양파 35 g(0.5) 배추 35 g(0.5)	
과일류	1회				사과 50 g(0.5) 배 50 g(0.5)
우유 · 유제품류	2회				우유 200 mL(1) 요구르트(호상) 100 g(1)

구분	식단	식단사진	
		식사	간식
아침	닭살새송이진밥 콩나물국 김구이 백김치		 우유
점심	기장밥 감자미소된장국 순살고등어간장조림 애호박전 미니깍두기		 갈은 사과 & 배
저녁	쌀밥 미역국 두부완자조림 새콤달콤배추겉절이		 호상요구르트

주 : 유지 · 당류 3회는 조리 시 소량씩 사용

출처 : 보건복지부, 한국영양학회(2015)

표 4-19 3~5세 권장 식단(1,400kcal, A타입)

메뉴	분량	아침	점심	저녁	간식
		달걀샌드위치, 양상추샐러드, 고구마튀김, 우유	쌀밥, 채소카레, 콩나물국, 돈가스, 시금치나물	현미밥, 배추된장국, 어묵느타리볶음, 오이나물, 배추김치,	과일꼬치, 찐 옥수수, 호상요구르트
곡류	2회	식빵 35 g(0.3) 고구마 70 g(0.3)	쌀밥 105 g(0.5) 감자 47 g(0.1)	현미밥 105 g(0.5)	옥수수 70 g(0.3)
고기 · 생선 · 달걀 · 콩류	2회	달걀 60 g(1)	돼지고기 30 g(0.5)	어묵 15 g(0.5)	
채소류	6회	양상추, 토마토, 오이, 당근 105 g(1.5)	당근, 양파 35 g(0.5) 콩나물 35 g(0.5) 시금치 70 g(1)	배추 35 g(0.5) 느타리버섯 30 g(1) 오이 35 g(0.5) 배추김치 20 g(0.5)	
과일류	1회				파인애플 40 g(0.4) 거봉 30 g(0.3) 딸기 50 g(0.5)
우유 · 유제품류	2회				우유 200 mL(1) 요구르트(호상) 100 g(1)

구분	식단	식단사진	
		식사	간식
아침	달걀샌드위치 양상추샐러드 고구마튀김 우유		 과일꼬치
점심	쌀밥 채소카레 콩나물국 돈가스 시금치나물		 찐 옥수수
저녁	현미밥 배추된장국 어묵느타리볶음 오이나물 배추김치		 호상요구르트

주 : 유지 · 당류 4회는 조리 시 소량씩 사용

출처 : 보건복지부, 한국영양학회(2015)

하면서 동시에 편식 경향이 서서히 나타나는 연령이므로 돈가스와 채소카레와 같은 선호식품에 시금치나물을 같이 구성하거나 선호식품인 어묵에 비선호식품인 느타리볶음을 함께 조리하는 방법을 통해 편식 습관 개선을 고려한다. 나트륨 섭취를 낮추기 위해 김치 사용을 1일 1회 이하로 구성하였고, 가공식품의 사용도 1일 0.5회 이하로 제한하였다. 식판과 식기는 어린아이들에게 맞는 유아 전용제품을 이용하며, 식품 알레르기가 있는 경우 알레르기 유발식품은 제공하지 않는다.

(3) 6~11세 남아 권장 식단(1,900 kcal, A타입)

- 식품군별 권장섭취 횟수 : 곡류 3회, 고기 · 생선 · 달걀 · 콩류 3.5회, 채소류 7회, 과일류 1회, 우유 · 유제품류 2회표 4-20
- 끼니별 제공 횟수 : 곡류는 0.8회, 고기 · 생선 · 달걀 · 콩류는 부재료로 사용 시 0.5회 이하, 주재료로 사용 시 0.5~1회, 채소류는 주 · 부재료에 따라 0.5~1회, 과일류는 1회, 우유 · 유제품류는 1회를 기준으로 3끼 식사와 간식에 배분하였다.
- 식단 작성 : 치킨이 고열량 · 고지방 음식이지만, 섭취량을 적정하게 조절할 경우 1일 영양소 권장량을 충족시킬 수 있으며, 현미밥과 미역국 등의 고섬유식품과 숙주나물, 시금치나물을 함께 구성함으로써 바람직한 섭취방법을 보여 주고자 권장 식단에 포함하였다. 국민건강영양조사에서 다빈도 음식 결과는 6~11세를 기점으로 삼겹살, 치킨, 라면, 피자, 햄, 콜라 등의 비중이 점차 증가하는 경향을 보인다.

표 4-20 6~11세 남아 권장 식단(1,900kcal, A타입)

메뉴	분량	아침	점심	저녁	간식
		쌀밥, 호박된장국, 달걀찜, 감자피망볶음, 김구이	잡곡밥, 어묵국, 두부구이, 깻잎간장조림, 오이생채,	현미밥, 미역국, 데리야키치킨, 숙주나물, 시금치나물, 배추김치,	우유, 과자, 바나나요구르트
곡류	3회	쌀밥 170 g(0.8) 감자 140 g(0.3)	잡곡밥 170 g(0.8)	현미밥 170 g(0.8)	과자 20 g(0.3)
고기 · 생선 · 달걀 · 콩류	3.5회	달걀 60 g(1)	어묵 30 g(1) 두부 40 g(0.5)	닭고기 60 g(1)	
채소류	7회	애호박 35 g(0.5) 당근, 양파 14 g(0.2) 피망 35 g (0.5) 김 2 g(1)	무 35 g(0.5) 깻잎 21 g(0.3) 오이 70 g(1)	미역 15 g(0.5) 숙주 35 g(0.5) 시금치 70 g(1) 배추김치 40 g(1)	
과일류	1회				바나나 100 g(1)
우유 · 유제품류	2회				우유 200 mL(1) 요구르트(액상) 150 mL(1)

구분	식단	식단사진	
		식사	간식
아침	쌀밥 호박된장국 달걀찜 감자피망볶음 김구이		 우유, 과자
점심	잡곡밥 어묵국 두부구이 깻잎간장조림 오이생채		 바나나요구르트
저녁	현미밥 미역국 치킨(데리야키소스) 숙주나물 시금치나물 배추김치		

유지 · 당류 5회는 조리 시 소량씩 사용

출처 : 보건복지부, 한국영양학회(2015)

쉬어가기

어린이 식단 작성 요령

미국 USDA(The United States Department of Agriculture)와 FNS(Food and Nutrition Service)가 제시한 어린이 식단 작성 요령은 다음과 같다.

- 채소와 과일 충분량 제공(Make half your plate veggie and fruit)
- 전곡류 포함(Include whole grains)
- 기름기 적은 단백질 급원식품 제공(Add lean protein)
- 기름진 음식은 제외(Avoid extra fat)
- 새로운 음식 제공(Try new food)
- 유제품 챙기기(Don't forget the dairy)

Choose MyPlate 홈페이지

출처 : 미국 USDA(choosemyplate.gov/healthy-eating-tips/ten-tips.html)

(4) 12~18세 여성 권장 식단(2,000 kcal, A타입)

- 식품군별 권장섭취 횟수 : 곡류 3회, 고기 · 생선 · 달걀 · 콩류 3.5회, 채소류 7회, 과일류 2회, 우유 · 유제품류 2회표 4-21

표 4-21 12~18세 여성 권장 식단(2,000 kcal, A타입)

메뉴	분량	아침	점심	저녁	간식
		현미밥, 무채국, 장조림, 양상추샐러드, 배추김치	참치덮밥, 호박된장국, 오징어채무침, 오이피클	보리밥, 순두부찌개, 브로콜리볶음, 고사리나물	바나나, 아이스크림, 방울토마토, 우유, 사과
곡류	3회	현미밥 210 g(1)	쌀밥 210 g(1)	보리밥 210 g(1)	
고기 · 생선 · 달걀 · 콩류	3.5회	소고기 60 g(1)	참치통조림 30 g(0.5) 건오징어채 15 g(1)	순두부 100 g(0.5) 바지락 20 g(0.25) 돼지고기 15 g(0.25)	
채소류	7회	무 35 g(0.5) 양상추, 오이, 당근 70 g(1) 배추김치 40 g(1)	양파 35 g(0.5) 호박 35 g(0.5) 오이 35 g(0.5)	호박, 양파 35 g(0.5) 브로콜리 70 g(1) 고사리 35 g(0.5)	방울토마토 70 g(1)
과일류	2회				바나나 100 g(1) 사과 100 g(1)
우유 · 유제품류	2회				아이스크림 100 g(1) 우유 200 mL(1)

구분	식단	식단사진	
		식사	간식
아침	현미밥 무채국 장조림 양상추샐러드 배추김치		 바나나
점심	참치덮밥 호박된장국 오징어채무침 오이피클		 아이스크림, 방울토마토
저녁	보리밥 순두부찌개 브로콜리볶음 고사리나물		 우유, 사과

주 : 유지 · 당류 6회는 조리 시 소량씩 사용

출처 : 보건복지부, 한국영양학회(2015)

- 끼니별 제공 횟수 : 곡류는 1회, 고기 · 생선 · 달걀 · 콩류는 부재료로 사용 시 0.5회 이하, 주재료로 사용 시 1회, 채소류는 주 · 부재료에 따라 0.5~1회, 과일류는 1회, 우유 · 유제품류는 1회를 기준으로 3끼 식사와 간식에 배분하였다.
- 식단 작성 : 12~18세 여성의 다빈도 음식 분석에서 라면, 고열량 간식섭취의 증가는 동일 연령대의 남성과 유사하고, 초콜릿, 사탕 등의 단순당의 함량이 높은 간식과 커피의 섭취 빈도는 높으므로 간식 선택에 대한 올바른 지도가 필요하다. 본 권장 식단에서는 간식에 아이스크림과 방울토마토를 함께 구성하여 단순당에 대한 생애주기적 욕구는 충족하면서 동시에 영양소의 균형도 맞추고자 하였으며, 과일을 끼니별 간식으로 모두 배분하였다. 나트륨섭취량을 고려하여 김치를 1일 1회만 구성하고 대신 오이피클 등으로 대체하였다.

(5) 19~64세 남성 권장 식단(2,400 kcal, B타입)

- 식품군별 권장섭취 횟수 : 곡류 4회, 고기 · 생선 · 달걀 · 콩류 5회, 채소류 8회, 과일류 3회, 우유 · 유제품류 1회표 4-22
- 끼니별 제공 횟수 : 곡류는 1회, 고기 · 생선 · 달걀 · 콩류는 부재료로 사용 시 0.5회 이하, 주재료로 사용 시 1~1.5회, 채소류는 주 · 부재료에 따라 0.5~1회, 과일류는 1회, 우유 · 유제품류는 1회를 기준으로 3끼 식사와 간식에 배분한다.
- 식단 작성 : 성인 남성의 경우 다빈도 음식 중 고나트륨 함유식품이 많았는데, 특히 김치는 12~18세에 비해 다빈도 음식에 포함된 가짓수가 2배 정도 많았으며, 된장찌개, 김치찌개 및 장류 등도 높은 빈도를 보인다. 또한 소주, 맥주, 막걸리 등 주류와 커피가 다빈도 음식 상위권에 포함되어 있으며, 12~18세와 같이 라면이 쌀밥, 잡곡밥에 이어 주식 다빈도 3순위로 여전히 높은 빈도를 보인다. 따라서 권장 식단구성에서 김치를 1일 1회로 제한하면서 된장찌개나 김치찌개 대신 국으로 대체하였고, 라면 역시 잔치국수로 대체하였으며, 커피는 녹차로 대체하였다.

표 4-22 19~64세 남성 권장 식단(2,400 kcal, B타입)

메뉴	분량	아침	점심	저녁	간식
		쌀밥, 육개장, 조기구이, 콩자반, 실파무침	잔치국수, 동태전, 느타리버섯볶음, 시금치나물, 가지나물	잡곡밥, 미역국, 수육, 모듬쌈 & 쌈장, 도토 리묵무침, 배추김치	시리얼, 우유, 배, 단감, 사과 군고구마, 녹차
곡류	4회	쌀밥 210 g(1)	국수(생면) 210 g(1)	잡곡밥 210 g(1) 도토리묵 70 g(0.1)	시리얼 30 g(0.3) 고구마 140 g(0.6)
고기 · 생선 · 달걀 · 콩류	5회	소고기 30 g(0.5) 조기 60 g(1) 검정콩 20 g(1)	동태, 달걀 60 g(1)	돼지고기 90 g(1.5)	
채소류	8회	숙주, 고사리, 무 70 g(1) 실파 70 g(1)	애호박 17 g(0.25) 김 0.5 g(0.25) 느타리버섯 30 g(1) 시금치 70 g(1), 가지 70 g(1)	미역 15 g(0.5) 상추, 고추, 깻잎 70 g(1) 배추김치 40 g(1)	
과일류	3회				배 100 g(1) 단감 100 g(1) 사과 100 g(1)
우유 · 유제품류	1회				우유 200 mL(1)

구분	식단	식단사진	
		식사	간식
아침	쌀밥 육개장 조기구이 콩자반 실파무침		 시리얼, 우유, 배
점심	잔치국수 동태전 느타리버섯볶음 시금치나물 가지나물		 단감, 사과
저녁	잡곡밥 미역국 수육 모듬쌈 & 쌈장 도토리묵무침 배추김치		 군고구마, 녹차

주 : 유지 · 당류 6회는 조리 시 소량씩 사용

출처 : 보건복지부, 한국영양학회(2015)

(6) 65세 이상 여성 권장 식단(1,600 kcal, B타입)

- 식품군별 권장섭취 횟수 : 곡류 3회, 고기 · 생선 · 달걀 · 콩류 2.5회, 채소류 6회, 과일류 1회, 우유 · 유제품류 1회표 4-23
- 끼니별 제공 횟수 : 곡류는 0.9회 이하, 고기 · 생선 · 달걀 · 콩류는 부재료로 사용 시 0.5회 이하, 주재료로 사용 시 1회, 채소류는 주 · 부재료에 따라 0.5~1회, 과일류는 1회, 우유 · 유제품류는 1회를 기준으로 3끼 식사와 간식에 배분하였다.
- 식단 작성 : 다빈도 음식 분석에서 65세 이상 여성은 고기 · 생선 · 달걀 · 콩류를 주재료로 하는 부식의 섭취 빈도와 우유 · 유제품의 섭취 빈도가 낮게 나타난 반면, 채소를 주재료로 하는 부식의 섭취 빈도는 높다. 또한 배추김치, 열무김치, 깍두기 등 다양한 김치와 젓갈이 다빈도 음식으로 분석되어 간장게장, 깻잎김치 등을 반영하였고, 대신 김치는 1일 1회로 제공량을 제한하였다. 간장게장은 다빈도를 반영하여 활용 권장 식단에 포함하였지만, 1회 분량 80 g으로 제한하였고, 매일 1일 식단구성에 포함하는 것은 바람직하지 않음을 권고하였으며, 동일 연령에서 많이 나타날 수 있는 변비 예방을 위해 섬유소가 풍부한 시래기된장국, 취나물볶음 등을 식단에 반영하였다. 따라서 65세 이상 여성의 식단을 구성할 때에는 권장식사패턴에 준하여 1일 2.5회의 고기 · 생선 · 달걀 · 콩류 섭취와 1일 1회의 우유 · 유제품 섭취를 적극적으로 권장한다.

표 4-23 65세 이상 여성 권장 식단(1,600 kcal, B타입)

메뉴	분량	아침	점심	저녁	간식
		쌀밥, 시래기된장국, 갈치무조림, 도라지나물, 열무물김치	현미밥, 콩나물국 간장게장, 취나물볶음, 오이무침	보리밥, 미역국, 두부양념조림, 브로콜리초회, 깻잎김치	백설기, 우유, 단감
곡류	3회	쌀밥 170 g(0.8)	현미밥 170 g(0.8)	보리밥 190 g(0.9)	백설기 75 g(0.5)
고기 · 생선 · 달걀 · 콩류	2.5회	갈치 60 g(1)	꽃게 80 g(1)	두부 40 g(0.5)	
채소류	6회	시래기 35 g(0.5) 무 35 g(0.5) 도라지 40 g(1) 열무김치 20 g(0.5)	콩나물 35 g(0.5) 취나물 35 g(0.5) 오이 35 g(0.5)	미역 15 g(0.5) 양파 14 g(0.2) 브로콜리 70 g(1) 깻잎 21 g(0.3)	
과일류	1회				단감 100 g(1)
우유 · 유제품류	1회				우유 200 mL(1)

구분	식단	식단사진	
		식사	간식
아침	쌀밥 시래기된장국 갈치무조림 도라지나물 열무물김치		
점심	현미밥 콩나물국 간장게장 취나물볶음 오이무침		 백설기, 우유
저녁	보리밥 미역국 두부양념조림 브로콜리초회 깻잎김치		 단감

주 : 유지 · 당류 4회는 조리 시 소량씩 사용

출처 : 보건복지부, 한국영양학회(2015)

2. 주제별 식단

1) 전통 식단

우리나라 고유의 명절 및 절기에 맞는 식단을 제공하여 전통음식을 체험하고 전통음식의 우수성을 배울 수 있도록 식단 작성 시 고려한다.

표 4-24 절기 및 명절의 식단 작성 사례

설날	정월대보름	삼짇날	단오	삼복 (초 · 중 · 말복)	추석
떡만둣국 갈비찜 삼색나물 식혜 김치	오곡밥 동태찌개 묵은나물볶음 김구이 땅콩 김치	현미밥 소고기무국 탕평채 화전 딸기 김치	잡곡밥 초교탕 오이선 매실주스 수리취떡 김치	녹두밥 닭다리삼계탕 오이지무침 수박 증편 배추겉절이	햅쌀밥 토란탕 섭산적 숙주나물 사과 송편 김치

표 4-25 절기 및 이용 가능 식단

절기	절기 식단	가능한 식단
설날 (음력 1월 1일)	떡국, 인절미, 전유어류, 편육, 갈비찜, 너비아니구이, 강정류, 식혜, 수정과 등	떡국, 동태전, 갈비찜, 산적, 수정과, 식혜
정월대보름 (음력 1월 5일)	오곡밥, 약식, 부럼, 보쌈(김이나 취나물 또는 배춧잎에 오곡밥을 싸는 것), 진채식(호박고지, 말린 가지 등 묵은 나물 9가지 이상), 각색나물	오곡밥, 나물, 부럼(껍질땅콩이나 호두)
입춘	오신반(새로 나온 움파, 옛갓, 승검초를 겨자즙에 무침)	
삼짇날 (음력 3월 3일)	두견화전, 화면(녹말가루를 오미자물에 끓여 익혀서 굳힌 다음 가늘게 채 썰어 국물에 띄움), 진달래화채, 형어단(향기로운 쑥을 데쳐서 찹쌀에 섞어 버무려 찐 것), 콩볶음, 미나리나물	탕평채, 형애단
사월초파일 (음력 4월 8일)	냉면, 비빔국수, 각색전유어, 편육, 회, 미나리강회, 편, 화전, 단자(석이, 밤), 화채, 수정과, 식혜, 생실과, 숙실과, 유엽병(느티나무 새싹을 쌀가루에 섞어 경단을 만들어 꿀에 버무려 녹두, 팥고물에 무친 것), 탕평채	냉면, 비빔국수, 전유어, 수정과, 식혜, 미나리나물

절기	절기 식단	가능한 식단
단오 (수릿날, 음력 1월 5일)	차돌병(수리취떡 : 쑥을 넣어 수레바퀴 모양으로 찍어낸 것), 제호탕(오매, 축사, 백단, 사향을 꿀에 저장했다가 끓인 물에 타서 식힌 것), 준치만두, 어일당, 초고당, 도미찜, 오이선	오이선, 차돌병
유두 (음력 6월 15일)	떡수단, 보리수단, 유두면	
삼복 (초 · 중 · 말복)	육개장, 삼계탕, 개장국	육개장, 삼계탕
칠석 (음력 7월 7일)	토란탕, 갖은 나물, 산적, 포, 송편, 오이소박이, 화채	오이소박이, 화채
추석 (음력 8월 15일)	오려송편(일찍 결실하는 벼로 햇녹두, 청대콩, 깨 등으로 속을 함), 토란탕, 화양적, 누름적, 닭찜, 갖은 나물, 포, 배화채, 과일	송편, 토란탕, 누름적
중양절 (음력 9월 9일)	국화전, 꽃게탕, 송이산적, 버섯나물, 오이소박이, 화전, 유자화채	찹쌀전, 버섯나물, 꽃게탕, 오이소박이
동지 (음력 12월 22일)	팥죽, 경단, 식혜, 수정과, 동치미	팥죽, 동치미, 식혜, 경단

2) 계절 식단

계절에 따라 많이 나오는 식품을 계절식품이라 한다. 재배에 특별한 시설이 필요하지 않아 가격이 저렴하고, 맛과 영양도 우수하다. 농업기술 발전으로 대부분의 채소나 과일이 1년 내내 수확되어 판매되고, 저장기술의 발달로 항상 먹을 수 있는 실정이라 식품의 제철이라는 의미가 퇴색되면서 계절식품 또한 점차 사라지는 추세이다. 그러나 최근 건강과 웰빙에 대한 관심으로 계절식품의 영양학적 가치에 대한 중요성이 다시 강조되고 있어 식단 작성에 계절식품을 이용하려는 시도가 활발하다.

표 4-26 계절 식단 예시

달	월	화	수	목	금
2	현미밥 달래두부된장국 두릅소고기전 검정콩조림 배추김치	차조밥 소고기미역국 깻잎순볶음 오징어무침 봄동겉절이	쌀밥 배추사골국 버섯두부구이 냉이나물 석박지	기장밥 홍합어묵탕 소고기버섯볶음 참나물겨자냉채 총각김치	검정콩밥 돼지고기김치찌개 고사리완자전 주꾸미볶음 배추김치
5	완두콩밥 감잣국 병어구이 가지나물 깍두기	표고버섯두릅밥 & 달래양념장 청국장 돈LA갈비찜 우엉채소튀김 열무김치	옥수수밥 근대국 제육볶음 호박나물 배추김치	수수밥 소고기국 가자미구이 꽈리고추멸치볶음 오이생채	보리밥 버섯육개장 죽순전 알감자조림 배추김치
8	기장밥 미역냉국 우엉불고기 고구마순볶음 깍두기	수수밥 배추들깻국 낙지채소볶음 연근채무침 오이소박이	고구마밥 고등어찌개 버섯채소전 호두잔멸치조림 배추겉절이	현미밥 건새우아욱국 두부조림 숙주나물 도라지오이무침	쌀밥 사골우거지국 버섯잡채 배오이무침 배추김치
11	차수수밥 동태찌개 어묵채소볶음 유채나물무침 배추김치	기장밥 오징어무국 고등어구이 오이부추무침 깍두기	팥밥 굴무국 돼지갈비찜 시금치나물 배추김치	쌀밥 사골우거지탕 생선가스 & 타르타르소스 꼬막채소무침 총각김치	현미밥 가자미미역국 불고기 취나물무침 백김치

출처 : 식품의약품안전처, 대한영양사협회(2016)

3) 저나트륨 식단

우리 국민의 나트륨 섭취의 주요 급원은 양념류소금, 간장, 된장, 쌈장, 국·찌개류, 면류라면, 국수, 김치류배추김치 등으로 조사되었으며, 급원식품으로는 배추김치, 라면, 된장국, 미역국, 총각김치, 김치찌개, 양파장아찌, 된장찌개, 국수 등으로 조사되었다.

따라서 나트륨 섭취를 줄이기 위해서는 나트륨 함량이 높은 식품인 양념류의 사용을 줄이거나 저염 양념류를 사용하고, 나트륨 함량이 높은 김치류, 젓갈류, 가공식품과 떡류 등의 섭취를 줄이며, 국·찌개·탕류와 라면·국수 등 면류의 국물섭취를 줄이는 것이 필요하다.

표 4-27 저나트륨 식단 작성방안

구분	식단 적용방안
고나트륨 식품 사용 자제	• 식품은 자연상태에도 나트륨이 들어 있으므로 간을 하지 않아도 되는 신선한 식품(과일, 채소) 이용 • 미역, 조개, 생선은 나트륨이 많은 식품이므로 소금기 제거하고 조리 • 자반고등어, 김치, 장아찌, 젓갈 등의 염장식품과 훈제식품 적게 사용 • 가공식품 사용 자제
양념류 사용 자제	• 소금 대신 간장, 된장, 고추장 사용 • 버섯, 멸치, 다시마, 북어가루 등 천연조미료 사용 • 소금, 소스, 양념장 사용 자제 • 미나리, 쑥갓 등 채소의 향과 귤, 오렌지 등 새콤달콤한 맛 이용 • 저염간장, 저염된장 사용 • 쌈장, 고추장 사용 시 두부나 견과류와 함께 제공
조리법	• 김치류 대신 샐러드, 생채, 겉절이로 대체 • 절임반찬 대신 나물, 볶음류 사용 • 조림보다는 구이, 찜, 찌개보다는 맑은 국으로 대체 • 국, 찌개, 국수, 라면 등 국물 양 줄이기 • 음식이 뜨거우면 짠맛 감도가 둔화되므로 식힌 뒤 먹기 직전에 간 하기

출처 : 식품의약품안전처(http://www.foodnara.go.kr/Na_down/res/contents/res/menu/menulist.mk)

표 4-28 일반 식단과 저염 식단의 나트륨 함량 비교

일반 식단		저염 식단	
메뉴	나트륨 함량(mg)	메뉴	나트륨 함량(mg)
쌀밥	6	현미밥	4
된장찌개	2,000	콩나물국	500
자반고등어	828	생물고등어레몬즙구이	38
마늘종장아찌	600	양상추샐러드	20
깻잎장아찌	378	깻잎전	1
김무침	765	김구이	17
배추김치	300	배추겉절이	60
총량	4,877	총량	640

출처 : 식품의약품안전처(http://www.foodnara.go.kr/Na_down/res/contents/res/menu/menulist.mk)

4) 당 저감화 식단

식품의약품안전처에 따르면 한국인의 하루 평균 당 섭취량은 61.4 g으로 WHO 당류 권고량의 2.5배 수준이다. 6~11세 사이 아동들의 하루 평균 당 섭취량은 77.4 g3 g짜리 각설탕 26개 분량이다. 한국인의 당류 섭취는 지속적인 증가 추세이며, 과잉섭취 시 비만, 고혈압 등의 발생 위험이 높아 2020년 한국인 영양소 섭취기준이 100 g으로 설정되었다.

이를 위한 당류 저감화 식단은 너무 달지 않은 음식 맛에 익숙해지도록 조리하며, 식단의 구성도 단맛 위주 식단을 배제하고, 가공식품보다는 신선한 채소, 곡류, 생선을 이용하며, 단순당의 함량이 높은 설탕, 꿀, 사탕, 초콜릿 등을 피하고 식이섬유 등이 풍부한 복합당질을 사용하도록 한다.

알아두기

당 저감화를 위한 정책

당류 섭취를 줄이기 위한 '제1차 당류 저감 종합계획'은 국민 개개인의 식습관과 인식 개선, 당류를 줄인 식품을 선택할 수 있는 환경 조성, 당류 저감화 추진기반 구축 등 크게 세 가지로 나뉜다. 먼저 어린이 · 청소년 대상 당류 줄이기 교육을 강화하고, 시럽 · 탄산음료 줄이기 운동 등 당류 적게 먹기 국민실천운동을 벌이기로 했다. 영양표시 의무 대상 식품을 단계적으로 확대하고, 가공식품에 당류의 '%영양성분 기준치' 표시를 의무화해 당류 섭취량 정보를 확인할 수 있도록 한다. 영양표시 의무 대상 가공식품을 2017년까지 시리얼류, 코코아가공품 등, 2019년까지 드레싱, 소스류 등, 2022년까지는 과 · 채가공품류 등으로 단계적으로 확대한다. 탄산음료, 캔디류 등에 대한 고열량 · 저영양 식품표시를 의무화하고, 자판기 음료의 당류 자율 표시도 추진한다. 가정 · 급식소와 외식업체에는 당류를 줄일 수 있는 조리법과 메뉴 개발을 지원한다. 어린이 · 청소년을 대상으로 당류 함량이 높은 식품 판매를 제한하고, 키즈카페, 과학관, 수련원 등 어린이 · 청소년이 주로 이용하는 시설에서 탄산음료 등의 판매 제한도 권고하기로 했다. 어린이 기호식품임에도 제도에 반영되지 않았던 빙수, 슬러시, 밥버거 등을 기호식품에 포함시켜 고열량 · 저영양 제품 기준에 포함되면 학교 매점과 주변 우수판매업소에서 판매를 금지한다. 이를 통해 제조업체의 자발적인 당류 저감 노력을 이끌어 낸다는 것이다. 또한 당류 섭취량과 만성질환과의 관련성 등에 대한 연구는 물론 식품에 들어 있는 당류 함량을 정기적으로 조사해 데이터베이스를 구축할 계획이다.

5) 알레르기 식단

특정 식품섭취 후 비정상적인 면역반응으로 이상반응을 보이는 것을 식품 알레르기라고 한다. 최근 식품 알레르기의 유병률이 높아지면서 그로 인한 사회적 비용 또한 증가하여 심리적 스트레스 등에 대한 관심이 증가하고 있다. 원인식품의 섭취량과는 관계없이 극소량을 먹더라도 피부, 호흡기, 순환기 등 다양한 기관에 증상이 나타나므로 식단 작성 시 주의한다. 한국인에게 알레르기를 유발할 수 있는 물질을 식품의약품안전처에서는 '식품 등의 표시기준'에 21가지를 지정하여 관리하고 있다. 식품 알레르기 원인물질로는 메밀, 밀, 대두, 견과류, 복숭아, 토마토, 난류, 우유, 육류, 갑각류, 고등어, 오징어, 조개, 굴, 전복, 홍합, 아황산 포함 식품이 있다.

쉬어가기

인터넷 및 모바일 기반 식단 작성

정보통신기술의 발전은 혁신적 헬스케어 시대의 도래를 가능하게 한다. 최근 인터넷 웹사이트는 물론 모바일 및 웨어러블 기술 발전과 함께 건강관리 애플리케이션이 푸드테크의 중요한 분야로 자리 잡고 있다. 그중에서 전문화된 식단관리 프로그램은 식단 작성의 시스템화, 매뉴얼화, 식재 물류체계와의 연계를 통하여 고객의 필요에 따른 영양서비스와 양질의 식사 제공을 목표로 한다.

식단 작성 관련 웹사이트

명칭	기능	운영처
칼로리코디	식단과 레시피 제공, 체중조절 프로그램	식품안전정보포털 http://www.foodsafetykorea.go.kr/portal/main.html
식품영양성분데이터베이스 Fantasy	식단 작성, 영양 평가, 나의 식단관리	식품의약품안전처 http://www.foodnara.go.kr/kisna/index.do?nMenuCode=26

명칭	기능	운영처
농식품종합정보시스템 메뉴젠	식단 작성, 식단 검색, 영양 평가	농촌진흥청 국립농업과학원 http://koreanfood.rda.go.kr/kfi/foodMonth/list
영유아 표준식단	식단 및 레시피 검색	• 어린이급식관리지원센터 http://ccfsm.foodnara.go.kr/) • 육아종합지원센터 http://central.childcare.go.kr/ccef/main.jsp • 지역아동센터 https://www.icareinfo.info/NEW_USR_main.asp??=MAIN/index
재치영양사	식단 작성, 레시피 검색, 추천 식재료	http://www.yori.co.kr/
영양사도우미	식단 작성, 영양 평가,레시피 공유	http://www.kdclub.com/
밥타임(BobTime) App	메뉴 추천, 식단 짜기, 장보기, 냉장고관리	
눔코치(Noom Coach) App	식단 및 건강관리	

3. 식단 평가

완성된 식단은 평가를 통해 수정 보완될 수 있으므로 적절한 식단 평가기준을 마련하는 것은 건강한 식생활 유지를 위해 중요하다. 또한 일반인의 식사가 단체급식 및 외식을 통해 이루어지는 경우에도 식단 평가기준을 적용하여 식사를 분석함으로써 개개인의 식사에 대한 질적 평가를 할 수 있다.

식단을 평가할 때 가장 기본적인 기준으로는 식생활관리의 다섯 가지 목표인 영양, 기호, 경제, 위생, 능률 관점이며표 4-29, 이를 근거로 한 각 목표별 식단 평가기준을 구체화하면 다음과 같다.

표 4-29 식단 평가 체크리스트

구분	질문	그렇다	보통	그렇지 않다
영양	1. 식품군별 다양한 식재료가 사용되었나?			
	2. 권장섭취 횟수를 충족하는가?			
	3. 음식의 분량이 정확한가?			
경제	4. 식재료 구입 비용이 예산의 범위 내인가?			
	5. 대체식품이 효율적으로 사용되었나?			
	6. 계절식품이 포함되었나?			
기호	7. 강한 맛과 순한 맛의 조화가 이루어졌는가?			
	8. 질감이 조화를 이루는 메뉴 조합인가?			
	9. 주찬류와 부찬류가 조화를 이루고 있나?			
	10. 다양한 조리법을 사용하였나?			
	11. 다양한 향미가 제공되었나?			
	12. 특정 음식에 특정 조리법이 중복되지 않는가?			
	13. 특정 요일에 특정 메인메뉴가 중복되지 않는가?			
	14. 새로운 식재료를 사용하는가?			
	15. 다양한 색상의 채소가 이용되었나?			
	16. 메뉴의 색감이 다양하고 조화로운가?			
	17. 서로 다른 온도의 음식을 제공하는가?			
	18. 식재료의 모양, 크기, 양이 서로 다른가?			
위생	19. 계절별 위험한 식재료는 없는가?			
	20. 조리단계별 위생관리가 가능한 메뉴인가?			
능률	21. 직접 조리할 수 있는 메뉴인가?			
	22. 가열 조리하는 음식의 수가 적당한가?			
	23. 조리하는 데 걸리는 시간은 적당한가?			

1) 영양

완성된 식단이 영양적으로 적절한지를 평가하기 위해서 식품군별 권장섭취 횟수와 분량이 식사구성안의 기준과 일치하는지 확인할 수 있다. 식사구성안을 이용

표 4-30 영양 측면에서 식품 구성에 관한 식단 평가 예시

식단	음식 다양성	식품 다양성	식품군 제공패턴 (GMVFD)	식품군 다양성
잡곡밥	6	19	11100	3
냉이된장국				
닭가슴살고구마볶음				
파프리카잡채				
근대고추장무침				
포기김치				

주 : 1) 음식명에 나타난 식품의 수를 계산할 때, '근대초고추장무침'에서의 초고추장과 같이 양념 및 소스류는 식품 가짓수에서 제외.
2) CAN Pro 3.0 The Korean Nutrition Society 2005의 기본 데이터베이스 활용 : 식품의 종류와 수를 계산하기 어려운 음식명, 사용된 식재료의 포함 여부 확인(최소량 기준을 육류군, 채소군, 과일군의 경우 고체식품은 30 g, 액체류는 60 g으로, 곡류군과 유제품군의 경우 고체식품은 15 g, 액체류는 30 g으로 설정)

해 작성된 식단의 경우 여러 가지 식품이 적절히 함유되고 한국인의 영양섭취기준을 만족하지만, 그렇지 않은 경우 식단의 음식 및 식품의 다양성, 식품군 패턴 및 식품군 점수 평가를 통해 영양 측면의 질적 평가가 가능하다표 4-30.

(1) 음식 · 식품 다양성

식단을 구성하는 음식명을 기준으로 식단의 음식의 가짓수number of dishes와 식품의 가짓수number of food items를 측정하는 방법이다. 서로 다른 음식 또는 식품이 한 가지씩 포함될 때마다 1점씩 부가한 뒤 총점을 계산하여 식사의 질적인 수준을 평가한다.

(2) 식품군의 제공 패턴 및 다양성

식품군 제공 패턴food group pattern은 식단을 구성하는 음식의 식재료를 다섯 가지 식품군, 즉 곡류군, 육류군, 채소군, 과일군, 유제품군으로 분류유지 및 당류 제외하여, 각 식품군에 해당하는 식품이 제공되었으면 '1', 제공되지 않았으면 '0'을 할당한다. 이때 식품군의 명칭은 곡류군grain은 'G', 육류군meat은 'M', 채소군vegetable은 'V', 과일군fruit은 'F', 유제품군dairy은 'D'라고 약칭하여 조합해서 패턴화한다. 예를 들어,

GMVFD=11110은 유제품군을 제외하고 다른 군의 식품이 모두 제공된 경우를 나타낸다. 식품군 다양성dietary diversity score은 식단의 음식명을 기준으로 제공한 식품군의 수를 점수화하여 계산하는데, 예를 들어 다섯 가지 식품군이 모두 제공되었으면 최고점인 5점을 부과한다.

2) 경제

개인 혹은 가족의 수입에 따른 식비 내에서 외식비를 제외하고 주식, 부식, 간식에 지출할 수 있는 비용이 합리적으로 사용되었는지를 평가한다. 주식의 경우 곡류 및 그 제품과 감자 및 전분류로서 주로 단가가 낮은 식품이며 소득 수준과 상관없이 가족의 수에 따라 결정된다. 반면, 부식비와 간식비는 소득 수준에 따라 차이가 크며 이용할 수 있는 식품 선택의 폭도 다르다. 경제적으로 여유가 있는 식단은 다량의 더 많은 식품군, 비싼 과일류와 채소류, 다량의 질 좋은 육류 및 유제품류을 이용할 수 있어 식단 평가 시 호응도가 높다. 그러나 제한된 비용으로 작성되는 식단은 영양섭취기준에 맞는 식품의 양을 충족시키는 것을 우선으로 하며, 다양한 식품군이나 고가 식재료를 대체할 수 있는 대체식품, 계절식품, 가공식품 등을 적극적으로 고려했는지 평가한다.

3) 기호

식단 작성 시에 영양과 함께 고려해야 할 사항이 기호도이다. 식품을 섭취하는 궁극적인 목표는 영양이지만, 음식을 먹고 싶다는 동기는 기호에서 시작되므로 식사를 통해 공복감의 충족뿐만 아니라 시각, 미각, 청각 등 감각적인 즐거움이 선사될 수 있도록 식단을 작성해야 한다. 따라서 작성된 식단이 기호적인 측면에서 실제로 얼마나 고려되었는가를 평가하는 것은 식단의 질적인 수준을 판가름하는 데 중요하다. 일반적으로 시각, 미각, 청각 등의 기호적인 측면을 균형성, 다양성 그리고 대조와 같은 요소들의 기준에서 평가를 수행할 수 있다.

4) 위생

위생관리는 건강한 식생활과 직결되므로 특히 강조되어야 하는 평가부분 중의 하나로 식단 작성 시에 메뉴 선정에 따른 식재료의 안전성을 고려했는지 평가할 수 있다. 그 밖에 신선한 식재료의 구입과 유통기한 확인, 조리과정 중의 단계별 위생관리를 검토해야 한다. 또한 조리 후 저장과 보관 등 식품 취급도 검토해야 한다.

5) 능률

능률적인 측면에서의 식단 평가는 메뉴의 조리 난이도, 가열 조리가 요구되는 메뉴의 수, 조리 소요시간 등 식사 준비를 효율적으로 할 수 있는지 검토하는 것이다. 가공식품이나 편이식품, 전처리 식재료 등을 활용하여 식사 준비에 요구되는 시간을 줄일 수 있으나, 사용 정도는 상황에 따라 달리 평가될 수 있을 것이다.

Case 사례연구

한국농촌경제연구원이 발간한 《식품수급표 2013》을 보면, 우리나라 국민 1인당 하루 에너지 공급량은 1980년 2,486 kcal에서 2013년 3,056 kcal로 570 kcal(22.9%) 증가했다. 품목별로 보면 쌀·감자·콩 등 양곡 비중은 크게 줄고, 육류와 설탕류, 기름류는 큰폭으로 증가했다. 양곡 비중은 1980년 76.3%였으나 2013년 49.9%로 줄어들었다. 반면, 같은 기간에 축산물(5.6% → 13.6%)과 설탕류(4.5% → 8.2%), 유지류(4.9% → 17.1%)는 그 비중이 크게 늘어났다. 항목별로 보면 국민 1인당 연간 육류 공급량은 13.9 kg에서 49.2 kg으로 4배 가까이 늘었다. 우유도 10.8 kg에서 61.4 kg으로 큰 폭으로 늘었다. 유지류도 5 kg에서 20.7 kg으로 4배 이상 뛰었다. 이에 따라 이 기간 1인당 하루 단백질 공급량은 73.6 g에서 99.2 g로 34.8% 증가했고, 지방 공급량은 36.3 g에서 96.9 g으로 166.9% 늘었다. 1인당 설탕류 공급량 역시 1980년 10.3 kg에서 2013년 23.7 kg으로 2배 이상 증가했다.

출처 : 한겨레신문(2015. 9. 11) 재구성

1. 본 사례를 요약하면 지난 30여 년 동안 우리나라 식단의 변화는 한마디로 '달고 기름지게'라고 할 수 있다. 이와 유사한 본인 혹은 주변 사람들의 식단 사례를 조사하시오.
2. 식단 변화의 원인과 문제점은 무엇인지 토론하시오.
3. 우리나라 식생활의 식사패턴을 분석하면 쌀밥, 채소, 김치, 생선의 섭취가 많은 '전통식', 기타 곡류, 빵류, 육류 및 그 제품의 섭취가 많은 '서양식', 그리고 면류 섭취가 많은 '혼합식'의 세 가지 패턴으로 분류된다. 점차 '전통식' 패턴은 감소하고, '서양식' 패턴과 '혼합식' 패턴은 증가하는 식생활의 변화를 보이고 있다. 이러한 식사패턴의 변화는 바람직한 변화인지, 그렇다면 그 이유는 무엇인지 알아보시오. 또한 각 식사패턴별로 균형 잡힌 식단 예시를 제시하시오.

Study Questions

1 식사구성안을 이용하여 생애주기에 따른(유아, 어린이, 청소년, 성인, 노인) 식단을 작성하시오.

2 아침식사에 적합한 식단(500 kcal) 5가지를 제시하시오.

3 어린이 식단에서 상용되는 채소류의 적정 1인 제공량을 예시로 제시하시오.

4 일상의 식단에서 흔히 발견되는 조리법, 식재료, 향미, 질감 등의 중복을 찾아내고, 이러한 문제점을 개선하기 위한 구체적인 방안을 토론하시오.

참고 문헌

김화영, 조미숙, 이현숙. 2003. 한국 성인의 영양위험군 진단을 위한 식생활진단표의 개발과 타당성 검증에 의한 연구. **한국영양학회**, 36 : 83–92

농촌진흥청 국립농업과학원. https://www.koreanfood.rda.go.kr/(accessed Dec. 2016)

보건복지부, 한국영양학회(2015). 2015 한국인 영양소 섭취기준

식품음료신문. 2016. 100세 건강시대 식품산업 발전방향. 2016. 6. 14

식품의약품안전처. http://www.foodsafetykorea.go.kr/(accessed Dec. 2016)

어린이급식관리지원센터. http://www.ccfsm.foodnara.go.kr/(accessed Dec. 2016)

중앙일보. 2016. 한식기본되는 '여러 가지 반찬'. 2016. 7. 4

한겨레신문. 2015. 30년간 우리식단 달고 기름지게 바뀌어. 2015. 9. 11

한국농촌경제연구원. https://www.krei.re.kr/(accessed Dec. 2016)

Institute of Child Nutrition. https://www.theicn.org/(accessed Dec. 2016)

Lee M. J., Popkin B. M., Kim S. 2002. The unique aspects of the nutrition transition in South Korea. the retention of healthful elements in their traditional diet. *Public Health Nutrition, 5* : 197–203

United States Department of Agriculture. https://www.nutrition.gov/(accessed Dec. 2016)

권장 웹사이트

대한영양사협회 https://www.dietitian.or.kr/work/archive/ka_recipe.do

미국 식생활지침 자문회의 https://health.gov/dietaryguidelines/committee

미국 영양정보도서관 https://www.cnpp.usda.gov/nutritionevidencelibrary

보건복지부 http://www.mohw.go.kr/front_new/index.jsp

영국 식품표준국 http://www.fao.org/nutrition/nutrition–education/food–dietary–gudelines/en

일본 농림수산성 http://www.maff.go.jp/j/study/other/syoku_seikatu

일본 후생성 http://kinkiagri.or.jp/library/foods/nihongata–shokuseikatsu.htm

호주 국가보건의료연구 위원회 https://www.eatforhealth.gov.au

Part 3

식생활관리의 실행 및 평가

CHAPTER 05 구매관리 | CHAPTER 06 조리 및 상차림 | CHAPTER 07 위생관리

CHAPTER

05

구매관리

학습 목표

- 가정에서의 식품구매 절차에 대하여 이해한다.
- 경제적인 식품구매를 위한 최신 정보를 습득한다.
- 건강한 식품구매를 위한 다양한 관련 제도에 대하여 설명한다.
- 안전한 식품구매를 위한 최신 정보를 제시한다.
- 윤리적인 식품구매를 위한 최신 정보를 이해한다.

공정무역인증제품 증가, '윤리적 소비' 확산

소비자가 윤리적 가치 판단으로 상품이나 서비스를 구매하는 것을 '윤리적 소비'라고 하는데, 최근 공정무역 인증제품에 대한 소비자들의 관심이 증가하면서 윤리적 소비의 움직임이 확산되고 있다.

공정무역이란 개발도상국의 소규모 생산자들에게 정당한 대가를 지불하면서 소비자에게는 좀 더 좋은 제품을 공급하는 윤리적인 무역을 말한다. 대표적 공정무역 품목은 커피, 과일, 와인, 설탕 등의 식료품이다. 최근엔 이외에 의류, 수공예품, 침구류 등 다양한 물품이 판매되고 있다.

공정무역인증제품은 엄격한 기준을 모두 준수한 제품만이 인증마크를 부착할 수 있다. 어린이와 여성의 노동력을 착취하지 않고, 유전자변형농산물을 사용하지 않아야 한다. 이렇게 엄격한 기준에 따라 만들어진 제품을 구매함으로써 소비자는 개발도상국 생산자의 삶의 질을 향상시켜주는 '윤리적 소비'를 하게 된다.

출처 : 한국농어촌방송 CTV 소비자 뉴스(2016. 5. 23). (중략)
http://www.ctvnews.co.kr/news/articleView.html?idxno=9339

05 CHAPTER

구매관리란 단순히 식품을 사는 행위가 아니라 가정이나 급 · 외식전문업체 등의 기업에서 필요한 식품을 품질, 양, 가격 등의 표준에 맞게 확보하는 것을 의미한다. 이러한 구매관리는 다양한 환경요인의 변화와 끊임없이 상호작용하는 매우 역동적이며 복잡한 관리기능이다. 따라서 가정에서의 식생활관리자는 구매관리가 가정의 경영관리기능 수행에 있어서 중추적인 역할을 수행함을 인식하고 구매관리의 전 과정에 대하여 충분히 파악하며 환경 변화에 능동적으로 대처하기 위해 최신 정보에 늘 귀 기울여야 하겠다.

1. 구매관리의 중요성

식생활관리에서 필요한 모든 물품을 확보하는 기능을 담당하는 구매관리는 가정 경제와 소비 생활 측면에서 매우 중요한 영향을 미친다. 왜냐하면 가정 내에서 구매관리가 체계적으로 이루어지게 되면 적절한 가격의 양질의 물품 확보가 가능할 뿐만 아니라 이를 통해 효율적인 가정 경영관리가 가능하기 때문이다.

2. 가정에서의 식품구매 절차

일반 가정에서의 식품구매 절차는 식품구매에 대한 필요성 파악, 구매식품품목, 품질, 수량 결정, 구입 장소 결정, 구매식품품목, 품질, 수량 확정, 식품구매 및 저장의 순으로 진행된다그림 5-1.

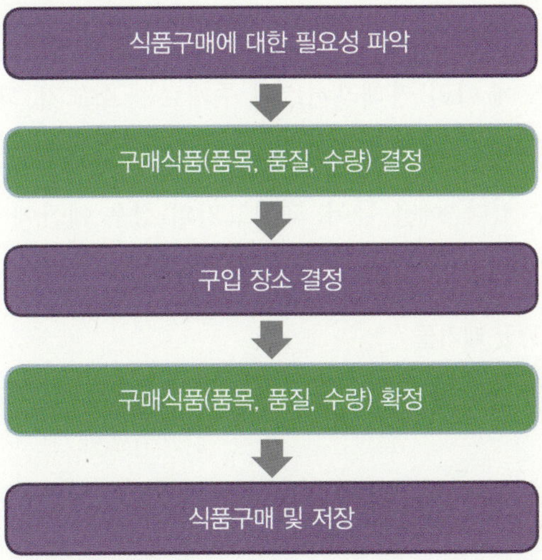

그림 5-1 가정에서의 식품구매 절차

1) 식품구매에 대한 필요성 파악

가정에서 식생활관리자가 식단 작성 및 계획을 함으로써 식품구입에 대한 필요성을 인식하게 된다. 그와 동시에 가정 내 냉장고 및 냉동고를 포함하여 식품 재고를 파악함으로써 구입이 필요한 품목이 있는지도 함께 알아보아야 한다.

2) 구매식품(품목, 품질, 수량)의 결정

식단계획과 재고 조사를 통해 식품구입에 대한 필요성을 파악하게 되면, 우선 각 메뉴별로 필요한 품목을 나열한 후 1인 분량, 예상 식수, 폐기율표 5-1을 고려하여 필요 수량을 결정한다.

구입식품의 품목은 메뉴의 특성, 예산, 식품에 대한 가치관, 기호도 등의 다양한 요인에 따라 결정된다. 예를 들어, 카레라이스를 메뉴로 결정하였을 경우 즉석조리식품의 형태로 먹을지ready-to eat, 반가공된 식재료의 형태를 구입하여 집에서 전처리과정 없이 조리만 하여 먹을지ready-to-cook, 필요한 식재료 모두를 원재료raw material의 형태로 구입하여 조리하여 먹을지에 따라 구입해야 할 품목이 달라진다. 가족구성원의 기호도에 따라 카레라이스의 주재료는 소고기, 돼지고기, 닭고기, 해물 등으로 달라지며, 예산 규모에 따라 카레라이스에 들어가는 재료의 품질, 등급, 산지 등이 달라질 수 있다. 예를 들어, 돼지고기의 경우 예산에 따라 품질, 등급, 산

표 5-1 식품별 평균 폐기율

식품군	폐기율(%)	식품군	폐기율(%)
채소류	15	어패류(생것)	10
감자류	10	어패류(염건)	18
과일류	24	어패류(염장)	28
생선(통째)	38	패류(껍질 포함)	76
생선(토막)	17	난류	13

출처 : 양일선 등(2010)

지국내산, 수입산 등이 달라질 수 있으며, 채소의 경우 유기농 채소를 구입할 것인지 일반 채소를 구입할 것이지가 달라진다. 가족의 식품에 대한 가치관에 있어서 가족구성원이 채식주의자라면 카레라이스의 재료는 주로 채소 위주로 구성될 것이며, 로컬푸드, 푸드 마일지리 혹은 동물복지인증 등 윤리적 구매에 대해 인식한다면 구매하는 식품의 품목이 달라진다. 축산물의 경우 품질 등급 및 부위별 용도를 고려하여 품질을 결정하도록 한다표 5-2~5-5.

표 5-2 축산물 등급제도

구분	내용
소고기 등급판정	• 소고기는 육질 등급과 육량 등급으로 구분하며, 모든 국내산 소고기는 등급판정을 받은 후에 유통 • 등급의 표시방법 – 육질 등급은 고기의 품질 정도를 나타내며, 소비자의 선택 기준으로 1++, 1+, 1, 2, 3등급, 등외로 구분 – 육량 등급은 소 한 마리에서 얻을 수 있는 고기의 양이 많고 적음을 나타내며, 유통과정에서의 거래지표로 A, B, C등급, 등외로 구분
돼지고기 등급판정	• 돼지고기는 규격등급(A, B, C, D 등급, 등외)과 육질등급(1+, 1, 2, 3등급, 등외)으로 판정하며, 모든 국내산 돼지고기는 등급판정을 받은 후에 유통
닭고기 등급판정	• 닭고기의 품질은 1+, 1, 2등급으로 구분 • 닭고기의 품질 등급 – 통닭의 품질은 1+, 1, 2등급으로 구분 – 부분육의 품질은 1, 2등급으로 구분
달걀 등급판정	• 달걀의 품질은 1+, 1, 2, 3등급으로 구분 • 달걀 품질 등급 : 세척한 달걀에 대해 외관검사, 투광 및 할란판정을 거쳐 1+, 1, 2, 3등급으로 구분
오리고기 등급판정	• 오리고기의 품질은 1+, 1, 2등급으로 구분 • 오리고기 품질 등급 : 외관, 비육상태, 지방 부착, 잔털, 깃털, 신선도, 외상, 변색, 뼈의 상태, 이물질 부착, 냄새, 도체처리 등 품질기준에 따라 판정

출처 : 축산물품질평가원 홈페이지(저자 재정리)

표 5-3 소고기 부위별 특징 및 요리법

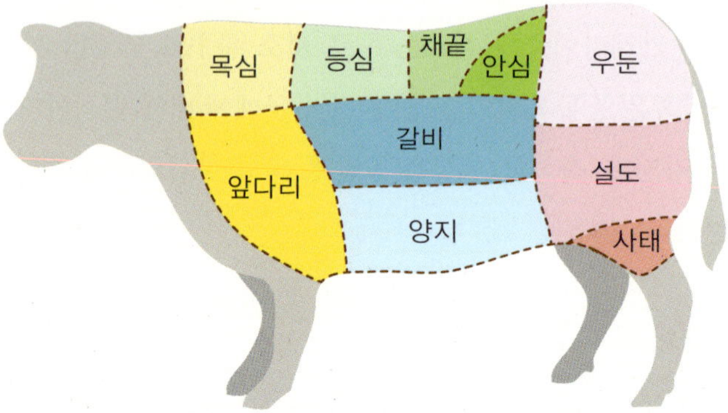

대분할 부위 명칭(10개)	소분할 부위 명칭(39개)	특징 및 요리법
안심	안심살	• 유일하게 척추 뼈 안쪽에 위치하고 있는 근육으로 움직임이 없어 조직이 부드럽고 연하다. • 저지방으로 담백하며, 육즙이 많고 고깃결이 가늘고 비단결처럼 곱다. • 소고기 중 양이 적은 부위로 귀하다. • 요리 시에는 너무 굽지 않도록 하고 변색이 빠른 특징이 있다. • 고급 스테이크 및 구이용으로 이용된다.
등심	윗등심살, 꽃등심살, 아래등심살, 살치살	• 등 쪽에 척추 좌우로 원통 모양으로 위치하고 있으며 비육이 잘 된 소의 경우 마블링이 잘 발달되어 있어 고급 부위로 알려져 있다. • 육질이 곱고 연하며 지방이 적당히 섞여 있어 맛이 좋다. • 결조직이 그물망 형태로 연하여 풍미로운 맛이 있다. • 2등급 이상 고급육은 주로 구이나 스테이크로 활용하고, 3등급 등 저급육은 전골이나 불고기로 이용된다.
채끝	채끝살	• 허리부분(등심 뒷부분에 연결)의 등심과 맞닿은 운동성이 없는 부분으로 등심과 비슷한 모양이다. • 육질이 연하고 지방이 적당히 섞여 있다. • 등심보다는 지방이 적고 살코기가 많다. • 고급육은 로스구이 · 샤브샤브용으로 활용도가 높고, 저급육은 불고기와 국거리로도 활용한다.
목심	목심살	• 어깨 위쪽에 붙어 있는 근육으로 여러 개의 다양한 근육이 모여 있고 두꺼운 힘줄이 여러 갈래로 표면에 존재하기 때문에 약간 질긴 편이다. • 1등급 이상의 고급육에서 일부 스테이크나 구이로 이용되며, 2등급 이하는 불고기, 장조림으로 이용된다.

대분할 부위 명칭(10개)	소분할 부위 명칭(39개)	특징 및 요리법
앞다리	꾸리살, 부챗살, 앞다릿살, 갈비덧살, 부채덮개살	• 갈비 바깥쪽에 위치하고 있다. • 내부에 지방층과 근막이 많기 때문에 연한 부위와 질긴 부위가 서로 섞여 있으며, 운동량이 많아 육색이 짙은 것이 특징이다. • 설도, 사태와 비슷한 특징이 있다. • 꾸리살은 카레, 육회나 징기즈칸 요리에, 부챗살 · 갈비덧살은 구이용으로, 그 외는 불고기나 장조림용으로 사용된다.
우둔	우둔살, 홍두깨살	• 지방이 적고 살코기가 많다. • 우둔살은 고기의 결이 약간 굵으나 근육막이 적어 연하여 주물럭, 산적과 육포 및 불고기용으로 많이 사용되며, 홍두깨살은 결이 거칠고 단단하여 육회나 장조림에 많이 활용된다.
설도	보섭살, 설깃살, 설깃머리살, 도가닛살, 삼각살	• 엉덩이살 아래쪽 넓적다릿살로서 다소 결이 거칠고 질긴 편으로 우둔과 비슷하며 부위별 육질차가 크다. • 설깃살은 가장 운동량이 많은 부위로 산적, 편육, 불고기로 사용된다. 도가닛살은 가장 근육결이 가늘고 부드러워 육회나 불고기로 사용된다. • 삼각형 모양의 삼각살과 설깃머리살은 구이, 불고기전골에 이용된다. • 보섭살은 막이 적고 맛이 좋아 스테이크로 이용된다.
사태	앞사태, 뒷사태, 뭉치사태, 아롱사태, 상박살	• 앞 · 뒷다리 사골을 감싸고 있는 부위로 운동량이 많아 색상이 진한 반면 근육다발이 모여 있어 특유의 쫄깃한 맛을 낸다. • 장시간 물에 넣어 가열하면 연해진다. • 기름기가 없어 담백하면서도 깊은 맛이 난다. • 장조림, 찜, 육회, 탕에 적합하다.
양지	양지머리, 차돌박이, 업진살, 업진안살, 치마양지, 치마살, 앞치마살	• 앞가슴에서 복부 아래쪽에 걸쳐 있는 부위로 결합조직이 많아 육질은 질기다. • 오랜 시간에 걸쳐 끓이는 조리를 하면 맛이 매우 좋다. • 국물 맛이 좋고 육질이 치밀하다. • 업진살과 치마살은 양지의 뒤쪽 부분으로 지방과 살코기가 교차하여 풍미가 좋다. • 양지의 대부분은 근육이 단단하여 국거리나 장조림으로 쓰인다. • 차돌박이는 양지 하단부분 중의 하얀 조직으로 독특한 맛이 있어 얇게 썰어 구이로 사용된다. • 양지 중 업진안살 · 치마양지 · 치마살은 구이용으로도 사용된다.
갈비	본갈비, 꽃갈비, 참갈비, 마구리, 토시살, 안창살, 제비추리	• 육즙과 골즙이 어우러진 부위로 농후한 맛을 낸다. • 갈비살에는 막이 많고 근육이 비교적 거칠며 단단한 부위지만 근내지방이 많아 맛이 있다. • 마구리살은 통갈비 상하단 부위로 갈비탕용으로 사용된다. • 갈빗살 · 토시살 · 안창살 · 제비추리는 구이용으로 그 외에는 찜갈비, 불갈비, 양념갈비 등으로 사용된다.

출처 : 축산유통종합정보센터 홈페이지

표 5-4 돼지고기 부위별 특징 및 요리법

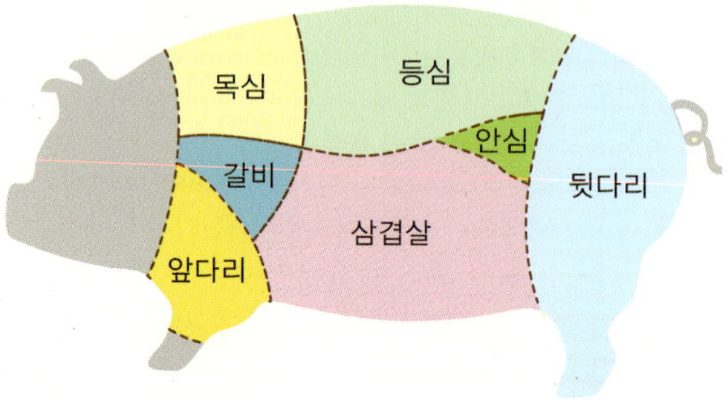

대분할 부위 명칭(7개)	소분할 부위 명칭(25개)	특징 및 요리법
안심	안심살	• 허리부분의 안쪽에 위치하며 안심 주변은 약간의 지방과 밑변의 근막이 형성되어 있고 육질은 부드러우며 연하다. • 탕수육, 구이, 로스, 스테이크
등심	등심살, 알등심살, 등심덧살	• 표피 쪽에 두터운 지방층이 덮힌 긴 단일 근육으로서 고기의 결이 고운 편이다. • 폭찹, 돈가스, 스테이크
목심	목심살	• 등심에서 목쪽으로 이어지는 부위로서 여러 개의 근육이 모여 있다. • 근육막 사이에 지방이 적당히 박혀 있어 풍미가 좋다. • 구이
앞다리	앞다리살, 앞사태살, 항정살, 꾸리살, 부챗살, 주걱살	• 어깨 부위의 고기로서 안쪽에 어깨뼈를 떼어낸 넓은 피막이 나타난다. • 불고기, 찌개, 수육(보쌈)
뒷다리	볼깃살, 설깃살, 도가닛살, 홍두깨살, 보섭살, 뒷사태살	• 볼기 부위의 고기로서 살집이 두터우며 지방이 적은 편이다. • 튀김, 불고기, 장조림
삼겹살	삼겹살, 갈매기살, 등갈비, 토시살, 오돌삼겹	• 갈비를 떼어낸 부분에서 복부까지의 넓고 납작한 모양의 부위이다. • 근육과 지방이 삼겹의 막을 형성하며 풍미가 좋다. • 구이, 베이컨(가공용)
갈비	갈비, 갈빗살, 마구리	• 옆구리 늑골(갈비)의 첫 번째부터 다섯 번째 늑골 부위를 말하며 근육 내 지방이 잘 박혀 있어 풍미가 좋다. • 바비큐, 불갈비, 갈비찜

출처 : 축산유통종합정보센터 홈페이지

1
2
3
4
5
6
7
8

표 5-5 닭 부위별 특징 및 요리법

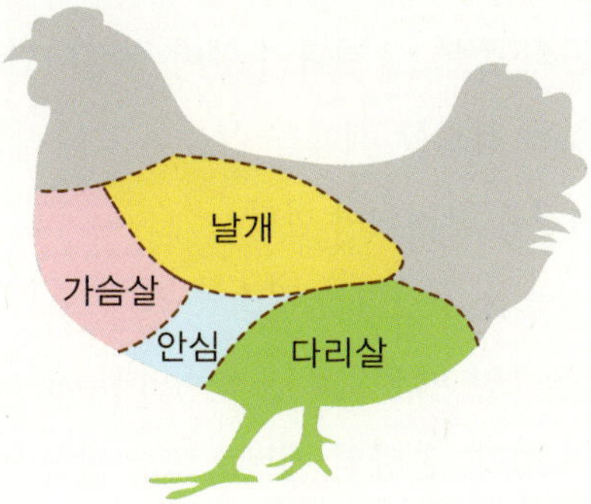

대분할 부위 명칭(3개)	소분할 부위 명칭(6개)	특징 및 요리법
다리	윗다리(넓적다리), 아랫다리(북채)	• 운동을 많이 하는 부위로 탄력이 있고 육질이 단단하며 근육의 색이 짙다. • 지방과 단백질이 조화를 이루어 쫄깃쫄깃하다. • 튀김, 볶음, 조림, 구이용
날개	윗날개(봉), 아랫날개(윙)	• 살은 적으나 뼈 주위에 팩틴질이 많아 육수를 만들면 감칠맛이 있다. • 피부노화를 방지하고 피부를 윤택하게 해주는 콜라겐(collagen)성분이 다량 함유되어 있다. • 맛이 좋아 조림이나 튀김요리에 많이 활용되고 있다. • 튀김, 볶음, 조림
가슴	가슴살	• 지방이 매우 적어 맛이 담백하고 근육섬유로만 되어 있다. • 회복기 환자 및 어린이 영양간식에 적합하며, 특히 칼로리 섭취를 줄이고도 영양균형을 이룰 수 있다. • 튀김, 볶음, 조림
	안심	• 가슴살 안쪽의 고기로 담백하고 지방이 거의 없다. • 육회, 육개장, 가스

출처 : 축산유통종합정보센터 홈페이지

3) 식품구매 장소 결정

구입해야 할 식품의 품목, 품질과 수량이 결정되면 식품구입 장소를 결정하여야 한다. 식품구입 장소를 결정할 때에는 식품의 보관시설, 가격, 소요시간 및 배달서비스 등의 다양한 여건을 고려해야 한다.

일반 가정에서 식품을 구입하는 장소는 크게 오프라인 매장과 온라인 매장으로 구분할 수 있다. 오프라인 매장으로는 슈퍼마켓supermarket, 대형 할인마트, 편의점convenience store 등이 있다. 온라인 매장으로는 식품구매 관련 인터넷 사이트, 소셜커머스 등이 있다. 슈퍼마켓, 대형 할인마트는 주로 대형 매장으로 작은 포장보다는 큰 포장, 가족단위 포장, 경제적 포장 등을 주로 판매하기 때문에 경제적인 구매가 가능하며, 자동차의 이용이 용이한 점이 있다. 온라인 매장은 구입시간대의 제약이 없고 배달 서비스가 가능한 점으로 인해 최근 온라인 매장을 이용한 식품구매가 증가하고 있는 추세이다. 또한 한 종류의 식품만 전문적으로 취급하는 특정 식품점이 있다. 여기에는 제과점, 정육점, 생선가게, 과일가게, 채소가게, 수입 식품점 등이 있다.

따라서 식품을 구입하고자 하는 식생활관리자 혹은 구매담당자는 식품구입에 할애된 예산, 식품구입에 필요한 시간, 구입량 등의 여건에 따라 식품을 구입할 적절한 장소를 선택하는 것이 바람직하다.

4) 구매식품(품목, 품질, 수량)의 확정

식품구입 장소가 결정되면 그에 따라 구입하고자 하는 식품의 품목, 품질 및 수량을 확정하여야 한다.

식품구입 장소에 따라 품목이 대체될 수도 있다. 예를 들어, 불고기용으로 국내산 한우를 구입하고자 하였으나 방문한 마트에서 국내산 한우를 취급하지 않을 경우 국내산 육우나 수입산미국산, 호주산 등으로 대체하여야 할 수도 있다. 구매하고자 하는 식품의 품질 사양의 변화가 있을 수도 있는데, 예를 들어 A브랜드 품목을 사고자 하였으나 해당 상표를 취급하지 않거나 품절되었을 경우, 할인 행사를 하여 가격상의 이득이 예상되는 경우 다른 상표로 대체하여 구입할 수도 있다.

식품의 구매 수량은 산출된 필요 수량이 확정된 후 시장에서의 판매 단위로 조정하여 구매하여야 한다. 동시에 저장품의 경우 재고 조사 결과에 따라 필요량을 조정하여야 한다. 예를 들어, 제육볶음에 사용할 고추장의 양을 산출할 경우 충분한

쉬어가기

도매시장 전자경매 실시간 조회

농림수산식품부 도매시장통합 홈페이지를 통해 출하자 신고, 전자경매, 도매시장 현황, 거래동향, 농수산물 유통 및 가격안정에 관한 법률 등 다양한 도매시장 관련 정보를 알 수 있다. 특히, 전자경매에서는 전자경매 실시간 조회, 정산가격정보, 도매시장별 경락가 비교, 도매시장별 경매시간 등 경매 가격에 대하여 다양한 정보를 제공하고 있다.

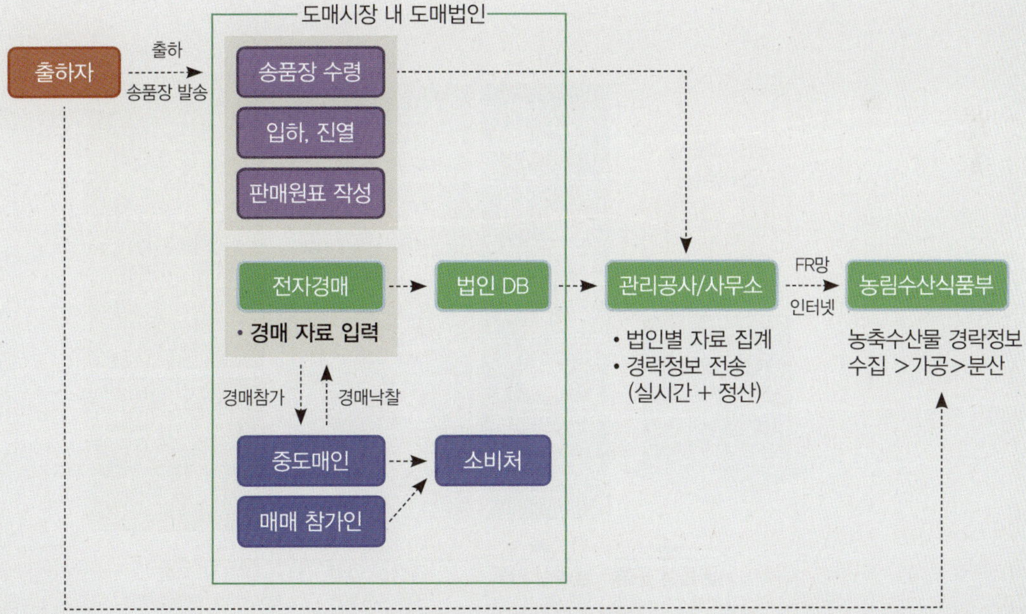

농축수산물 경락 정보 흐름도

출처 : 농림축산식품부 도매시장통합 홈페이지

양의 고추장 재고가 있는 경우에는 구입 품목에서 제외되거나 재고로 보관된 양이 부족할 경우 재고량을 제외한 필요한 양만 구입하면 된다. 식품을 구입할 때에는 시장에서의 판매 단위로 구매하여야 하는데, 예를 들어 된장찌개를 위한 두부의 필요량이 240 g으로 산출되었더라도 보통 두부의 판매 단위는 '모'이므로 시장에서의 판매 단위로 수량을 조절하여 구입하여야 한다.

5) 식품구매 및 저장

실제로 식품을 구매할 때에는 합리적인 방법과 순서에 의해 이루어지도록 하며, 식품의 구입이 이루어진 이후에는 신속하게 적절한 저장 장소로 이동 후 보관되도록 하여야 한다그림 5-2.

식품을 저장할 때에는 식품별로 향 흡수 및 발산 특성을 고려하여 적절한 품질상태를 유지할 수 있도록 보관하도록 한다. 향을 발산하는 식품으로는 복숭아, 감자, 양

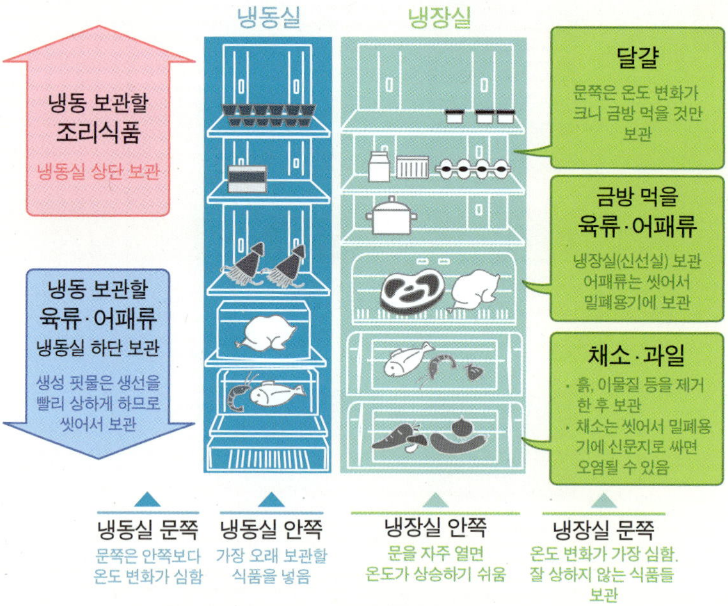

그림 5-2 식품별 냉장고 보관 요령

출처 : 식품의약품안전처 홈페이지

배추, 양파가 해당되며, 향을 흡수하는 식품으로는 달걀, 버터, 탈지유, 밀가루, 쌀이 해당되고, 향을 발산과 동시에 흡수하는 식품으로는 사과와 치즈가 해당된다.

3. 합리적인 식품구매를 위한 최신 정보

1) 경제적인 식품구매

(1) 단위가격표시제

단위가격표시제unit price system는 판매 가격과 병행하여 상품의 가격을 단위당g, mL, 개 등으로 표시하는 제도를 말한다. 상품의 용량 및 포장방법이 다르더라도 소비자들은 단위당 가격을 통해 제품의 가격을 쉽게 비교할 수 있게 되었다. 예를 들어, 가공식품류인 햄류10 g, 우유100 mL, 설탕100 g, 커피10 g, 또는 일회용잡화류인 랩m, 포일m, 화장지10m, 섬유유연제100 mL, 종이기저귀개, 생리대개 등과 같이 단위가격을 표시하여 부착하고 있다. 이렇게 일정 단위로 가격을 표시함으로써 보다 정확한 가격 정보를 제공하여 소비자가 합리적인 선택을 하는 데 도움을 줄 수 있다.

(2) 제조업체 브랜드(NB)와 자체 상표(PB)

제조설비를 갖추지 않은 유통업체백화점, 할인점 등가 독자적으로 개발한 고유 브랜드 자체 상표를 PBPrivate Brand라고 하며 이는 주로 해당 점포에서만 판매되는 상품이다. 로열티와 중간 마진, 광고비, 판촉비가 추가로 들지 않아 10~30%의 원가절감이 가능하고 판매가격도 그만큼 저렴하다. 유통업체가 매장의 특성과 고객의 성향에 맞춰 패션상품에서부터 식품 · 음료 · 잡화에 이르기까지 다양한 자체 상표상품을 판매하고 있으며 이러한 추세는 증가하고 있다. 이와 대조적으로 전국 어디서나 살 수 있는 제조업체 브랜드를 NBNational Brand라고 한다.

2) 건강한 식품구매

(1) 식품표시제도

소비자에게 정확한 정보를 제공하며 공정한 거래를 확보하기 위해 식품위생법에서는 판매를 목적으로 하는 식품에는 제품명, 식품의 유형, 영업소 명칭 및 소재지, 제조연월일, 유통기한 또는 품질유지기한, 내용량, 원재료명 및 함량, 성분명 및 함량, 영양성분, 소비자 안전을 위한 주의사항 등을 표시하도록 규정하고 있다.

식품 표시사항 중 '제조연월일'은 포장을 제외한 더 이상의 제조나 가공이 필요하지 아니한 시점을 뜻하며, '유통기한'이란 제품의 제조일로부터 소비자에게 판매가 허용되는 기한을 말한다. 또 '품질유지기한'이란 식품의 특성에 맞는 적절한 보존방법이나 기준에 따라 보관할 경우 해당식품 고유의 품질이 유지될 수 있는 기한을 의미한다.

식품표시사항 중 주요 사항 및 내용은 표 5-6에, 소비자 안전을 위한 주의사항 표기 내용은 표 5-7과 같다.

표 5-6 식품표시사항 및 내용

식품표시사항	내용
식품의 유형	• 표시 대상 식품 : 다류, 음료류(기타 음료에 한함), 특수용도식품, 주류, 기타 식품류 중 추출가공식품, 식품별 기준 및 규격 이외의 일반가공식품, 식품의 특성이나 유형과 관련이 없는 가상의 명칭을 제품명 또는 그 일부로 사용한 식품, 식품별 개별기준에 의하여 식품 유형을 표시하도록 한 식품
제조연월일	• 표시 대상 식품 : (1) 즉석섭취식품 중 도시락, 김밥, 햄버거, 샌드위치, (2) 설탕, (3) 식염, (4) 빙과류, (5) 주류(다만, 맥주, 탁주 및 약주 제외) • 표시방법 : 제조일은 '○○년 ○○월 ○○일', '○○. ○○. ○○', '○○○○년 ○○월 ○○일' 또는 '○○○○. ○○. ○○'의 방법으로 표시
유통기한 또는 품질유지기한	• 표시 대상 식품 : 제조 · 가공 · 소분 · 수입한 식품(자연상태의 농 · 임 · 수산물은 제외한다). 다만, 설탕, 빙과류, 식용얼음, 과자류 중 껌류(소포장 제품에 한한다), 식염과 주류(맥주, 탁주 및 약주를 제외한다) 및 품질유지기한으로 표시하는 식품은 유통기한 표시 생략 가능 • 표시방법 – 유통기한은 '○○년 ○○월 ○○일까지', '○○. ○○. ○○까지', '○○○○년 ○○월 ○○일까지' 또는 '○○○○. ○○. ○○까지'로 표시 – 제조일을 사용하여 유통기한을 표시하는 경우에는 '제조일로부터 ○○일까지', '제조일로부터 ○○월까지' 또는 '제조일로부터 ○○년까지'로 표시 가능

식품표시사항	내용
내용량	• 내용물의 성상에 따라 중량 · 용량 또는 개수로 표시. 이 경우 내용물이 고체 또는 반고체일 경우 중량으로, 액체일 경우 용량으로, 고체와 액체의 혼합물(직접 음용하지 아니하는 액체를 포함한다)일 경우 중량 또는 용량으로 표시하고, 개수로 표시할 때에는 중량 또는 용량을 괄호 속에 표시 • 섭취 전에 버리게 되는 액체(제품의 특성에 따라 자연적으로 발생하는 액체 제외)와 함께 포장되는 식품은 액체를 뺀 식품의 중량을 표시 • 영양성분 표시 대상 식품에 대하여 내용량을 표시하는 경우에는 그 내용량에 괄호로 하여 해당하는 열량을 함께 표시(예시 : 100 g(240 kcal))
원재료명 및 함량	• 식품의 제조 · 가공 시 사용한 모든 원재료명(최종제품에 남지 않는 정제수는 제외한다. 이하 같다)을 많이 사용한 순서에 따라 표시. 다만, 중량비율로서 2% 미만인 나머지 원재료는 상기 순서 다음에 함량 순서에 따르지 아니하고 표시할 수 있음

출처 : 식품위생법 제9조 별지 1

표 5-7 식품표시에서 소비자 안전을 위한 주의사항 표시 내용

항목	표시 내용
육류 등 냉동식품	'이미 냉동된 바 있으니 해동 후 재냉동시키지 마시길 바랍니다' 등
냉동식품인 빵류, 떡류, 젓갈류 및 초콜릿류를 해동하여 출고할 때에는	'이 제품은 냉동식품을 해동한 제품이니 재냉동시키지 마시길 바랍니다' 등
과일 · 채소류 음료, 우유류 등 개봉 후 부패 · 변질될 우려가 높은 식품	'개봉 후 냉장보관하거나 빨리 드시기 바랍니다' 등
'원터치캔' 통조림 제품	'캔 절단 부분이 날카로우므로 개봉, 보관 및 폐기 시 주의하십시오' 등
음주 전후, 숙취해소 등의 표시를 하는 제품	'과다한 음주는 건강을 해칩니다' 등
아스파탐을 첨가 사용한 제품	페닐알라닌 함유
'선천성대사질환자용' 식품	'선천성대사질환자용 식품'과 '의사의 지시에 따라 사용하여야 합니다' 등
특수용도식품 중 '특수의료용도 등 식품'	'의사의 지시에 따라 사용하여야 합니다' 등
당알코올류를 주원료로 한 제품	해당 당알코올의 종류 및 함량을 표시하여야 하고, '과량섭취 시 설사를 일으킬 수 있습니다' 등
한 입 크기로서 작은 용기에 담겨져 있는 젤리제품(소위 미니컵젤리 제품)	잘못 섭취에 따른 질식을 방지하기 위한 경고문구 표시(예 : 얼려서 드시지 마십시오. 한 번에 드실 경우 질식의 위험이 있으니 잘 씹어 드십시오. 5세 이하 어린이 및 노약자는 섭취를 금하여 주십시오) 등의 표시

항목	표시 내용
알레르기 유발 성분을 사용하는 제품과 사용하지 않은 제품을 같은 제조과정(작업자, 기구, 제조라인, 원료보관 등 모든 과정)을 통하여 생산하게 될 경우	불가피하게 혼입 가능성이 있다는 내용의 표시. 다만, 제품의 해당 원재료로서 사용된 알레르기 유발 성분명은 표시하지 않는다. (예 : 이 제품은 메밀을 사용한 제품과 같은 제조시설에서 제조하고 있습니다)
식품의 품질관리를 위하여 별도 포장하여 넣은 선도유지제	'습기방지제(방습제)', '습기제거제(제습제)' 등 소비자가 그 용도를 쉽게 알 수 있도록 표시하고 '먹어서는 아니 된다'는 등의 주의문구도 함께 표시
기타	해당 식품에 대한 불만이나 소비자의 피해가 있는 경우 신속하게 신고하도록 하기 위해 식품의 용기 · 포장에 '부정 · 불량식품 신고는 국번 없이 1399'의 표시

(2) 영양표시제도

영양표시제도는 가공식품의 영양적 특성을 일정한 기준과 방법에 따라 표현하여 제품이 가진 영양적 특성을 소비자에게 전하고 자신의 건강에 도움이 되는 제품을 선택할 수 있게 돕는 제도이다. 정부는 영양표시 대상 식품을 확대하고 기준을 선진화하면서 동시에 소비자가 영양표시를 이해하고 현명하게 활용할 수 있도록 다양한 교육 프로그램을 개발, 제공하고 있다.

영양표시제도는 일정한 양식에 영양성분의 함량을 표시하는 영양성분 정보와 특정 용어를 이용하여 제품의 영양적 특성을 강조 표시하는 영양 강조표시가 있다.

영양성분정보를 나타내는 영양성분표는 가공식품이 가진 영양성분의 양과 비율을 정해진 기준에 따라 표시하는 것을 말한다그림 5-3. 영양성분 함량은 1포장당, 단위 내용량당, 1회 섭취 참고량당 함유된 값으로 표시하고, 표시 대상 영양성분은 열량, 나트륨, 탄수화물, 당류, 지방, 트랜스지방, 포화지방, 콜레스테롤, 단백질 그 밖에 영양표시나 영양강조표시를 하고자 하는 영양성분이 해당된다. 영양성분 함량과 1일 영양성분 기준치표 5-8에 대한 비율을 이용하면 나의 건강에 더 나은 식품을 선택하거나 비교할 수 있으며, 제품 표지에 있는 원재료명 목록도 건강에 좋은 식품을 선택하는 데 중요한 정보를 제공한다. 영양성분표시서식도안은 크게 기본

표 5-8 식품영양표시를 위한 1일 영양성분 기준치

영양성분(단위)	기준치	영양성분(단위)	기준치	영양성분(단위)	기준치
탄수화물(g)	324	크롬(ug)	30	몰리브덴(ug)	25
당류(g)	100	칼슘(mg)	700	비타민 B_{12}(ug)	2.4
식이섬유(g)	25	철분(mg)	12	바이오틴(ug)	30
단백질(g)	55	비타민 D(ug)	10	판토텐산(mg)	5
지방(g)	54	비타민 E(mg α-TE)	11	인(mg)	700
포화지방(g)	15	비타민 K(ug)	70	요오드(ug)	150
콜레스테롤(mg)	300	비타민 B_1(mg)	1.2	마그네슘(mg)	315
나트륨(mg)	2,000	비타민 B_2(mg)	1.4	아연(mg)	8.5
칼륨(mg)	3,500	니아신(mg NE)	15	셀레늄(ug)	55
비타민 A(ug RE)	700	비타민 B_6(mg)	1.5	구리(mg)	0.8
비타민 C(mg)	100	엽산(ug)	400	망간(mg)	3.0

주 : 1) 1일 영양성분 기준치는 1일 에너지섭취량이 2,000kcal일 때를 기준으로 각 영양성분별 평균적인 1일 섭취기준량을 말한다.
2) 1일 에너지 섭취량은 성별과 연령별에 따라 달라지므로 1일 영양성분 기준치는 실제 개인의 영양권장량과 차이가 있을 수 있다.
3) 비타민 A, 비타민 D 및 비타민 E는 위 표에 따른 단위로 표시하되, 괄호를 하여 IU(국제단위) 단위를 병기할 수 있다.
4) 위 표에도 불구하고 영유아(만 2세 이하의 사람을 말한다. 이하 같다)용으로 표시된 식품등의 1일 영양성분 기준치에 대해서는 「국민영양관리법」 제14조제1항의 영양소 섭취기준에 따른다. 다만, 만 1세 이상 2세 이하 영유아의 탄수화물, 당류, 단백질 및 지방의 1일 영양성분 기준치에 대해서는 탄수화물 150g, 당류 50g, 단백질 35g 및 지방 30g을 적용

영양표시 확인하는 3단계

1단계 영양정보 기준 확인
2단계 영양성분별 함량 확인
3단계 1일 영양성분 기준치에 대한 비율(%)확인

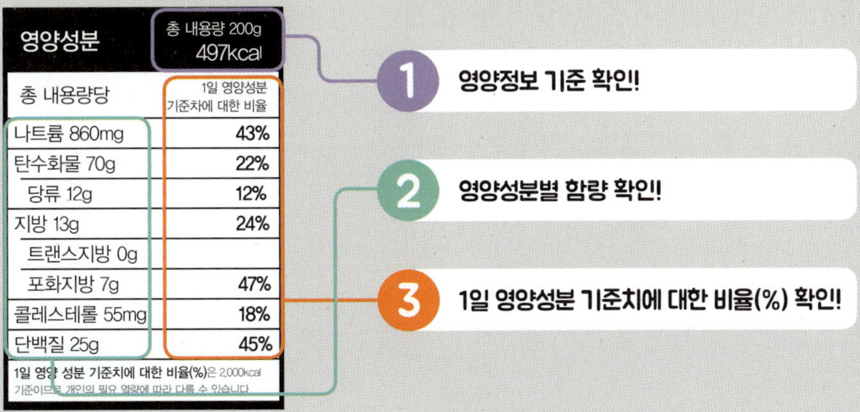

그림 5-3 영양성분표시제도

형, 세로형, 가로형, 그래픽형, 텍스트형으로 나뉘며 각각 총 내용량1포장당, 100 gmL당, 단위 내용량당으로 표기할 수 있다.

(3) 영양강조표시

영양강조표시는 제품에 함유된 영양성분의 함유 사실 또는 함유 정도를 '무', '저', '고', '강화', '첨가', '감소' 등의 특정한 용어를 사용하여 표시하는 것을 말한다.

영양강조표시는 영양성분 함량강조표시와 영양성분 비교강조표시로 나뉠 수 있다. 우선 영양성분 함량강조표시는 영양성분의 함유 사실 또는 함유 정도를 '무○○', '저○○', '고○○', '○○ 함유' 등과 같은 표현으로 그 영양성분의 함량을 강조하여 표시하는 것을 말한다. 제품의 영양적 가치를 '저', '무', '고또는 풍부', '함유또는 급원' 등의 용어로 강조표시하기 위해서는 정부가 정한 용어와 해당 기준을 따라야 한다표 5-9.

알아두기

가공식품 영양표시

우리나라에서 가공식품의 영양표시제도는 1995년에 도입되었다. 영양표시를 해야 하는 식품을 규정으로 정하고 있는데, 장기보존식품(레토르트식품만 해당한다), 과자류 중 과자, 캔디류 및 빙과류, 빵류 및 만두류, 초콜릿류, 잼류, 식용 유지류, 면류, 음료류, 특수용도식품, 어육가공품 중 어육소시지, 즉석섭취식품 중 김밥, 햄버거, 샌드위치, 커피(볶은 커피 및 인스턴트 커피는 제외한다), 장류(한식메주, 재래한식메주, 한식된장 및 청국장은 제외한다)가 있다. 그 외 식품은 영양표시를 반드시 해야 하는 것은 아니나 하고자 할 경우 표시기준을 따라야 한다.

표 5-9 영양강조표시 기준

영양성분	강조표시	표시조건
열량	저	식품 100 g당 40 kcal 미만 또는 식품 100 mL당 20 kcal 미만일 때
	무	식품 100 mL당 4 kcal 미만일 때
지방	저	식품 100 g당 3 g 미만 또는 식품 100 mL당 1.5 g 미만일 때
	무	식품 100 g당 또는 식품 100 mL당 0.5 g 미만일 때
포화지방	저	식품 100 g당 1.5 g 미만 또는 식품 100 mL당 0.75 g 미만이고, 열량의 10% 미만일 때
	무	식품 100 g당 0.1 g 미만 또는 식품 100 mL당 0.1 g 미만일 때
트랜스지방	저	식품 100 g당 0.5g 미만일 때
콜레스테롤	저	식품 100 g당 20 mg 미만 또는 식품 100 mL당 10 mg 미만이고, 포화지방이 식품 100 g당 1.5 g 미만 또는 식품 100 mL당 0.75 g 미만이며, 포화지방이 열량의 10% 미만일 때
	무	식품 100 g당 5 mg 미만 또는 식품 100 mL당 5 mg미만이고, 포화지방이 식품 100 g당 1.5 g 또는 식품 100 mL당 0.75 g 미만이며 포화지방이 열량의 10% 미만일 때
당류	무	식품 100 g당 또는 식품 100 mL당 0.5 g 미만일 때
나트륨	저	식품 100 g당 120 mg 미만일 때
	무	식품 100 g당 5 mg 미만일 때
식이 섬유	함유 또는 급원	식품 100 g당 3 g 이상, 식품 100 kcal당 1.5 g 이상일 때 또는 1회 제공량당 1일 영양성분기준치의 10% 이상일 때
	고 또는 풍부	함유 또는 급원 기준의 2배
단백질	함유 또는 급원	식품 100 g당 1일 영양성분 기준치의 10% 이상, 식품 100 mL당 1일 영양성분 기준치의 5% 이상, 식품 100 kcal당 1일 영양성분기준치의 5% 이상일 때 또는 1회 제공량당 1일 영양성분기준치의 10% 이상일 때
	고 또는 풍부	함유 또는 급원 기준의 2배
비타민 또는 무기질	함유 또는 급원	식품 100 g당 1일 영양성분 기준치의 15% 이상, 식품 100 mL당 1일 영양성분 기준치의 7.5% 이상, 식품 100 kcal당 1일 영양성분기준치의 5% 이상일 때 또는 1회 제공량당 1일 영양성분기준치의 15% 이상일 때
	고 또는 풍부	함유 또는 급원 기준의 2배

출처 : 식품위생법 제11조(식품의 영양표시 등)

알아두기

▌영양강조표시 제대로 이해하기

시중에 나와 있는 모든 식물성 식용유에는 콜레스테롤이 없다. 콜레스테롤은 원래 동물성 식품에만 들어 있기 때문이다. 따라서 식물성 식용유에 '무콜레스테롤'이라고 표시하면 소비자를 오도하는 표현이 된다. 왜냐하면 원래 그 식품에 해당 영양소가 전혀 들어 있지 않은 식품의 강조표시는 소비자가 오인, 혼동할 수 있기 때문이다.

출처 : 식품의약품안전처 영양표시정보 홈페이지

영양성분 비교강조표시는 영양성분의 함유 사실 또는 함유 정도를 '덜', '더', '강화', '첨가' 등과 같은 표현으로 같은 유형의 제품과 비교하여 표시하는 것을 말한다. 이러한 용어에 대한 사용 기준은 다음과 같다. 우선, 영양성분 함량의 차이를 다른 제품의 표준 값과 비교하여 백분율 또는 절댓값으로 표시할 수 있어야 하며, 이 경우 다른 제품의 표준 값은 동일한 식품 유형 중 시장점유율이 높은 3개 이상의 유사식품을 대상으로 산출하여야 한다. 해당 제품의 영양성분의 함량의 차이가 다른 제품의 표준값과 비교하여 열량, 탄수화물, 당류, 식이섬유, 단백질, 지방, 포화지방, 트랜스지방, 콜레스테롤, 나트륨의 경우는 최소 25% 이상의 차이가 있어야 하고, 나트륨을 제외한 영양성분 기준치표 5-8에서 정한 비타민 및 무기질의 경우는 영양성분 기준치의 10% 이상의 차이가 있어야 한다. 해당하는 제품 중 '덜, 라이트, 감소'를 사용하고자 하는 경우에는 해당 영양성분의 함량 차이의 절댓값이 '저'의 기준값보다 커야 하고, '더, 강화, 첨가'를 사용하고자 하는 경우에는 해당 영양성분의 함량 차이의 절댓값이 '함유'의 기준 값보다 커야 한다.

(4) 친환경농축산물인증제도

친환경농축산물인증제도란 소비자에게 보다 안전한 친환경농축산물을 전문인증기관이 엄격한 기준으로 선별 · 검사하여 정부가 그 안전성을 인증해주는 제도로,

토양과 물은 물론 생육과 수확 등 생산 및 출하단계에서 인증기준을 준수했는지의 엄격한 품질검사와 시중 유통품에 대해서도 허위표시를 하거나 규정을 지키지 않는 인증품이 없도록 철저한 사후관리를 하고 있다. 친환경농축산물은 환경을 보전하고 소비자에게 보다 안전한 농축산물을 공급하기 위해 유기합성 농약과 화학비료 및 사료첨가제 등 화학자재를 전혀 사용하지 아니하거나, 최소량만을 사용하여 생산한 농축산물을 뜻한다. 친환경농축산물의 종류 및 기준은 표 5-10과 같다.

소비자에게는 믿을 수 있는 농산물을 제공하고, 생산자에게는 고품질의 안전한 농산물을 생산하도록 국립농산물품질관리원은 친환경농축산물인증제도 이외에도

표 5-10 친환경농축산물 인증 종류 및 기준

구분	종류	기준
친환경농산물	유기농산물	유기합성농약과 화학비료를 일체 사용하지 않고 재배 (전환기간 : 다년생 작물은 최소 수확 전 3년, 그 외 작물은 파종 재식 전 2년)
	무농약농산물	유기합성농약을 일체 사용하지 않고, 화학비료는 권장 시비량의 1/3 이내 사용
친환경축산물	유기축산물	유기농산물의 재배 · 생산 기준에 맞게 생산된 '유기사료'를 급여하면서 인증기준을 지켜 생산한 축산물
	무항생제축산물	항생제, 합성항균제, 호르몬제가 첨가되지 않은 '일반사료'를 급여하면서 인증기준을 지켜 생산한 축산물

출처 : 국립농산물품질관리원 홈페이지

유기가공식품인증제도, 농산물우수관리인증제도Good Agricultural Practices : GAP, 농산물이력추적관리제도, 가공식품산업표준KS인증제도, 전통식품품질인증제도, 우수식품인증기관지정제도, 지리적표시제 등의 다양한 제도를 운영하고 있다표 5-11.

표 5-11 우리나라 농산물 인증제도

종류	내용
유기농 (ORGANIC) 농림축산식품부	**친환경농산물(유기농) 인증제도란?** 합성농약과 화학비료를 사용하지 않고 재배한 농산물과 항생제와 항균제를 첨가하지 않은 유기사료를 먹여 사육한 축산물임을 보증하는 제도
무농약 (NON PESTICIDE) 농림축산식품부	**친환경농산물(무농약) 인증제도란?** 합성농약은 사용하지 않고 화학비료는 최소화하여 생산한 농산물임을 보증하는 제도
GAP (우수관리인증) 농림축산식품부	**농산물우수관리인증제도(GAP : Good Agricultural Practices)란?** 농산물의 안전성을 확보하고 농업환경을 보전하기 위하여 농산물과 농업환경에 잔류할 수 있는 각종 위해요소(농약, 중금속, 미생물 등)를 사전 예방적으로 안전하게 관리하는 과학적인 위생안전관리체계
무항생제 (NON ANTIBIOTIC) 농림축산식품부	**친환경축산물(무항생제) 인증제도란?** 항생제, 항균제 등이 첨가되지 않은 사료를 먹이고, 생산성 촉진을 위한 성장촉진제나 호르몬제를 사용하지 않으며, 축사와 사육 조건, 질병관리 등의 엄격한 인증기준을 지켜 생산한 축산물임을 보증하는 제도
동물복지 (ANIMAL WELFARE) 농림축산식품부 농림축산검역본부	**동물복지 축산농장 인증제도란?** 쾌적한 환경에서 동물의 고통과 스트레스를 최소화하는 등 높은 수준의 동물복지기준에 따라 인도적으로 동물을 사육하는 농장에 대해 인증하는 제도

종류	내용
HACCP (안전관리인증) 농림축산식품부	HACCP(안전관리인증기준)이란? 가축의 사육부터 축산물의 원료관리, 처리, 가공, 포장, 유통, 판매까지 축산물을 최종소비자가 섭취하기 전까지의 전 단계에서 발생할 우려가 있는 위해 요소를 규명하여 중점관리함으로써 식품의 안전성을 확보하기 위한 과학적인 위생관리체계
유기가공식품 (ORGANIC) 농림축산식품부	유기가공식품 인증제도란? 합성농약, 화학비료를 사용하지 않고 재배한 유기원료(유기농산물, 유기축산물)를 제조 · 가공한 식품임을 보증하는 제도
지리적표시 (PGI) 농림축산식품부	지리적표시제도란? 명성, 품질 등이 특정지역의 지리적 특성에 기인하였음을 등록하고 표시하는 제도로서 국내외적으로 농산물(축산물, 임산물 포함)과 수산물 및 그 가공품의 지적재산으로 인정되어 보호받는 제도
전통식품 (TRADITIONAL FOOD) 농림축산식품부	전통식품 품질 인증제도란? 국내산 농수산물을 주원(재)료로 하여 제조, 가공, 조리되어 우리 고유의 맛, 향, 색을 내는 우수한 전통식품에 대하여 정부가 품질을 보증하는 제도
식품명인 (GRAND MASTER) 농림축산식품부	한국식품명인제도란? 전통식품의 계승, 발전과 가공기능인의 명예를 인정하고 보호, 육성하기 위해 만들어진 제도로서 지정된 전통식품과 명인의 가치를 향상시키는 제도
K 가공식품	가공식품 KS인증제도란? 합리적인 식품 및 관련 서비스의 표준을 제정 보급함으로써 가공식품의 품질과 관련 서비스를 향상시키기 위해 만들어진 제도
저탄소 (LOW CARBON) 농림축산식품부	저탄소 농축산물 인증제도란? 농축산물 생산 전 과정에서 온실가스 배출량을 줄이는 '저탄소 농업기술'을 적용하여 생산한 농산물임을 인증하는 제도

3) 안전한 식품구매

(1) 식품원료

식품원료는 식품을 제조 · 가공 · 조리하는 데 사용되는 원료를 말하며, 식품을 제조 · 가공하는 과정에는 여러 가지 원료가 사용되고 있다. 특히, 현대사회는 국제 교류가 발달함에 따라 다양한 새로운 원료를 이용한 식품들이 도입되거나 개발되고 있다. 예를 들면, 빵에는 밀가루뿐만 아니라 제품에 따라서 우유, 치즈, 버터, 설탕, 소금 등의 원료나 합성착향료 등의 식품첨가물이 들어가기도 하고 또 예전에는 전혀 먹지 않았던 새로운 원료를 넣어서 만들기도 한다.

식품원료는 식품에 사용할 수 있는 원료, 식품에 제한적으로 사용할 수 있는 원료, 식품에 사용할 수 없는 원료로 나뉠 수 있다. '식품에 사용할 수 있는 원료'란 식품에 조건 없이 사용할 수 있는 원료를 말한다. '식품에 제한적으로 사용할 수 있는 원료'란 식품 사용에 조건이 있는 식품원료를 의미하는데, 판단 기준은 다음과 같다. 첫째, 향신료, 침출차, 주류 등 특정 식품에만 제한적 사용 근거가 있는 것, 둘째, 독성이나 부작용 원인물질을 완전 제거하고 사용해야 하는 것, 셋째, 독성이나 부작용 원인물질의 잔류기준이 필요한 것에 해당하는 것이다. 식품에 사용할 수 없는 원료는 안전성 등의 이유로 식품의 제조, 가공, 조리에 사용할 수 없는 원료를 말한다.

(2) 식품첨가물

우리나라에서는 식품첨가물을 '식품을 제조 · 가공 또는 보존하는 과정에서 식품에 넣거나 섞는 물질 또는 식품을 적시는 등에 사용되는 물질'이라고 정의하며, 이 경우 기구 · 용기 · 포장을 살균 · 소독하는 데 사용되어 간접적으로 식품으로 옮아갈 수 있는 물질을 포함한다. 식품위생법에 의하면 식품첨가물이란 '식품을 제조 · 가공 · 보존함에 있어 식품에 첨가, 침윤, 기타의 방법으로 사용하는 것'을 의미한다. 식품첨가물은 사람의 건강을 해할 우려가 없어야 하며, 이를 사용함으로써 소비자에게 이익을 주는 것이어야 한다. 식품첨가물은 '안전성'과 '사용의 기술적 필요성 및 정당성'에 대하여 과학적인 평가를 근거로 해야 하는데, 사용의 기술적 필요성 및 정당성'이란 첫째, 식품의 품질 유지, 둘째, 안정성 향상 또는 관능적 특성 개선, 셋째, 식품의 영양가 유지, 넷째, 특정 식사를 필요로 하는 소비자를 위하여 제조하는 식품에 필요한 원료 또는 성분을 공급, 식품의 제조, 가공, 저장, 처리의 보조적 역할을 뜻한다.

(3) 수입식품

1995년 WTO 출범 이후 국가 간 자유무역협정FTA 체결 확대로 교역이 증가하면서 수입식품도 함께 증가 추세에 있다. 이에 우리나라에서는 농·임·수산물, 식품, 식품첨가물, 기구 및 용기·포장, 건강기능식품, 축산물이 수입되는 경우 '수입식품안전관리 특별법'에 따라 해당 식품의 안전성을 확인하기 위하여 서류검사, 현장검사, 정밀검사, 무작위표본검사를 실시하고 있다. 관할 지방식품의약품안전처에서는 식품의 기준 및 규격 적합 여부를 검사하고 검사 결과 적합한 제품은 국내로 반입·유통될 수 있으며, 부적합제품은 제조국수출국으로 반송 또는 폐기, 반출하여야 한다

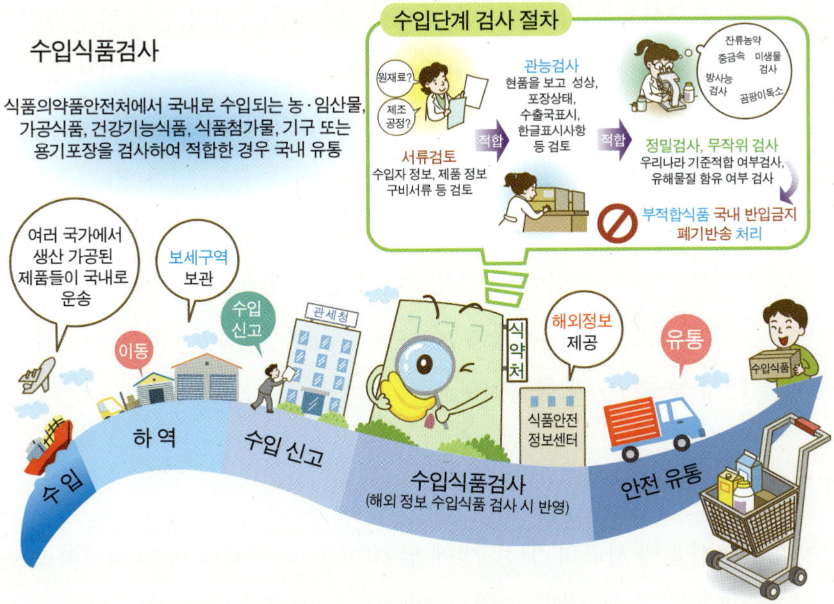

그림 5-4 수입식품 국내 반입 절차
출처 : 식품의약품안전처 식품안전정보포털 홈페이지

그림 5-4. 수입식품의 안전성 확보를 위해 검사명령제, 우수수입업소등록제도, 해외우수제조업소등록제도, 국외공인검사기관 운영, OEM 수입식품관리 등의 수입안전관리제도를 운영하고 있다.

(4) 유전자변형식품 표시제도

GMOGenetically Modified Organism는 우리말로 '유전자변형생물체' 또는 '유전자변형농산물'이라고 한다. 유전자변형생물체는 생물체의 유전자 중 유용한 유전자를 취하여 그 유전자를 가지고 있지 않은 생물체에 삽입하여 유용한 성질을 나타나게 한 것이다. 이와 같은 유전자재조합기술을 활용하여 재배·육성된 농산물·축산물·수산물·미생물 및 이를 원료로 하여 제조·가공한 식품건강기능식품을 포함 중 정부가 안전성을 평가하여 입증이 된 경우에만 식품으로 사용할 수 있으며 이를 유전자변형식품이라 한다.

이에 대하여 소비자에게 올바른 정보를 제공하고자 하고 유전자변형식품 표시제도를 시행하고 있다. 즉, 유전자변형식품 표시제도에 의해 안전성 심사 결과 식용으로 승인된 농수산물과 이를 주요 원재료로 제조·가공한 식품에 유전자변형식품임을 의무적으로 표시하여야 한다. 현재 우리나라를 포함하여 EU, 일본, 호주, 뉴질랜드 등 전 세계 20여 개국이 표시제도를 시행하고 있으며, 과학적 검증과 사회적 검증을 병행하여 운영하고 있다. 전 세계적으로 콩, 옥수수, 면화, 카놀라가 대부분을 차지하고 있으며, 사탕무, 알파파, 감자, 쌀, 밀, 멜론, 라디치오, 토마토, 호박, 파파야, 아마 등도 개발되어 있다. 2016년 9월 기준 우리나라에서 안전성 심사를 거쳐 승인된 것은 7개 농산물콩, 옥수수, 면화, 카놀라, 사탕무, 감자, 알파파의 144개, 미생물 2개, 식품첨가물 18개 등 총 164개 품목이다.

(5) 잔류농약

농약은 농산물에 사용하기 전, 병에 담겨 있는 그 자체의 약을 의미하고 잔류농약이란 '농약'을 수천 배 희석하여 사용 후 농산물에 남아 있게 되는 '극미량의 농약'을 의미하여 농약과 잔류농약은 차이가 있으나 대부분의 사람들은 농약과 잔류농

과일의 껍질 벗기기에 의한 농약의 제거 효과

평균 제거율(%)

*완두, 감자 등 채소류는 데치기, 삶기 했을 때도 대부분 제거된다.

세척에 의한 농약의 제거 효과

평균 제거율(%)

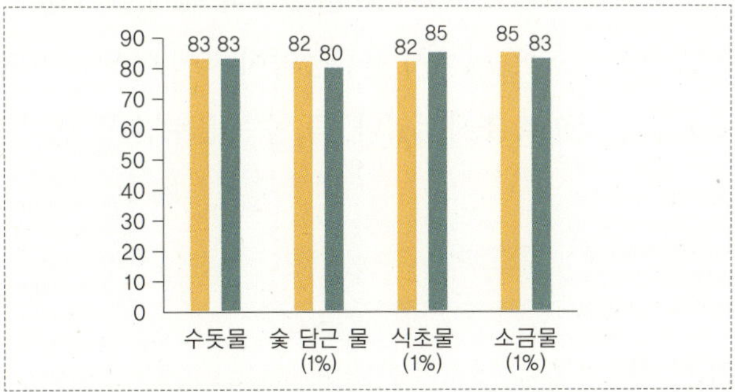

세척에 의한 고추 잔류농약 감소율

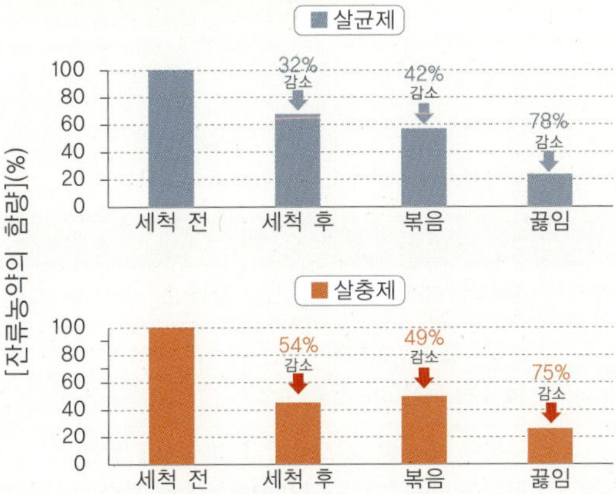

*잔류농약 함량(%)

$$\left(\frac{\text{세척 및 조리 후 잔류농약의 양}}{\text{세척 전 잔류농약의 양}}\right) \times 100$$

그림 5-5 과일의 껍질 벗기기와 세척에 따른 잔류농약의 감소 효과
출처 : 식품의약품안전처 홈페이지

약을 구분하지 못하고 농산물에 남아 있는 극미량의 농약성분을 농약 그 자체로 받아들이고 있다. 농약을 사용할 경우 실제 농산물에 작용하는 것은 5~20%에 지나지 않는다. 식품에 뿌려진 농약 일부는 잎이나 줄기, 과일에 부착하고 일부는 흡수된다. 표면에 부착된 것은 공기 중의 산소나 수분, 햇빛에 의하여 분해되기도 하며 흡수된 농약도 식물 체내의 효소에 의하여 분해되고 감소된다. 농산물에 남아 있는 농약은 껍질 벗기기농약 제거 효과 평균 97%, 씻기, 삶기, 데치기 등의 조리과정에서 대부분 제거 또는 분해된다. 잔류농약은 소변이나 대변 등으로 자연스럽게 배설되어 우리 몸에 축적되는 일은 거의 없다. 세척에 의한 농약의 제거 효과를 살펴보면 수돗물, 숯 담근 물1%, 식초물1%, 소금물1%에서 잔류농약이 80% 이상 제거되어 농약 제거율에는 크게 차이가 없는 것으로 조사되었다. 즉, 수돗물로만 세척을 해도 충분하다고 볼 수 있다그림 5-5.

쉬어가기

한우와 육우의 구분 및 원산지표시법

한우와 육우의 차이는 다음과 같다.

한우와 육우의 구분 및 원산지표시법

구분		정의	원산지 표시 예
국산	한우	우리나라 고유의 소 품종으로 갈색 소	소갈비(국내산 한우)
	젖소	송아지를 낳은 경험이 있는 젖소로 우유 생산을 주된 목적으로 사육된 소	
	육우	육용용, 교잡종, 젖소수소 및 송아지를 낳은 경험이 없는 젖소로 고기 생산을 주된 목적으로 사육된 소	등심(국내산 육우)
수입산	수입산	수입산의 경우에는 수입국가명을 표시	소갈비(미국산)

출처 : 농산물 품질관리법 시행규칙 제24조의 3 별 4의 5에 의한 "원산지 등의 표시 방법"(농림수산식품부령 제105호 2009. 12. 17)

4) 윤리적 식품구매

(1) 로컬푸드

로컬푸드local food란 글로벌 푸드와 반대되는 개념으로, 장거리 운송을 거치지 않은 지역 농산물을 뜻한다. 최근 세계식량체계global food system로 인해 발생되는 여러 가지 문제들에 대한 해결방법 중의 하나로 로컬푸드운동local food movement에 대해 관심이 대두되고 있다. 로컬푸드운동은 지역에서 생산된 식품인 로컬푸드를 그 지역에서 소비함으로써 농장에서부터 식탁까지, 즉 생산지에서 소비지까지의 거리를 최대한 줄여 식품의 신선도와 안전성을 확보하고, 환경적 부담을 경감시키며, 나아가 생산자와 소비자 간의 사회적 거리를 줄여나가자는 운동이다.

로컬푸드운동의 가장 큰 특징은 생산에서 소비까지의 짧은 이동거리라고 할 수 있다. 지역생산식품을 지역에서 소비하기 때문에 장거리 수송과 다단계 유통과정을 거치지 않으며, 경우에 따라 직거래의 형태로 이루어지기도 한다. 이러한 특징으로 인해 다음과 같은 여러 가지 효과를 기대할 수 있다. 첫째, 소비자와 생산자 모두가 만족할 수 있는 적정 가격 형성을 들 수 있다. 미국의 경우, 소비자가 식품 구입을 위해 1달러를 지출할 때 농민에게 돌아가는 몫은 1910년에는 40%를 상회했던 것이 1997년에는 7%를 조금 넘는 정도로 급감하였다는 보고가 있다. 생산지에서 소비지까지의 짧은 이동 거리로 인해 소비자는 합리적인 가격을, 생산자는 경제적 안정성을 확보할 수 있다. 둘째, 소비자 입장에서는 신선하고 안전하며 건강한 식품을 구입할 수 있고, 셋째, 환경 측면에서 장거리 이동으로 인해 발생하는 환경오염을 줄이고 환경 보전에 기여할 수 있다. 즉, 생산자와 소비자를 보호하고 지역 경제를 활성화하며 환경을 보존하는 의미에서 세계식량체계의 새로운 대안으로서 로컬푸드운동이 사회적으로 확산되고 있는 것이다.

해외 주요 국가의 로컬푸드 운동 사례를 살펴보면 미국의 100마일 다이어트 운동, 일본의 지산지소운동 등이 있으며, 국내의 경우 전북 완주군이 2008년 국내 최초로 로컬푸드운동을 정책으로 도입한 바 있다. 로컬푸드는 흔히 50 km 이내에서 생산된 농산물을 지칭하지만 국토의 규모, 행정구역체계, 사회문화적 배경 등에 따라 다르게 적용되고 있다. 예를 들어, 영국의 경우 National Association of Farmer's Market에서는 반경 30마일48 km이내, London Farmer's Market에서는 외곽순환 도로에서 100마일160 km 이내로 규정하고 있다. 미국의 경우 Fresh and local food in US2007에서는 400 km 이내차로 하루 안에 갈 수 있는 거리, New Oxford American Dictionary에서는 반경 160 km 이내, 2008 Farm Bill에서는 생산지에서 640 km 이내, 생산된 주state 내로 규정하고 있다.

(2) 푸드마일리지

환경오염으로 인한 지구 온난화에 대한 세계적인 관심이 많아지면서 푸드마일리지food mileage or food miles의 중요성이 인식되고 있다. 푸드마일리지에 대한 관심이 많아지게 된 배경을 살펴보면 지구온난화의 주요 원인이 바로 이산화탄소이기 때문이다. 즉, 식재료의 수송거리가 길어질수록 이산화탄소의 배출량이 많아지고 이는 곧 지구온난화를 가속시킨다.

푸드마일리지는 식재료food가 생산지에서 소비지까지 이동한 총거리로 식품 수송으로 발생하는 환경 부담의 정도를 나타내는 지표로 사용된다. 푸드마일리지란 식품 수송량t과 수송 거리km를 곱해서 계산할 수 있으며, 푸드마일리지에 이산화탄소 배출계수를 곱한 값이 바로 이산화탄소 배출량이다표 5-12.

표 5-12 수송모드에 따른 탄소성적표지 배출계수

수송	명칭	배출계수	단위
육상 수송	트럭	2.49E-01	(kg · CO_2/ton · km)
해상 수송	내향선(벌크)	8.39E-03	
	외향선(벌크)	2.11E-03	
	외향선(컨테이너)	9.02E-03	
	외향선(탱커)	2.12E-03	
항공 수송	항공	1.10E+00	

출처 : 로컬푸드 운동본부 홈페이지

푸드 마일리지 = 수송량(ton)×수송거리(km)
이산화탄소 배출량 = 푸드마일리지×이산화탄소 배출계수

푸드마일리지가 낮은 식품은 생산지와 소비지까지의 거리가 가깝기 때문에 환경에 악영향을 주는 탄소 배출량이 적을 뿐만 아니라 더 안전한 먹거리라는 것을 의미한다. 반대로 푸드마일리지가 높을수록 식품의 신선도가 떨어지며 식품을 운반하는 과정에서 탄소 배출량이 많아 지구온난화를 가속화시킨다.

푸드마일리지를 줄이기 위한 방안 중의 하나로 로컬푸드운동이 함께 진행되는데, 근거리 농가에서 수송되는 식자재의 경우 푸드마일리지가 낮아 에너지를 절약할 수 있고 이산화탄소 배출량도 저감시킬 수 있기 때문이다. 이처럼 푸드마일리지는 식생활문화와 이산화탄소 배출 개념을 접목시켜 생활 속에서 온실가스 저감을 실천할 수 있도록 하는 하나의 수단으로 각광받고 있다.

(3) 공정무역

공정무역fair trade이란 '생산자들이 생산원가와 생계비를 보장받을 수 있도록 공정한 가격을 지불하는 무역'을 의미한다. 공정무역은 수요공급법칙에 따라 거래가 형성되는 자유무역free trade과는 다른 개념으로 자유무역을 통해 경제선진국과 개발도상국 간 불공정 무역구조로 인해 발생하는 부의 편중, 환경파괴, 노동력 착취, 인권침해 등의 문제를 해결하기 위해 대두된 무역 형태이자 사회운동이라고 할 수 있다.

공정무역은 경제 발전 수준이 낮고 생활 수준이 빈곤한 제3세계에서 생산된 농산물이나 원재료를 수입할 때 정당한 값을 지불하고 구입함으로써 개발도상국의 가난한 생산자를 원조 · 자선의 방식으로 돕는 것이 아니라 경제적 자립 역량을 키워 지속가능한 발전을 이루도록 돕는 것을 목표로 하고 있다.

공정무역거래의 기본원칙은 다음과 같다. 첫째, 구매자는 생산자에게 최저구매가격을 보장하고, 대화와 참여를 통해 합의된 공정한 가격을 지불하며, 생산자금 조달을 돕기 위해 수확 또는 생산 전에 선지불한다. 또 생산자단체와 직거래하여 유통과정을 줄임으로써 이윤을 더 취할 수 있게 하고, 단기계약보다는 장기계약을 통해 생산환경을 보호한다. 그리고 공동체발전기금을 조성하여 생산자와 노동자의 공동체가 사회적 이익을 실현하도록 돕는다. 둘째, 생산자는 인종 · 국적 · 종교 · 나이 · 성별 등과 관련된 각종 차별을 철폐하고, 동일노동 동일임금 원칙을 준수한다. 또 아동의 권리를 존중하고, 안전하며 건강한 노동환경을 제공하고, 환경보호를 위해 노력해야 한다.

공정무역거래의 기본 원칙에 근거하여 생산된 공정무역제품들은 주로 직거래를 통해 수입되고, 소비자의 윤리적 소비환경 · 인권 · 노동 · 빈곤 등 각종 사회문제를 고려해 도덕적 가치 판단과 신념에 따라 상품을 선택하는 소비행위를 통해 구매된다. 대표적 공정무역 품목은 커피, 코코아, 쌀, 과일, 차, 설탕 등의 식료품이며, 그 외에 의류, 수공예품, 침구류, 화훼류, 목재, 인형 등 다양한 물품이 교역되고 있다.

소비자들이 일상적인 소비활동에서 윤리적인 제품을 구매함으로써 개발도상국의 지역사회와 사람들이 경제적으로 자립하고 지속가능한 발전을 이루어 궁극적으로 삶의 질을 향상시키는 데 기여할 수 있게 되는 것이다.

사례연구

단호박 수요 급증하는 한국, 가장 기대되는 시장 뉴질랜드

지난해 한국시장이 수입한 뉴질랜드 단호박은 총물량이 2만 3,811톤에 달했다. 2010년 1만 3,151톤에 비하면 2년 새 기하급수적인 성장세를 기록한 것이다. "저희 뉴질랜드의 단호박은 청정지역 내 비옥한 땅에서 자라 타 국가의 단호박보다 수분이 적고 당도가 높으며 과질이 매우 뛰어나 국제적으로 높은 인지도를 자랑하고 있습니다. 특히, 온난한 기후 등 뉴질랜드의 자연환경이 단호박 생육을 위한 최상의 조건을 갖추고 있기 때문에 품질 면에서 단연 월등하다고 자부합니다." 뉴질랜드 단호박협회의 수장답게 돈 터너 회장은 자국 단호박의 우수성에 관한 이야기로 말문을 열었다. 특히, 뉴질랜드 내에서 단호박은 대표 농산품으로 알려진 키위만큼 유명하다고 강조했다. 실제로 단호박은 키위, 사과, 양파에 이어 네 번째로 수출규모가 큰 농산품으로 1988년 처음으로 해외 시장에 진출한 이래 매년 꾸준한 성장세를 이루며 뉴질랜드의 대표적인 수출효자상품으로 떠올랐다.

"본 협회는 1988년 12월 원예수출공사법에 의거, 정부 법령에 따라 설립된 뉴질랜드 최대 규모의 법정 농산물 관할 기관으로 수출작물의 최저 품질 기준을 설정하고 식품 안전 및 품질인증 프로그램을 통해 최상의 퀄리티를 유지하는 데 가장 중점을 두고 있습니다. 재배에서 수출, 포장관리까지 전 과정이 식품추적이력제 및 친환경시스템하에 관리되고 있기 때문에 국제적인 경쟁력을 갖추었다고 볼 수 있습니다."

출처 : 월간식당(2013. 4. 9). 저자 요약 정리

1. 식품구매 시 국내산을 사게 되면 푸드마일리지가 낮아 환경 오염에 대한 부담이 낮으며 국내 경제 활성화에 기여할 수 있다. 하지만 수입산을 구입하게 되면 가격이 낮아 경제성을 확보할 수 있다. 여러분이 식생활관리자라면 어떤 식품을 살 것인지 의견을 기술하시오.
2. 수입산 식품에 대한 본인의 평소 생각을 이야기해 보시오.
3. 식품구매 시 경제, 건강 및 영양, 환경, 윤리, 사회의 다양한 요인을 고려해야 한다. 식품구매 시 가장 우선적으로 중요한 요인은 무엇인지 이야기해 보시오.

Study Questions

1 식품구매 절차 및 방법에 대하여 문제점을 분석하고 해결방안을 마련해 보시오.

2 식품 품목 한 가지를 선택하여 구입장소별(편의점, 슈퍼마켓, 대형 할인마트, 인터넷, 소셜커머스 등)로 단위별 가격을 비교해 보고 문제점을 분석해 보시오. 또한 1+1 제품의 가격이 일반 상품과 비교하여 어느 정도 저렴한지 알아보시오.

3 평소 본인이 즐겨 먹는 간식 한 가지를 선택하여 제품의 실제 먹는 1회 분량과 제품에서 제시한 1회 분량의 차이가 있는지 알아보시오.

4 즐겨먹는 식품 중 영양강조표시에 해당되는 식품 한 가지를 선택하여 식품위생법에서 제시한 기준과 비교해 보시오.

5 식품구매를 위한 다양한 제도 중 한 가지를 선택하여 가정에서의 실제 식품구매 시 사례 조사를 실시하고 그에 대한 본인의 의견을 서술하시오.

참고문헌

권순자, 김미리, 손정민, 김종희, 이연경, 최경숙, 정현아. 2009. 식생활관리. 파워북

김태곤. 2011. 푸드 마일리지(food mileage) 관리와 저탄소사회 실현. 한맛한얼. 4(3) : 294–298

김화영, 김미경, 왕수경, 장남수, 신동수, 정혜경, 장문정, 권오란, 김양하, 김혜영, 양은주, 김우경, 이현숙, 박윤정. 2016. 영양 그리고 건강(4판). 교문사

백희영, 이심열, 안윤진, 심재은, 정자용, 송윤주, 김현주, 김지혜, 박은미, 김동우. 2016. 건강을 위한 식생활과 영양. 파워북

변광의, 손천배, 김향숙, 구난숙, 송은승, 이선영, 이경애. 2008. 식품, 음식, 그리고 식생활(개정판). 교문사

서구원. 2012. 국내 주요 농산물의 푸드마일리지와 이산화탄소 배출량 분석. 한국대기환경학회지, 28(6) : 706–713.

양일선, 이소정, 김현아, 이해영, 정라나. 2010. 식품구매. 교문사

이애랑, 하애화, 류혜숙. 2016. 식생활관리(2판). 교문사

임양순, 이애랑, 하애화, 류혜숙. 2011. 식생활관리. 교문사

장명숙, 김미정, 김나영. 2006. 올바른 식생활. 효일출판사

정혜경, 오세영, 김미혜, 안효진. 2013. 식생활문화. 교문사

주상현. 2015. 로컬푸드 성공요인 분석과 정책적 함의. 지방정부연구, 19(3) : 291–315.

주옥정, 이재범, 성미애, 김수연, 류지연, 김대곤, 홍유덕. 2010. 수입 음식료품의 푸드 마일리지 및 이산화탄소 배출량 산정. 한국대기환경학회지, 26(1) : 57–68.

최혜미, 박영숙, 이주희. 2015. 21세기 식생활관리. 교문사

현기순, 홍성야, 임양순, 이애랑. 2003. 식생활관리. 교문사

홍성현, 황성혁, 정준호. 2014. 로컬푸드 직매장 소비자 선택속성에 관한 연구 –용진농협 로컬푸드 직매장을 중심으로–. 한국식품유통학회 동계학술발표논문집, 2013 : 38–57

현혜경. 2010. 제주지역 생협조합원들의 "로컬푸드(Local food)"에 대한 인식과 실천. 탐라문화, 36 : 261–299

권장 웹사이트

국립농산물품질관리원 홈페이지 http://www.naqs.go.kr

국제공정무역기구 한국사무소 홈페이지 http://www.fairtradekorea.org

국제공정무역기구홈페이지 http://www.fairtrade.net

네이버 지식 백과 http://terms.naver.com/entry.nhn?docId=1838456&cid=42044&categoryId=42044

네이버 홈페이지 http://www.naver.com

농림축산식품부 도매시장통합홈페이지 http://market.okdab.com/act/ActAunInfFlow.do

농림축산식품부 도매시장통합홈페이지 http://market.okdab.com

농식품정보누리 홈페이지 http://www.foodnuri.go.kr

로컬푸드 운동본부 홈페이지 http://www.lfk.or.kr

식품의약품안전처 방시능 안전관리 정보 홈페이지

식품의약품안전처 식품안전정보포털 http://www.foodsafetykorea.go.kr

식품의약품안전처 영양표시정보 홈페이지 http://www.mfds.go.kr/nutrition

축산유통종합정보센터 홈페이지 http://www.ekapepia.com

축산유통종합정보센터 홈페이지 http://www.ekapepia.com/user/distribution/distDetail.do?nd34607

친환경인증관리 정보시스템 홈페이지 http://www.enviagro.go.kr

한경 경제용어 사전 http://terms.naver.com/entry.nhn?docId=2074893&cid=42107&categoryId=4

MEMO

CHAPTER

06

조리 및 상차림

학습 목표

- 영양과 기호를 고려하여 합리적인 조리과정을 실행할 수 있다.
- 능률을 고려한 조리과정을 실행할 수 있다.
- 테이블 세팅방법을 설명할 수 있다.
- 세계 각 나라의 식사예절을 설명할 수 있다.

이케아가 상상하는 '2025년 미래 주방'

콘셉트 키친 2025(The Concept Kitchen 2025)는 세계적인 가구 브랜드인 이케아(IKEA)가 2025년 주방 디자인을 미리 상상해보는 것이다. 콘셉트 키친 2025를 보면 사람과 음식과의 관계가 어떻게 바뀌고 이를 통해 2025년 주방이 어떻게 변화할지에 대한 상상을 반영하고 있다. 언뜻 보면 크게 다를 것 없지만 식탁 가운데 놓여 있는 스마트 테이블을 보면 테이블에 올려둔 걸 인식할 수 있는 카메라가 설치되어 있다. 테이블에 음식물 재료를 올려두면 이 재료로 만들 수 있는 메뉴를 표시해주기도 한다. 또 테이블 아래쪽에는 코일을 내장해 조리대 대신 테이블에 그냥 냄비를 올려놓고 바로 요리를 할 수 있다.

식재료를 관리할 때에도 냉장고에 넣은 채로 깜박 유통기한이 지나는 일이 벌어지기도 한다. 하지만 이곳에선 수납용기의 온도와 습도를 RFID로 관리, 냉장고에 넣을 필요가 없다. 이렇게 하면 음식물 수납방식 자체도 크게 변화할 수 있다. 신선식품과 상온 보존식품은 선반 같은 곳에 올려둘 수도 있는 것. 또 앞으로 10년 뒤에는 물이 더 소중한 자원이 될 수 있는 만큼 싱크대 주위도 바뀌게 된다. 채소를 씻을 때에는 싱크대를 왼쪽으로 기울여 배수 여과 시스템을 통해 물을 재활용하게 되며 일부는 자동 식기 세척기에도 쓰이게 된다. 물론 재활용이 어려운 더러운 물인 경우 싱크대를 오른쪽으로 기울이면 그대로 폐수 처리되어 주방 밖으로 배출한다. 쓰레기도 더 재활용이 가능한 구조가 된다. 캔이나 병 같은 소재를 자동 식별해 자원별로 포장하는 것이다. IT 분야는 빠른 진화를 거듭하고 있지만 상대적으로 주방은 비교적 천천히 변화해왔다. 과연 앞으로 10년 뒤에 스마트 테이블이 놓인 주방을 만나게 될지 관심이 모아진다.

출처 : 테크홀릭(2015. 5. 8) 재구성

CHAPTER 06

계획된 식단을 실행하기 위해서는 합리적인 조리가 중요하다. 적절한 조리방법으로 영양소 손실을 최소화하고 구성원의 기호를 만족시킬 수 있는 방법으로 조리해야 한다. 또한 시간이나 능률을 고려한 조리가 이루어져야 하며 구성원이 만족스럽게 먹을 수 있도록 상차림이 제공되어야 한다.

1. 조리방법의 합리화

계획한 식단을 제대로 실행하기 위해서는 합리적인 조리가 중요하며, 이를 통하여 식생활관리자와 구성원 모두가 만족할 수 있다. 적절한 조리방법으로 영양소의 손실을 최소화하고, 식품의 특성과 조리 시 변화를 잘 이해하여 식품의 소화율을 증가시키며 구성원들의 기호를 만족시킬 수 있는 방법으로 조리해야 한다. 또한 조리법을 선택할 때에는 비슷한 조리법이나 양념이 중복되어 맛이 겹치지 않도록 해야 한다. 또한 시간계획표에 따라 조리를 실시하고, 시간이나 능률을 고려한 식품구매나 조리가 이루어져야 한다.

1) 영양을 고려한 조리

식생활관리자는 식품 중에 함유되어 있는 영양소는 체내에 어떤 형태로 조리했을 때 가장 소화 · 흡수가 쉽게 되는지를 고려하여 영양 파괴가 가장 적은 합리적인 조리방법을 선택해야 한다. 식품에 따라 열에 약한 영양소, 산이나 알칼리를 가함으로써 파괴되는 영양소, 물이나 기름에 용해되어 손실되는 영양소가 있으므로 식재

표 6-1 비타민의 안정성에 영향을 주는 인자들

비타민	산	알칼리	산소	일광	열	가열손실률(%)
비타민 A	–	–	+	+	–	10~30
비타민 E	–	–	+	+	–	50
비타민 B_1	–	+	+	–	+	30~50
비타민 B_2	–	+	–	+	+	0~50
니아신	–	–	–	–	–	0~30
비오틴	–	–	–	–	–	0~70
비타민 C	–	+	+	+	+	20~80

– : 안정, + : 불안정

출처 : 김건희 등(2016)

료관리 및 조리과정에서 일어나는 식품성분의 변화를 과학적으로 검토하여 영양소의 손실을 최대한 막아야 올바른 식생활을 실천할 수 있다표 6-1.

(1) 전처리

조리 전에는 깨끗하게 식재료를 씻고 다듬는 과정이 있으며, 충분히 식재료를 불리거나 불순한 맛을 제거하기 위한 과정을 거친다. 전처리과정에서는 수용성 비타민의 손실이 많이 일어나는데, 이를 방지하기 위해서는 식재료를 적은 물로 빨리 씻는다. 일반적인 전처리에는 씻기, 불리기, 담그기, 자르기 등이 있다.

① 씻기

씻기는 식품에 묻어 있는 이물질을 제거하여 위생적이고 안전한 상태로 만들며 좋은 색과 맛을 유지시켜 준다. 시금치는 데친 후 찬물로 바로 씻어야 푸른색을 그대로 유지할 수 있고 삶은 국수는 바로 찬물에 씻어야 서로 달라붙지 않아 맛이 좋다. 쌀로 밥을 조리할 때는 물로 쌀을 깨끗이 씻어야 한다. 쌀의 겉 부분은 쌀겨와 배아이므로 물로 씻기만 해도 쉽게 떨어져 나가게 된다. 두 번째 씻을 때는 물을 넉넉히 담고 빨리 갈아주어야 하는데, 이때 물을 늦게 갈아주면 쌀겨 냄새가 쌀에 흡수되어 맛은 물론 보존성도 떨어진다. 세 번, 네 번 씻으면 대부분의 쌀겨가 제거되기 시작하므로 백미는 너무 힘주어 세게 오래 씻는 것은 오히려 좋지 않다.

올바르게 씻는 방법은 다음과 같다.

- 잎채소는 흐르는 물로 충분히 씻는다.
- 생선은 소금물로 씻는다. 생선의 표면을 덮고 있는 끈적끈적한 점액에는 생선의 비린내 성분이 녹아 있다. 2~3% 소금물로 씻으면 점액이 잘 씻겨 내려가 생선의 비린내를 많이 제거할 수 있다.
- 달걀은 씻어서 보관하지 않는다. 달걀을 세게 문질러 씻으면 큐티클 층이 벗겨지며 호흡으로 생겨난 이산화탄소가 밖으로 나오면서 세균이 기공을 통해 안으로 들어가 달걀이 쉽게 상한다.

② 자르기

조리에 필요하지 않은 부분을 조리 시에는 잘라 내거나 조리에 적당한 크기로 썰어서 먹기 좋게 만드는 목적으로 이용된다. 조리 시에는 영양소의 손실감소를 위해서 가능한 한 큰 사이즈로 자르고, 조리 후에 다른 음식과의 크기 및 모양과의 조화를 고려하여 자른다. 다양한 크기나 모양으로 예쁘게 썰어서 음식을 준비하는 것은 아름다움을 증가시키고 먹는 사람들의 만족도를 높이는 데 중요한 역할을 한다.

③ 불리기와 담그기

채소의 떫은맛을 제거하기 위해 물에 담그기도 한다. 그러나 다른 모든 조리과정과 마찬가지로 담그기에서도 원하지 않는 다른 변화가 함께 일어난다. 떫은맛이 빠질 때 수용성 비타민과 무기질도 함께 녹아 나오기 때문이다. 콩나물을 하루 동안 물에 담가두면 비타민 C가 빠져나가고 무말랭이를 오랫동안 담가두면 칼슘이 빠져나간다. 따라서 떫은맛을 빼거나 불리기의 목적 등을 달성하고 나면 더 이상 물에 담가두지 않는 것이 좋다.

(2) 가열 조리

가열 조리에서 영양소의 파괴가 가장 많이 일어나므로 영양 손실을 줄이기 위해 조리온도와 시간 등을 고려해야 한다. 열에 의한 영양소 파괴를 줄이기 위해서는 식재료에 따라 음식을 먹기 쉬운 크기로 자르거나 칼집을 넣어 조리시간을 줄이고, 조리한 후에 다지거나 믹서에 갈고 으깨는 방법을 사용한다. 비타민과 무기질은 조리시간이 길어지면 영양소 파괴가 크므로 이를 고려한 조리과정과 방법의 합리화를 꾀해야 한다표 6-2. 특히, 비타민 C의 경우 전자레인지를 사용하면 거의 손실이 이루

표 6-2 조리시간에 따른 비타민 C 보존율

조리시간(분)	채소의 양(g)	조리수의 양(mL)	비타민 C 보유율(%)
10	454	300	72
25	454	300	56

출처 : 김미향(2000)

비타민 C의 손실을 최소화할 수 있는 조리방법은 다음과 같다.

- 구리나 철로 된 조리기구의 사용을 피한다.
- 조리시간을 짧게 한다.
- 조리수를 소량 사용한다.
- 통째로 삶은 후 껍질을 벗긴다.
- 구매 시 멍이 들지 않은 신선한 것을 선택한다. 일단 조직이 손상되면 비타민 C 파괴효소가 활성화되기 때문이다.
- 냉장고에 보관한다.

출처 : 박태선 등(2016)

어지지 않으나 찜을 하거나 따뜻한 곳에 보관하면 단시간이라 하더라도 신선한 채소에 비하여 약 40~50% 정도의 비타민 C가 파괴된다.

① 굽기

구이 조리법은 온도관리가 까다롭고 표면과 중심부의 온도 차이가 크다. 굽기는 재료가 지니는 본래의 맛을 최대로 유지하면서 구울 때 새로운 풍미가 만들어져 음식의 맛을 풍부하게 해준다. 스테이크 조리의 경우는 충분히 가열한 철판에 두껍게 자른 소고기를 올려 센 불로 짧은 시간 동안 굽고, 곧 뒤집어 반대쪽도 굽는다. 이때

생선을 맛있게 굽는 방법은 다음과 같다.

- 흰살생선과 살이 단단한 생선은 굽기 직전에 소금을 뿌리고, 살이 연한 생선과 등푸른 생선은 조리 1시간 전에 소금을 뿌린 뒤 수분을 없애고 조리한다. 생선에 소금을 미리 뿌려놓으면 삼투압작용으로 생선에서 물이 나와 표면이 바삭하게 익지 않고 맛도 덜하다.
- 생선에 수분이 많으면 구울 때 눌러 붙으므로 키친타월 등으로 물기를 충분히 제거한다.
- 생선에 식초나 레몬즙을 약간 발라서 구우면 살도 단단해지고 물이 나오지 않는다.
- 기름을 살짝만 둘러 팬을 달구어 놓는다.
- 달구어진 팬에 먼저 껍질부분이 바닥으로 향하게 팬에 올린다.
- 처음에는 센 불로 익힌 다음, 어느 정도 익으면 중간불로 조절해서 굽는다.

표면 단백질이 열로 인해 급속히 굳어서 일종의 벽이 생기므로 육즙이 녹아나가지 않게 되고 내부로 열이 전해지는 것은 더욱 어려워진다. 이 상태를 유지하면서 내부가 각자의 입맛에 맞게 익을 정도까지 구어야 육즙이 보유된 스테이크를 조리할 수 있다.

② 튀기기

튀김은 고온에서 단시간 튀기므로 튀기는 도중에 재료 중의 수분이 증발하여 바삭바삭해지고 튀김기름이 흡수되어 독특한 풍미를 낸다. 기름은 물보다 훨씬 쉽게 뜨거워지고 쉽게 식으므로 튀김 조리의 핵심은 온도조절에 있다. 튀김의 표면이 적당히 노릇노릇해지면서 내부가 먹기 좋게 익는 온도는 대개 180℃ 전후이다. 기름은 불을 줄이거나 많은 재료를 넣으면 온도의 변화가 급속히 내려가므로 재료를 한꺼번에 많이 넣지 말고 온도를 확인하면서 튀김조리를 한다. 튀김의 온도는 튀김옷을 기름에 넣었을 때 떠오르는 속도 등으로 확인할 수 있는데표 6-3, 전기 튀김기를 이용하면 쉽게 온도조절을 할 수 있다.

쉬어가기

겉과 속이 다른 아이스크림 튀김 디저트

아이스크림에 튀김옷을 입히고 빵가루를 묻혀 200℃ 정도의 기름에 10초 정도 튀긴다. 이때 아이스크림은 왜 녹지 않을까?

빵가루에는 탄산수소나트륨($NaHCO_3$)이 포함되어 있어 열을 받으면 분해되어 이산화탄소(CO_2)가 생긴다. 이산화탄소가 기체층을 형성하며 아이스크림과 튀김옷 사이에서 열이 이동하는 현상을 막아주어 차가운 아이스크림이 뜨거운 기름에 들어가도 이 기체층 때문에 아이스크림에 열이 전달되지 않아 아이스크림을 지켜준다.

출처 : 김맑아(2014)

표 6-3 튀김옷을 이용한 온도 확인방법

기름 확인방법	온도	적합식품
튀김옷이 바로 바닥까지 가라앉음	140~160℃ 미만	튀김옷을 입히지 않은 식품
튀김옷이 중간까지 가라앉았다가 곧 떠오름	160~180℃ 미만	고구마, 감자, 연근 등
튀김옷을 넣자마자 표면에 흩어짐	180℃	돈가스 등의 커틀릿

③ 볶기

수분이 많은 채소류의 조리를 할 때 물이 빠져나와 삶는 음식에 가까워지는 것을 막기 위해서는 고온에서 짧은 시간에 요리를 끝내야 한다. 짧은 시간에 볶음요리를 할 경우 비타민의 손실이 적으며 색이 유지되고 수용성성분의 손실도 적으므로 체내 이용률이 높아진다. 특히, 카로티노이드가 들어 있는 당근, 호박, 고추, 토마토 등은 기름에 볶아서 조리하면 소화흡수율을 높일 수 있다.

④ 삶기

삶기는 물에 식품을 넣어 가열하는 조리법으로 물이 열 이동의 매체로 사용된다. 삶기는 모양을 유지하여 조리하기 어렵고 많은 수용성성분과 맛이 국물 속으로 녹아나온다. 따라서 국물이 목적이 아닌 삶기의 경우는 조리수를 많이 잡지 않도록 한다. 특히, 생선을 삶는 경우 국물을 많이 잡으면 생선 맛이 모두 국물 쪽으로 옮겨가 버리고 채소를 삶는 경우에도 국물이 많으면 비타민의 손실이 크다.

육수를 만들 때는 고기의 맛 성분이 육수로 많이 녹아 나와야 하므로 찬물에 넣고 충분히 가열하고 뜨거운 육수는 빨리 식혀 지방이 굳으면 제거한다. 뼈를 이용한 육수를 만들 때에도 찬물에서부터 가열하여야 수용성 단백질이 물에 녹아 나오는 시간이 충분하므로 맛있는 국물을 만들 수 있다. 고기로 편육을 만들 때는 끓는 물에 넣고 강한 불로 가열하여야 표면 단백질이 응고되어 맛 성분이 밖으로 녹아 나오지 않아 좋은 맛이 난다.

⑤ 데치기

데치기는 열의 전달 면에서 보면 삶기의 일종으로 '맹물에 삶기'이다. 조리시간

시금치를 진한 녹색으로 데치는 방법은 다음과 같다.

- 물의 양을 넉넉하게 하고 0.1%의 소금을 넣는다.
- 물이 팔팔 끓을 때 뿌리 쪽부터 넣어 데쳐야 잎 부분의 색이 진하고 뭉글어지지 않는다.
- 뚜껑은 반드시 열고 데쳐야 수산이 침착되는 것을 막을 수 있어 진한색을 유지할 수 있다.
- 시금치를 데친 후에는 즉시 냉수로 씻어야 떫은맛을 제거하고 동시에 색깔이 변색되는 것을 방지할 수 있다.

이 길어지면 맛과 영양소가 국물로 빠져나가기 때문에 조리 후 물을 버리는 데치기 조리법은 가열시간은 일반적으로 짧고, 삶기와 달리 맛이 스며들게 할 필요가 없는 재료 고유의 맛을 살리는 조리법이다. 채소를 데치는 경우 물을 많이 넣어 물이 끓고 난 뒤 채소를 넣는 것은 가열시간을 줄이고 채소를 넣은 뒤에도 물의 온도가 내려가지 않도록 하기 위한 것이다. 채소의 5배 이상의 물을 넣고, 소금을 약간 넣으면 녹색채소 클로로필의 색이 누렇게 변색되는 것을 감소시킬 수 있다.

⑥ 찌기

찌기는 수증기의 기화열을 이용하는 조리법이다. 삶기와는 달리 찜에서는 맛이나 영양성분이 국물에 녹아 나오지 않는다. 찌기는 재료의 모양을 그대로 유지할 수 있고 수용성성분의 손실이 적으며, 재료의 풍미를 살리는 좋은 방법이나 찌는 도중에 맛내기와 온도조절이 어렵다. 찜재료로 적합한 재료는 수분을 많이 포함하고 있

달걀찜을 맛있게 만드는 방법은 다음과 같다.

냄비의 물이 끓으면 달걀 담은 그릇을 넣고 뚜껑을 덮은 다음 중탕하는데, 이때 100℃의 증기로 찌면 수분이 한꺼번에 많이 증발해서 거품이 생긴다. 달걀 단백질은 60~70℃에서 응고하므로, 거품이 생긴 채로 굳어버려 찜이 매끈하지 않고 기포가 많이 생겨 맛이 없다. 따라서 맛있는 달걀찜을 만들려면 불을 조금 약하게 하고 살짝 열어서 수증가기 빠져나가도록 온도를 조금 낮추는 것이 좋다.

출처 : 변광의 등(2010)

알아두기

소금섭취를 줄이는 조리방법

- 양념을 할 때 식초, 겨자, 후추, 파, 마늘, 양파, 참깨 등을 사용한다.
- 간장, 고추장, 된장 등은 평소의 2/3만 사용한다.
- 소금보다는 간장으로 간을 한다.
- 모든 음식에 간을 세게 하기보다는 한두 가지 음식에만 간을 하고, 나머지 음식은 간을 심심하게 한다.
- 음식이 끓을 때는 간을 맞추지 않는다.

설탕섭취를 줄이는 조리방법

- 설탕 대신 단맛을 내기 위해 배, 양파 등을 갈아서 함께 사용한다.
- 가공식품의 이용을 줄인다.
- 식탁에 소금과 설탕을 올려놓지 않는다.
- 소금에 절인 식품의 이용 시, 충분히 불려 짠맛을 충분히 우려낸다.
- 흰 밀가루보다는 통밀가루를 사용한다.

출처 : 식품의약품안전처(2016)

고 태우지 않고 장시간 가열하는 것이 바람직한 것들이다.

2) 기호를 고려한 조리

기호를 고려한 조리는 계획한 식단의 영양소를 모두 섭취하게 해줄 뿐 아니라, 소화액 분비를 촉진시켜 식욕을 증가시키고 우리의 삶을 풍부하게 하는 기능을 한다. 식품의 색은 식품을 선택할 때 외관으로도 쉽게 신선도를 결정할 수 있는 요소이고 신선할수록 영양가가 높으며 조리에서 맛을 좌우하는 데 가장 중요한 역할을 한다. 또한 조리를 통하여 각 음식의 특유한 향미와 질감을 잘 살리는 것은 제공받은 사람들이 식사의 전반적인 기호를 판단하는 데 중요하게 작용한다. 식품이 가지고 있는 성분을 잘 파악하여 합리적인 조리방법을 사용하여야 계획한 식사를 제대로 실행할 수 있다. 조리 시 될 수 있으면 가족구성원이 선호하지 않는 맛은 줄이고 좋아하는 맛을 내기 위해서 향료와 재료를 배합하도록 한다.

(1) 색과 외관

푸른색의 식품은 푸른색을 유지해야 하고 붉은색의 식품은 붉은색을 지니도록 해야 한다. 녹색을 나타내는 엽록소는 열이나 산에 의해 누렇게 변하므로 보관과 조리에 주의를 기울여야 한다. 채소는 수확 후에도 계속 호흡하여 비타민 함량과 무게가 감소하고 색도 누렇게 변화되므로, 수확한 후 조리할 때까지의 시간이 짧아야 한다. 따라서 채소는 필요한 양만큼 구입하고 신속하게 조리하며, 남았을 경우에는 물기를 제거하여 공기와 닿지 않게 비닐에 싸서 냉장고에 보관하여야 영양 손실을 줄일 수 있다.

고구마, 사과 등은 껍질을 벗기면 세포조직 속의 폴리페놀이 공기 중의 산소와 반응하여 갈색으로 산화된다. 이러한 변색을 막기 위해서는 물에 한 번 담가 공기를 차단한다. 소금은 산화효소의 작용을 억제하는 기능이 있으므로 소금물에 담그면 변색방지에 더욱 효과적이다.

식사를 구성하는 모든 음식은 써는 모양이나 크기를 다양하게 할 필요가 있다. 음식을 다 같은 모양으로 썰어 놓거나 다져 놓으면 식욕을 자극할 수 없다. 또한 서로 다른 색의 식재료를 사용하고 한 식단에 다양한 색깔의 양념이 보이도록 하는 것이 식욕을 자극할 수 있는 방법이 된다. 시각적 효과와 식사의 즐거움을 위해서는 음식의 색뿐 아니라 음식을 담는 식기의 색과 모양도 음식과 어울리게 선택해야 한다.

(2) 맛

조리를 하는 가장 중요한 목적 중에 하나는 맛을 증진시키는 것이다. 식품에 따라 적당한 온도를 유지해야 사람들의 기호도를 증진시킬 수 있는데, 뜨겁게 먹는 음식은 뜨겁게, 차갑게 먹는 음식은 차갑게 제공해야 한다. 고기요리, 국, 찌개류는 뜨겁게, 샐러드 종류는 차갑고 싱싱하게, 주스나 청량음료는 차갑게 유지해야 사람들이 좋아하는 식품과 음식의 고유한 맛을 느끼게 할 수 있다그림 6-1. 같은 식사에서는

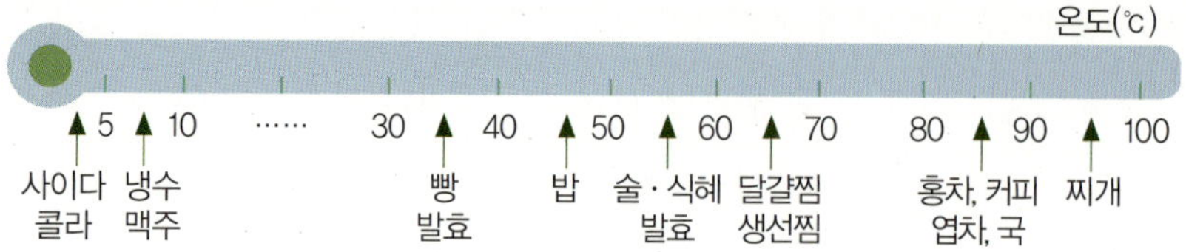

그림 6-1 식품을 맛있게 먹을 수 있는 온도

출처 : 김이수(2014)

다양한 식재료를 사용하고 조리방법을 다르게 하여야 다양한 맛을 느낄 수 있고 지루하지 않게 식사를 할 수 있다.

맛있게 조리하기 위해서는 조미료를 넣는 순서를 고려해야 한다. 모든 음식은 간이 맞을 때 사람들은 음식이 맛있다고 느낀다. 소금의 경우는 분자량58.5이 작기 때문에 식재료에 바로 침투되기 쉽고 조직을 단단하게 하여 다른 조미료가 침투하기 어렵게 만들기 때문에 재료가 익은 다음에 넣는 것이 좋다. 반면, 설탕의 경우는 분자량342이 크기 때문에 식재료에 침투가 어려우므로 조미료 중 가장 먼저 넣어야 조직을 부드럽게 하고 보수성을 증가시키며 맛을 좋게 한다. 가족구성원들의 건강한 식생활관리를 위해서 소금과 설탕을 적게 사용하는 조리법을 적극적으로 실천하는 것이 바람직하다.

(3) 향미와 질감

식사는 더운 요리와 찬 요리를 함께 먹도록 서로 반대되는 온도의 음식을 제공하는 것이 좋다. 후각기관은 하나의 냄새에 빨리 적응하므로 한두 가지 향미가 있는 음식을 집중적으로 제공하면 식사에 쉽게 지루함을 느낀다. 따라서 후각이 피로하지 않도록 한 끼 식사에 여러 가지 향미가 제공될 수 있도록 조리한다. 식품의 씹는 느낌은 부드러움, 아삭아삭함, 쫄깃함 등의 고유질감을 살려야 맛을 최대한 증진시킬 수 있다. 식품을 오래 가열하거나 노화가 진행되면 질감이 달라지며 식품에서 기대하는 질감을 잃게 되므로, 너무 장시간 조리하는 것은 바람직하지 못하다. 조리할 때 질감의 변화가 크지 않도록 유의해야 한다. 조리를 할 때는 다양한 조직의 식품을 사용하도록 하고 대비되는 조직을 함께 식사에 제공하는 것이 좋다.

1
2
3
4
5
6
7
8

알아두기

영양소 손실을 줄이기 위한 식생활관리 단계별 고려사항

영양소 손실을 줄이기 위해 식생활관리 단계별로 고려해야 할 사항은 다음과 같다.

단계	관리활동
식단계획	• 채소음식은 영양소 손실을 줄이기 위해 되도록 생으로 제공하는 메뉴를 선택(예 : 생채, 샐러드 등) • 영양소 손실을 줄일 수 있는 조리순서와 방법을 선택
구매	• 신선한 식품을 구매할 수 있는 곳에서 식품구매 • 신선도, 유통기한 등의 품질을 확인하여 구매 • 식품구매 시 영양소 함량이 되도록 높은 식품을 선택(예 : 칼슘 강화우유의 선택, 껍질을 과도하게 제거한 식품은 배제) • 가공식품보다는 되도록 가공하지 않은 신선식품을 사용
저장	• 영양소의 파괴를 고려하여 냉장/냉동고의 식품의 저장량과 기간을 결정(식품별로 정해진 저장방법 준수) • 식품의 포장, 온도관리, 햇빛 차단 상태 등 최적의 저장조건을 유지 • 식품에 대한 구입 및 보관 날짜에 대한 라벨 부착과 선입선출의 원칙을 지킴
전처리	• 과일, 채소는 가능한 세척 후 껍질을 제거함 • 껍질을 과도하게 제거하여 발생하는 영양소의 손실이 없도록 함 • 영양소 손실 감소를 위해 가능한 큰 사이즈로 절단 • 식품을 과도하게 불리거나 담가두지 않도록 관리 • 영양소 손실을 고려하여 급속해동보다는 냉장해동 • 해동은 필요한 만큼만 해동하여 재냉동하지 않음
조리	• 습열조리법보다는 건열조리법을 사용 • 가열을 최소화하는 조리법 사용 • 조리 시 최소한의 물(데치기 제외)과 기름을 사용 • 제공시간에 맞추어 조리가 완료될 수 있도록 함(재가열에 의한 영양소 손실 방지)
상차림	• 조리완료 후 상차림까지의 시간을 최소화함 • 국물이 있는 음식은 국물까지 곁들여 제공 • 충분한 영양소를 제공할 수 있는 적절한 1인 분량 제공

출처 : Ang(1979). 재구성

쫄깃쫄깃하게 국수를 삶는 방법은 다음과 같다.

- 짧은 시간에 전분이 빨리 호화될 수 있도록 국수의 6~7배의 물을 넣고 끓인다.
- 국수를 넣을 때 서로 달라붙지 않도록 짝 펴서 넣는다.
- 국수가 한번 끓어오르면 찬물을 넣어 국수가 완전히 호화될 수 있도록 한다. 계속 끓어 넘치게 되면 전분입자가 국수표면에 붙어 거칠어진다.
- 국수가 다 익으면 재빨리 냉수에 넣어 열의 전도를 차단하여 국수가 붙지 않게 하고 전분 입자를 씻어내어 국수의 탄력을 유지하게 한다.

출처 : 김이수(2014)

쉬어가기

아삭아삭한 샐러드

신선한 채소는 아삭아삭하지만 시들면 아삭거리지 않는다. 아삭아삭한 소리는 물로 가득 찬 팽팽한 신선한 채소의 세포가 터질 때 나는 소리이다. 채소가 시들면 세포 안의 물이 줄어들면서 바람이 빠진 풍선과 같이 되어 아삭아삭하지 않게 되는 것이다. 따라서 샐러드용 채소를 물에 담가두면 세포가 물로 가득 차 아삭아삭한 씹는 소리와 함께 질감을 좋게 한다. 여름철 마트에 진열된 채소에 물을 자주 뿌려주는 것도 같은 이유이다.

출처 : 변광의 등(2010)

3) 능률을 고려한 조리

가정에서 능률 목표를 달성하기 위해서는 조리과정에서 시간 사용의 대안을 효과적으로 쓸 수 있어야 한다. 가정대용식을 사용한다거나 기기 활용, 주방 설비를 합리적으로 구성하거나 조리를 위한 사전 준비를 체계적으로 하도록 한다.

(1) 가정대용식 사용

최근 간편함과 편리함을 추구하기 위해 가정대용식Home Meal Replacement : HMR이 널리 이용되고 있다. 가정대용식은 가정 외에서 판매되는 완전 혹은 반조리 형태의 음식을 구매하여 가정에서 바로 먹거나 간단히 조리하여 먹는 음식으로서 가사노동을 최소화할 수 있다. 가정대용식은 조리시간과 과정을 기준으로 바로 섭취Ready to eat : RTE, 간단조리 후 섭취Ready to end-cook, 조리 후 섭취Ready to cook : RTC로 나누어진다. 그 형태로는 레토르트, 냉동식품, 캔 등이 있으며, 간편하게 전자레인지로 데울 수 있는 상품도 출시되고 있다. 최근 밀키트의 소비가 크게 늘고 있는데, 이는 계획된 식단을 홈페이지에 제시하여 소비자가 선택할 수 있도록 신선한 재료의 세트, 완전히 조리된 한 끼 음식이나 반찬 등을 제공함으로써 시간이 부족한 현대인들에게 구매 및 조리의 효율성을 높여주고 있다.

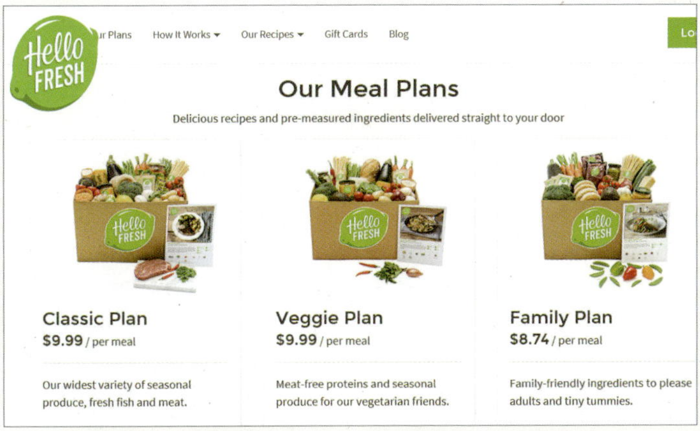

그림 6-2 가정대용식 판매업체의 예

출처 : 헬로프레시 홈페이지

(2) 기기 활용

오븐이나 보조 조리기기 등의 활용을 통해 조리의 편리함과 시간 절약 효과를 얻을 수 있다. 스마트오븐, 가정용 튀김기, 프리미엄 압력솥, 핸드블렌더, 식품건조기, 스무디 메이커 등을 다용도로 활용할 수 있다.

(3) 주방 설비 개선

주방 전체의 공간 설계 및 디자인의 혁신성이 나타나고 있다. 주방의 능률을 위해 I자, L자 등 벽에 의존하던 주방이 U자형, 앞뒤 구분이 없고, 곡선으로 처리 배치됨으로써 장식이 있는 공간으로 변화되고 있다그림 6-3. 주방가구의 기능성과 재질의 혁신도 나타나고 있는데, 키 높이 조절이 가능하거나, 자동멈춤 인공지능 안전터치를 장착한다. 주방기기 기능성의 혁신도 찾아볼 수 있는데, RFID를 장착한 미래형 냉장고, 스마트 오븐, e 테이블, 인터넷 전자레인지 등이 있다.

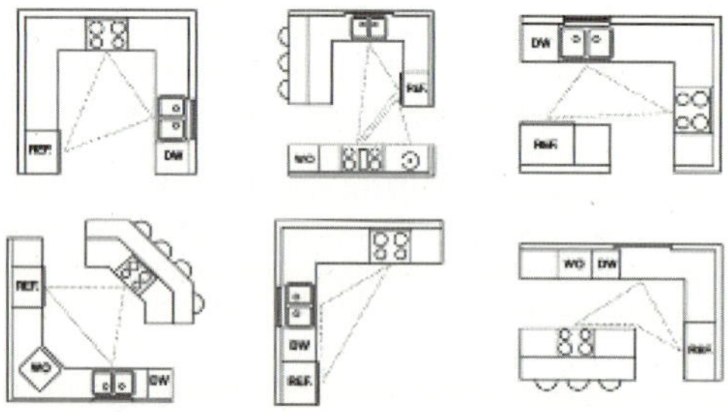

그림 6-3 주방의 다양한 배치

그림 6-4 주방가구

출처 : 한샘

(4) 작업배치

미즈 앙 플라스Mise en place는 프랑스어로 '조리 전 사전 준비'를 일컬으며, 영어

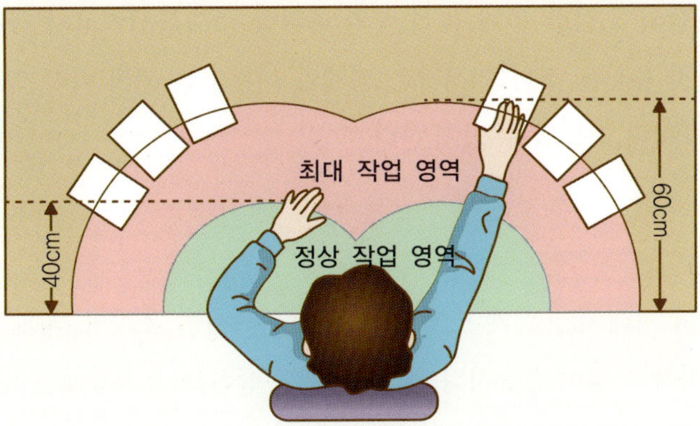

그림 6-5 정상 작업 영역과 최대 작업 영역의 크기

로는 'putting in place' 또는 'everything in its place'로 표현한다. 조리 전 재료는 물론이고, 사용하는 기구, 기기 등을 사용 위치에 가깝게 놓음으로써 동작을 신속하게 할 수 있다. 또한 동작경제의 원칙을 고려하여 오른쪽과 왼쪽 손의 각각에 대하여 정상 작업 영역과 최대 작업 영역을 고려하여 작업하도록 식재료나 기구를 배치한다그림 6-5.

2. 상차림

상차림은 준비된 식사를 만족스럽게 먹을 수 있도록 제공하는 과정이다. 그러므로 식품 본래의 맛, 색이나 온도를 고려하여 제공하여야 한다. 여기서는 푸드 코디네이트, 테이블 세팅과 식사예절에 대해 다루고자 한다.

1) 푸드 코디네이트

푸드 코디네이트란 조리된 음식이 가진 아름다움을 최대한 살려 매력적으로 보일 수 있도록 장식을 가하거나 식기나 기물을 선택하고, 어울리는 장식을 얹거나 담는 것이다. 사람의 오감을 통해 음식 맛의 효과를 극대화시키고자 하는 데 목적을 둔다. 가장 먼저 음식을 접하는 시각은 색채와 디자인을 통해 미각 인식 이전에 학습된 맛과 상상력이 조화될 수 있게 한다.

(1) 색

시각적 맛의 기대치가 실제 맛과 일치하기 위해서는 음식의 색color을 고려하여 조리하고, 장식하는 것이 중요하다. 밝고 따뜻한 색은 자율신경계를 자극하는 반면 부드럽고 차가운 색은 자율신경계를 이완시킨다. 식욕을 돋우는 색은 주황색과 오렌지이며, 유쾌한 기분이 들게 한다. 연두색으로 갈수록 식욕이 점점 줄어들지만, 찬 녹색과 청록색은 식욕을 줄 수 있고, 보라색에서는 다시 낮아진다. 청색이나 녹색 계열은 식품 그 자체와 어울리지 않으나 후면 장식에 이용할 경우 시각을 끌고 돋보이게 한다.

(2) 디자인

요리에서 디자인은 음식의 맛을 조화시키고, 음식에 적합한 형태의 그릇과 장식을 선택하게 함으로써 감동을 주는 역할을 한다. 디자인은 보통 형태form로 나타나는데, 형태는 그릇의 모양이며, 삼각형, 사각형, 원형, 타원형 등이 있다. 음식을 담은 모양은 삼각뿔, 사각뿔, 삼각기둥, 사각기둥, 원기둥 등으로 나타나며, 용적과 방향으로 표시된다. 그러므로 어떤 형태의 접시에 어떤 형태로 담고 싶은 것인지 고려한다.

그림 6-6 푸드 코디네이트 예시

2) 테이블 세팅

테이블 세팅table setting은 식사도구인 테이블 웨어를 식탁에 차리는 것이다. 기본 요소로는 디너웨어dinnerware, 커트러리cutlery, 글라스웨어glassware, 린넨linen, 센터피스centerpiece의 다섯 가지가 있다.

(1) 디너웨어

식사에 사용되는 그릇을 말하며, 식기 또는 차이나china라고 한다. 양식에서 디너웨어는 메뉴에 따라 코스별로 정해져야 하므로 재질, 형태 및 크기에 따라 다양하다. 재질에 따라 토기, 석기, 도기, 자기, 본차이나, 크림웨어로 분류된다. 가정용으로는 도기earthenware와 자기porcelain, 본차이나bone china를 많이 사용한다. 도기는 찰흙에 자갈과 모래를 섞어 반죽하여 1,300℃ 이하에서 구운 것으로 두껍고 투박하나 착색이 쉬워 다양한 색과 무늬가 가능하다. 붉거나 갈색을 띠며 유약을 칠하지 않으면 습기나 공기를 통과시킨다. 자기는 1,300~1,500℃에서 굽는다. 모든 도자기 중 가장 단단하고, 실용적이어서 우아한 자리에 잘 어울린다. 본차이나는 자기보다 낮은 온도인 약 1,260℃에서 구워지며, 황소나 가축의 뼈를 태운 골회를 첨가하는데, 골회를 많이 첨가할수록 상품이다. 고급품은 골회 50%, 고령토 30%, 장석 20%를 섞어 만든다. 또한 용도에 따라 개인용 식기와 서브용 식기로 구분되는데, 개인용 식기에는 접시plate, 볼bowl, 컵cup이 속한다.

(2) 커트러리

커트러리는 수저, 나이프, 스푼, 포크 등 음식을 먹기 위해 사용하는 도물류, 금물류이다. 나이프, 포크 등은 용도에 따라 다양한 종류로 나뉜다.

(3) 글라스웨어

글라스웨어는 음료용 글라스와 식사 전후 제공되는 음료용으로 구분된다. 테이블용에는 고블릿goblet, 레드와인red wine용 글라스, 화이트와인white wine용 글라스,

그림 6-7 스템웨어와 텀블러
출처 : Schott Zwiesel pure stemware glassware collection, ARC sterling tumbler glassware

샴페인용 글라스champagne glass, 텀블러tumbler 등이 있다. 술의 종류에 따라 크기와 형태가 다양한데, 중간의 손잡이 부분이 가는 줄기처럼 보이는 스템웨어stemware와 위아래의 크기가 비슷하거나 아래로 갈수록 약간 좁아지는 텀블러tumbler가 있다. 일반적으로 스템웨어는 물, 와인, 샴페인용으로, 텀블러는 칵테일이나 음료용으로 사용한다.

(4) 린넨

린넨은 식사할 때 사용되는 각종 천류를 일컬으며 테이블 클로스table cloth, 언더 클로스under cloth, 플레이스 매트place mat, 냅킨napkin, 러너runner, 도일리doily 등이 있다. 언더 클로스는 테이블 클로스를 부드럽게 연출하거나, 미끄럼이나 소음 방지를 위해 사용된다. 플레이스 매트는 옆 좌석과 분리하고 아름다움을 준다. 러너는 식탁

그림 6-8 러너와 도일리

보의 윗면이나 아무것도 올려놓지 않은 식탁 위에 놓는 좁고 긴 원단이다. 도일리는 레이스나 자수로 되어 있으며, 접시 위, 겹쳐진 자기나 칠기 사이에 놓아 접시와 접시 사이의 마찰이나 부딪치는 소리를 방지한다.

(5) 센터피스

테이블 중앙의 퍼블릭 스페이스public space에 장식하는 물건이나 꽃을 총칭한다. 소재는 계절의 느낌을 줄 수 있어야 하며, 높낮이를 다양하게 하여 역동감을 주는 것이 좋다. 생화, 과일이나 채소 또는 유리제품, 캔들과 캔들 스탠드를 장식할 수 있다.

그림 6-9 센터피스

(6) 상차림

서양식 상차림에서는 먼저 식탁을 깨끗이 닦고 언더 클로스를 놓은 후 테이블 클로스를 깐다. 식탁 중심에 센터피스를 놓고 그 주위에 양념그릇들을 배치한다. 주식 접시는 식탁 끝에서 3~4 cm 안쪽으로 놓고, 주식 접시 오른편에 나이프와 스푼, 왼편에 포크를 놓는다. 물잔은 나이프 위쪽에 놓는다. 냅킨은 포크 왼쪽이나, 주식 접시 위에 놓는다. 빵 접시는 주식 접시와 포크의 중간 위쪽에 놓는다.

우리나라의 상차림에서는 밥을 주식으로 하고, 육류, 생선, 채소 등을 다양한 방법으로 조리하여 차린다. 한 상에 모든 음식을 차리며, 음식에 따라 그릇의 모양과 크기를 다르게 한다.

상차림의 종류로는 반상, 죽상, 면상, 교자상이 있다. 반상은 밥 외에 국, 찌개,

그림 6-10 서양식 상차림

김치, 숙채, 생채, 구이, 조림, 전유어, 마른반찬 등으로 구성된다. 먹는 사람의 수에 따라 외상, 겸상, 두레상으로 구분하며, 기본은 외상이다. 반찬 수에 따라 3, 5, 7, 9, 12첩으로 나누어진다. 반상을 차릴 때 밥은 먹는 사람의 왼쪽, 국은 오른쪽에 놓는다. 수저는 국의 오른쪽에 놓는데, 숟가락을 앞쪽에 놓는다. 국물 있는 음식은 대개 오른쪽, 장류와 김치류는 중앙에 놓는다. 겸상과 두레상에는 덜어먹을 수 있도록 개인접시를 놓는다.

죽상은 가벼운 아침식사나 환자를 위한 것으로 죽 또는 미음과 간장, 국물김치, 자극이 적은 반찬으로 구성한다. 면상은 점심식사나 잔치 때 손님을 간편하게 접대하는 용도로 차린다. 국수나 떡국 또는 만둣국, 배추김치, 나박김치, 잡채, 전유어, 초간장 등으로 구성된다. 교자상은 생일, 회갑, 결혼 등의 잔치 때 손님을 대접하거나 회식을 할 때 큰상에 차리는 차림이다. 주식은 참석자의 기호와 계절에 따라 밥, 국수, 떡국, 만둣국 중 고르고, 주식이 밥인 경우 탕은 맑은장국으로 한다. 요리에 따라 간장, 초간장, 초고추장, 젓국 등을 종지에 담아 곁들이고, 요리로는 신선로 또는 전골, 찜, 전, 편육, 회, 숙채, 생채, 마른반찬, 숙과, 생과, 화채 등의 각종 요리에서 참석자의 식성, 계절, 색채 등을 고려하여 마련한다.

그 외 목적에 따라 다과상, 주안상, 돌상, 큰상 등이 있다. 다과상은 차나 음료,

표 6-4 한식 반상차림 구성

음식 / 첩수	기본 음식					반찬의 종류					
	밥	국	김치	장류	조치	숙채	생채	구이	조림	마른반찬, 젓갈	전유어
3첩	○	○	○	간장	-	택 1		택 1		1	-
5첩	○	○	○	간장, 초간장	찌개	택 1		1	1	1	1

과자 등으로 차리는 상이며, 떡류, 약식, 한과, 생과일, 음료 등으로 구성된다. 주안상은 술과 안주를 차려 손님을 접대하는 용도이다. 포나 마른안주를 낸 후 전골, 찌개, 전, 회, 편육, 김치를 올린다. 돌상은 만 1년이 되는 아기의 생일을 축하하기 위한 상차림이다. 흰밥, 미역국, 푸른나물, 백설기, 인절미, 붉은팥 수수경단, 생과일, 오색 송편 등을 차린다. 돌잡이 물건으로는 돈, 쌀 대추, 붓, 책, 흰 타래실 등을 올린다. 큰상은 혼례, 회갑, 고희만 70세 등을 축하하는 상차림으로 고배상이라고도 한다. 떡, 한과, 과일, 견과 등을 30~70cm 높이로 하여 상의 앞쪽에 색을 맞추어 배열하고, 상을 받는 사람 앞에는 만수무강을 기원하는 국수장국을 차려낸다.

그림 6-11 현대화된 한식 상차림

출처 : 연세대학교, 우송대학교, (주)워커힐(2009)

3) 식사예절

식사 목적에 맞게 잘 차려진 음식을 예절에 맞게 먹을 수 있는 것은 매우 중요한 일이다. 각 나라의 식사예절은 오랫동안 그 나라의 문화와 풍습에 따라 정해져온 것이므로 잘 지키도록 한다.

(1) 한국

음식을 대접하는 사람과 대접을 받는 사람 모두 식사예절을 지켜야 한다. 몸가짐을 단정히 하고, 소리 내지 않고 먹는다. 또한 식사 중 자리를 뜨지 않는다. 세부적인 예절로는 머리를 너무 숙이지 않는 자세를 취하며, 어른이 수저를 든 이후 아랫사람이 수저를 든다. 음식을 입 안 가득히 넣고 소리 내어 씹거나, 입 밖으로 나오지 않게 한다. 숟가락과 젓가락을 한 손에 들지 않는다. 밥그릇과 국그릇은 들지 않고, 숟가락을 사용하며, 반찬은 젓가락으로 먹는다. 수저로 음식물을 뒤적거리거나 골라내지 않으며, 식사를 마친 후 수저는 처음 위치에 가지런히 둔다. 여럿이 함께 먹는 음식은 개인접시에 덜어서 먹는다. 식사 중 기침이나 재채기가 날 때는 얼굴을 바깥쪽으로 돌리고 입을 가려 음식물이 튀어 나오지 않도록 한다. 음식을 먹는 과정에 나오는 가시나 뼈는 다른 사람이 지저분하다고 느끼지 않도록 조용히 종이에 싸서 버린다. 식사 시 즐거운 분위기를 유지하며 중간 톤의 목소리로 대화한다.

(2) 일본

일본의 식사예절은 가장 엄격한 편이다. 자세를 바르게 하고, 음식을 먹는 소리가 나지 않도록 하여야 한다. 세부적인 예절로는 식사하기 전에 '잘 먹겠습니다'라고 인사하고 젓가락을 든다. 식사 시 고개를 숙이지 않는다. 밥그릇, 국그릇, 조림그릇 순서로 뚜껑을 연다. 왼편 찬그릇은 왼손으로 뚜껑을 들고 오른손으로 받쳐 물기가 떨어지지 않도록 하며, 뚜껑은 상의 왼쪽에 둔다. 마찬가지로 오른쪽 찬그릇은 오른손으로 뚜껑을 들고, 왼손으로 받쳐 뚜껑을 상의 오른쪽에 둔다. 식사가 끝나면, 뚜껑이 있는 그릇은 뚜껑을 제자리에 다시 덮는다. 젓가락과 숟가락은 상 위에 원래대로 가지런히 놓는다. 밥공기는 양손으로 들어 왼손에 들고, 오른손은 젓가락을 들고 먹는다. 젓가락 끝을 국에 넣어 조금 적신 뒤 밥을 먹는다. 국그릇도 왼손에 들고 젓가락으로 건더기를 건져 먹고, 국물은 입을 대고 마신다. 음식을 먹을 때 젓가락을 주로 사용하지만, 달걀찜, 우동 국물을 먹을 때는 숟가락을 사용한다. 생선은 머리

알아두기

▌일본 가이세키 요리

가이세키(會席)는 모임의 좌석 또는 회합의 좌석이라는 뜻을 가진 일본의 전통요리 형식 중 하나이다. 에도시대(1603~1876년)부터 연회나 결혼식 등에서 손님을 대접할 때 이용하는 코스요리이며 보통 7품으로 이루어진다. 보통 연회 자리에는 술이 제공되기 때문에 술과 함께 즐기는 것이 일반적이다. 본래 일본에서는 혼젠요리(本膳料理)라고 해서 관혼상제 등 의식에 쓰이는 요리 형식이 있었으나 상차림 방법, 먹는 방법 등이 너무 엄격하고 까다로워 간소화되면서 생겨났다. 음식을 내는 순서는 전채–맑은국–생선회–구이–조림–초회(하절기–찜, 동절기–튀김)–밥 또는 면–후식이다. 가장 먼저 술과 전채가 나오고, 이어 맑은국(스이모노), 생선회(사시미), 구이(야키모노), 조림(니모노), 찜이나 튀김(아게모노)의 순으로 낸 다음, 마지막에 식사로 밥, 된장국, 침채류(코오노모노)를 일시에 낸다. 후식으로는 과일, 차, 단과자 등을 차린다.

가이세키 상차림

에서 꼬리 순으로 먹으며, 뒤집어 먹지 않는다. 찻잔은 두 손을 들어 왼손은 찻잔 밑에 받치고, 오른손으로 찻잔을 잡고 소리 없이 마신다.

(3) 중국

중국은 둥근 식탁에 둘러 앉아 식사한다. 가정에서는 판과 차이를 차리며, 식사를 가장 즐거운 활동으로 여기고 조화와 질서를 강조한다. 초대를 받은 경우 초대해

그림 6-12 중국 회전상

준 주인과 음식 모두에 대해 감사를 표시한다. 둥근 식탁에서 주빈이 가장 안쪽의 상석에 앉고, 주빈의 양 옆에는 다음 순위의 연장자나 중요 손님 순으로 앉으며 주인은 문 쪽에 앉는다. 다양한 종류의 접시와 용기를 서로 매칭하여 일정 순서에 따라 제공된다. 식사는 주빈이 먼저 수저를 든 후 시작되며, 식탁을 돌려 순서대로 먹을 만큼 덜어 먹는다. 회전 식탁 위에는 개인 접시, 수저, 유리컵 등을 놓지 않는다.

식사 시 반드시 젓가락을 사용하며, 밥그릇에 젓가락을 올려놓거나, 수직으로 꽂지 않는다. 젓가락의 끝이 식탁에 닿지 않도록 주의한다. 밥이나 탕이 담긴 그릇은 손에 들고 입 가까이 대고 먹는다. 스푼은 국을 먹을 때에만 사용하고, 다른 음식을 먹을 때는 젓가락을 사용한다. 사용하고 난 수저를 남에게 보이는 것은 실례이므로, 탕을 먹은 후 스푼을 뒤집어 놓는다. 술은 주빈이 결정하고, 자신의 술을 직접 따르지 않으며, 옆 사람의 빈 술잔을 채워 준다.

(4) 미국

미국의 식사예절은 유럽에 기원을 두므로 영국과 유사하다. 그러나 최근 간편함과 자유로움을 추구하면서 간소화되었다. 정찬은 전채류가 첫 코스로 나오고, 생선에 채소를 곁들이는 주요리가 제공된다. 음료는 물이나 우유가 식사 중 나오고 후식과 함께 차 또는 커피를 마시는 것이 전형적이다. 식탁에 가까이 앉으며, 가지런히 하고 자세는 곧게 편다. 식탁에서 머리나 얼굴을 만지는 것은 피한다. 의자에 앉은 후 냅킨을 무릎에 펴며 식사를 마친 후 다시 냅킨을 대강 접어 식탁 위에 놓는다. 육류나 채소를 먹을 때는 왼쪽에 포크, 오른손에 나이프를 쥐고 적당한 크기로 잘라 포크로 찍어 먹는다. 나이프는 칼끝을 사용한다. 음식은 한 번에 다 자르지 않고 조금씩 잘라가면서 먹는다. 빵은 손으로 떼어 먹는다. 수프는 스푼을 앞에서 뒤쪽으로 움직이며 스푼 전체를 입 속에 넣지 말고 스푼을 한 옆으로 기울여 흘려 넣는 식으로 먹는다. 들여 마시는 소리를 내지 않도록 주의한다. 식사 도중 포크와 나이프를 양쪽에 걸쳐 놓고, 마친 후 모두 가지런히 오른쪽으로 놓는다.

사례연구

여름철에 가정에서 초등학생 여아와 중학생 남아를 둔 4인 가족이 저녁식사를 위해 신선한 채소를 이용하여 샐러드를 만들려고 한다. 계절식품으로 만들 수 있는 레시피를 구성하고, 영양소 손실이 적으면서 기호를 고려한 조리법을 구상해보자.

1. 식재료의 전처리, 세척 및 조리에 이르는 단계별 영양소 손실을 최소화할 수 있는 방법을 제시해보자.
2. 4인 가족의 미각에 적합한 드레싱을 선택하고, 필요한 재료와 만드는 방법을 조리 사이트를 참고하여 제시해보자.

Study Questions

1 어버이날 부모님께 식사를 차려드리려고 한다. 메뉴를 작성하고 영양소 손실을 줄이기 위해 식생활관리 단계별로 고려해야 할 사항을 설명하시오.

2 크리스마스 이브에 대학친구 10명을 집으로 초대하려고 한다. 이 모임을 위한 메뉴를 작성하고 행사에 맞는 테이블 세팅을 구상해 보시오.

3 가정에서 생일을 맞는 6세 여자 어린이의 생일상을 위한 상차림을 연출하시오.

4 한국 가정에서 식사를 할 때 자주 범할 수 있는 식사예절 위반사항은 무엇인지 말해 보시오.

참고문헌

곽동경, 류은순, 이혜상, 최성경, 홍완수, 장미라, 문혜경, 장혜자, 최은희, 이경은, 최정화, 이나영. 2016. 단체급식의 이해. 신광출판사

구난숙, 권순자, 이경애, 이선영(2012). 세계 속의 음식문화(제3판). 교문사

구성자, 김희선. 2005. 새롭게 쓴 세계의 음식문화. 교문사

김갑영, 박혜원. 2012. 조리와 과학의 만남 –맛과 예술로 승화한 분자조리–. 공주대학교출판부

김건희, 강일준, 정윤화, 한정하, 황은서, 윤기선, 김묘정. 2016. 재미있는 식품화학. 수학사

김맑아. 2007. 겉과 속이 다른 아이스크림 튀김. KISTI 과학향기

김미향. 2000. 조리원리. 형설출판사

김이수. 2014. 재미있고 유용한 조리영양학. 대왕사

김지영, 류무희, 장혜진, 황지희, 오재복. 2014. 새로 쓴 테이블 & 푸드코디네이트. 교문사

박성진, 최종우, 허성윤. 2015. 가정식 대체식품(HMR) 산업의 현황과 정책과제. 한국농촌경제연구원 연구보고서

박태선, 김은경. 2011. 현대인의 생활영양. 교문사

변광의, 손천배, 김향숙, 구난숙, 송은승, 이선영, 이경애. 2010. 식품, 음식 그리고 식생활. 교문사

식품의약품안전처. 2016. 독거노인 식생활 안전관리 프로그램 개발 및 효과평가 용역과제

연세대학교, 우송대학교, (주)워커힐. 2009. 한식스타쉐프 양성교육 브로셔. 농림축산식품부, aT한국농수산식품유통공사

이해영, 정라나, 양일선. 2005. 델파이기법을 이용한 한국에서의 Home Meal Replacement(HMR) 개념 정립 및 국내 HMR 산업 전망예측. 한국영양학회지, 38(3) : 251–258

최혜미, 박영숙, 이주희. 2012. 21세기 식생활관리. 교문사

테크홀릭. 2015. 이케아가 상상하는 '2025년 미래 주방', 2015. 5. 8

한국농수산식품유통공사. 2015. 2015년 가공식품 소비량 및 소비행태 조사

Ang CYW. 1979. Nutritional considerations in menu system design of food service operations, In: Food Service Systems, Academic Press, New York, NY. pp. 359–387

Costa AIA, Dekker M, Beumer RR, Rombouts FM, Jonge WMF(2001). A consumer–oriented classification system for home meal replacements. *Food Quality and Preference, 12* : 229–242

HOOC. 2015. 미래의 주방은 어떤 모습. 2015. 7. 27

권장 웹사이트

http://porch.com/advice/what–you–really–need–on–your–wedding–registry–and–what–you–really–dont/

https://hansik.org/kr/index.do

CHAPTER

07

위생관리

학습 목표

- 안전한 식생활관리의 원칙을 제시할 수 있다.
- 안전한 식생활을 실천하는 방안을 제시할 수 있다.
- 기기 및 기구의 위생관리방안을 설명할 수 있다.
- 조리단계별 위생관리방안을 설명할 수 있다.

맛있는 닭요리, 건강하게 즐기세요

식품의약품안전처는 삼계탕 등 닭요리섭취가 증가하는 여름철에는 닭 등 가금류의 조리과정에서 교차오염에 의한 캠필로박터 식중독이 발생할 수 있어 생닭 조리과정에 각별한 주의가 필요하다고 밝혔다. 캠필로박터 식중독은 최근 5년(2011~2015년) 동안 모두 67건이 발생하였으며 이 중 29건(43%)이 닭요리를 많이 섭취하는 7~8월에 집중되었다. 캠필로박터균(*Campylobacter sp.*)은 동물, 가축, 조류의 위장관에 존재하는 식중독균으로, 특히 닭 등 가금류의 장내에서 쉽게 증식되어 도축 등 가공단계에서 식육에 오염되며, 잠복기간은 2~7일이다. 일반적인 식중독 증상인 구토, 복통, 설사가 나타나기 전에 발열, 두통 등이 먼저 나타나는 특징이 있다. 이들 식중독 발생은 생닭을 조리하는 과정에서 생닭과 접촉했던 조리기구나 조리자의 손 등을 통해 교차오염된 것으로 추정된다. 실례로 지난 6월 대전광역시의 한 집단급식소에서 발생한 식중독은 생닭을 씻는 과정에서 캠필로박터에 오염된 물이 튀어 과일 · 채소에 교차오염되어 발생한 것으로 추정되었다. (중략) 식품의약품안전처는 생닭의 취급에 조금만 주의를 기울이면 안전하고 건강한 닭요리를 즐길 수 있다며, 특히 집단급식소, 음식점 등 다중이용시설에서 더욱 주의를 기울여 주기를 당부하였다.

출처 : 식품의약품안전처(2016)

CHAPTER 07

식생활관리의 목표 중 식품위생 및 안전은 다른 목표를 달성하기에 앞서 기본적으로 달성되어야 한다. 최근 과학기술의 발달, 교역의 확대에 따른 수입식품, 기후 변화 등 환경적 요인은 그 어느 때보다 식품안전에 많은 영향을 미치고 있다. 이에 식생활관리자는 식품안전에 대한 지식을 가지고 식재료를 구매해야 할 뿐만 아니라, 식재료의 보관, 조리 및 배식과정을 통해 식품안전수칙을 준수해야 할 것이다.

1. 위생관리 원칙

위생관리의 원칙은 식중독 위해요소의 오염, 증식 및 생존을 관리하기 위해 수립된 것이다. 세계 각국에서는 오염 방지, 증식 억제, 사멸 등의 방법으로 관리할 수 있도록 다양한 원칙을 제시하고 있다. 오염 방지는 조리하는 사람이나 식품접촉표면으로부터 오염이 일어나지 않도록 하는 것이며, 특히 교차오염을 방지해야 한다. 증식 억제를 위해서는 식품의 온도관리가 중요하며, 미생물이 증식하기 쉬운 위험온도범주Temperature Danger Zone : TDZ 5~60℃에 오래 방치하지 않도록 한다. 사멸을 위해서는 식품에 오염되어 증식된 미생물을 적정온도로 가열하거나 식품접촉표면을 살균소독한다.

1) 우리나라

식중독 예방 3대 요령이 제시되어 있는데, 손 씻기, 익혀 먹기, 끓여 먹기이다. 손 씻기에서는 손은 30초 이상 비누 등의 세정제를 이용하여 손가락, 손등까지 깨끗이 씻고 흐르는 물로 헹군다. 익혀 먹기에서는 음식물은 속까지 충분히 익힌다. 중심부 온도 75℃어패류 85℃에서 1분 이상 가열한다. 또 끓여 먹기에서 물은 끓여서 마신다.

2) 미국

식품의약국Food & Drug Administration : FDA에서는 위생관리 원칙의 영어 첫 자를 따서 '4C'로 제시하고 있다. '청결Clean'은 손과 식품접촉표면을 깨끗하게 씻기이다. 식중독 유발 세균은 조리자의 손, 용기, 기구 등 주방 주위의 여러 곳에 생존한다. 올바른 방법으로 손을 씻지 않으면, 식품이나 가족에게 세균을 확산시키게 된다. '분리Don't cross-contaminate'는 날 육류와 조리된 것 분리하기이다. 손과 접촉면을 깨끗하

우리나라

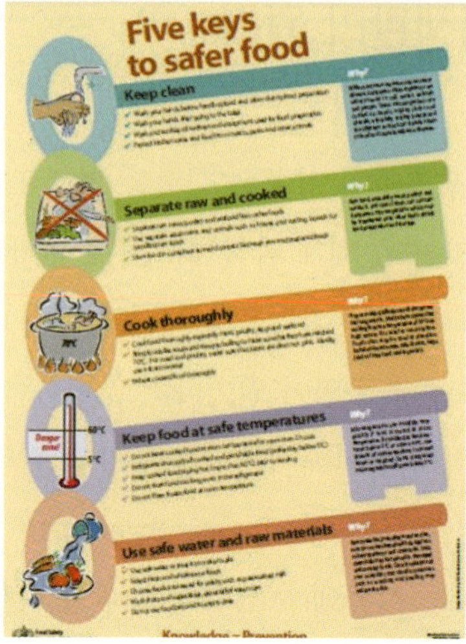

세계보건기구

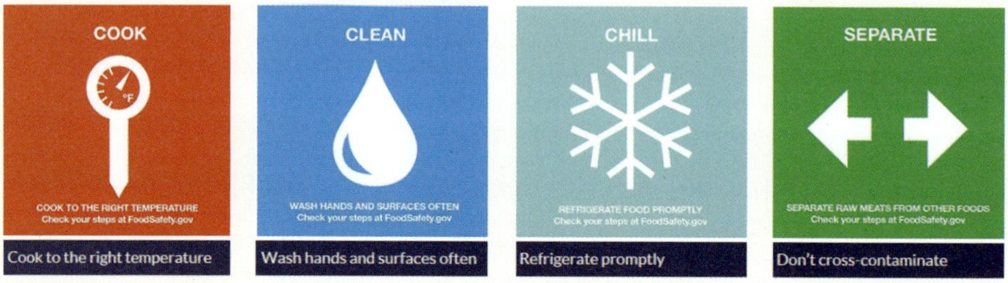

미국

그림 7-1 각 나라의 위생관리 원칙

게 씻은 후에도, 조리되지 않은 육류, 가금류, 해산물과 달걀은 분리해두지 않으면 전이될 수 있어 교차오염의 원인이 된다. '가열Cook'은 적정 온도로 가열하기이다. 식품의 내부온도는 세균 사멸에 충분한 온도에 이르도록 한다. '냉장Chill' 원칙에 의하면 식품은 즉시 냉장해야 한다. 세균은 상온에서 성장하므로, 보관 장소는 공기가 잘 순환되어 적정온도를 유지하여야 한다. 냉장고는 5℃ 이하, 냉동고는 −18℃ 이하를 유지하며, 온도계를 사용하여 확인한다.

3) 세계보건기구

세계보건기구World Health Organization : WHO는 'Five Keys to Safer Food'를 제시하고 있다. 다섯 가지 중요한 식품안전수칙은 '청결', '교차오염 방지', '충분한 온도로 가열', '안전 온도 보관', '안전한 물과 식재료 사용하기'이다.

2. 위생관리 원칙의 실천

1) 원칙 실천하기

미국의 위생관리 원칙인 4CClean, Don't cross-contaminate, Cook, Chill에 근거하여 음식을 조리할 때 적용하여야 할 실제적인 내용은 다음과 같다.

(1) 청결(Clean)

- 손은 작업 시작 전 비누를 이용해서 흐르는 물로 30초미국 20초간 잘 문질러 씻는다.
- 식품접촉표면과 용기는 매 사용 후 씻어둔다.
- 채소와 과일은 먼저 잘 씻은 후 껍질을 벗기고 자른다. 특히, 구근류는 세척솔을 이용한다.

(2) 분리(Don't cross-contaminate)

- 육류, 가금류, 해산물, 달걀은 다른 식품과는 별도의 장바구니를 이용한다.
- 육류, 가금류, 해산물, 달걀은 냉장고 내에서 다른 식품과 별도로 구분 보관한다.
- 채소 및 과일, 육류, 가금류, 해산물용으로 도마와 칼을 구분 사용한다.

(3) 가열(Cook)

- 조리된 식품의 내부온도를 측정하기 위해 온도계를 사용한다. 육류, 가금류, 해산물, 달걀 및 달걀을 함유한 조리식품은 여러 군데를 75℃ 해산물 85℃ 이상에서 1분 이상 유지하도록 온도계로 확인한다.
- 특히, 다진 소고기나 닭고기는 육안이 아닌 반드시 온도계로 내부온도를 측정

알아두기

교차오염

교차오염(cross-contamination)은 오염되지 않은 식재료나 음식이 오염된 식재료, 기구, 조리자와의 접촉으로 인해 미생물이 혼입되는 것으로 식중독 발생의 주요 원인이 된다. 교차오염을 방지하기 위해서는 다음과 같은 점을 주의하여야 한다.

- 식품의 전처리, 조리, 기구 세척 등의 작업을 분리시키는 것이 이상적이다. 가정에서는 사실상 작업을 구분하기 어려우므로 단계적으로 진행하여 가열 전 식재료로부터 가열 후 청결한 음식이 오염되지 않도록 주의하여야 한다.
- 전처리하지 않은 식품과 전처리된 식품은 분리 취급한다.
- 손은 충분히 세척하고, 조리용 고무장갑은 설거지용과 구분하여 사용한다.
- 칼, 도마 등의 기구나 용기는 식품 종류나 용도별(조리 전과 후)로 구분하여 사용한다.
- 세척용기나 세정대는 채소류, 육류, 어류, 가금류 순으로 사용하며, 각 재료 처리 후에는 가급적 세척하고, 소독을 한 후 다음 식재료를 처리한다.

식재료 세척 순서

출처 : 식품의약품안전처(2009)

한다.

- 달걀은 노른자와 흰자가 단단해질 때까지 가열한다.
- 전자레인지를 이용하여 가열할 때는 골고루 열이 전달되도록 뚜껑을 닫고 저어준다. 온도 측정 전 충분히 온도가 올라가도록 기다린다.
- 식품을 재가열할 때도 적정 온도인 75℃ 이상을 확인한다.

(4) 냉장(Chill)

- 육류, 가금류, 달걀, 해산물 및 기타 상하기 쉬운 식품들은 냉장 보관하며, 상온에 둘 때는 2시간, 특히 35℃ 이상에서는 1시간 이상 방치하지 않는다.
- 해동은 작업대 위 등의 상온에서 행하지 않아야 한다. 해동은 냉장고, 찬물, 전자레인지를 사용한다. 해동한 후에는 즉시 가열한다.
- 육류 등 양념에 재울 때는 냉장고에 보관한다.
- 냉장고에서 빠르게 냉각하기 위해서는 깊이가 얕은 용기를 사용한다.
- 냉장 및 냉동고 내 보관식품은 보관시간을 기준으로 하여 정기적으로 사용하거나 폐기한다.

2) 가정 주방의 위생관리 실천사항

미국영양학술원Academy of Nutrition and Dietetics에서는 미국 FDA의 식품안전을 위한 4개 원칙을 가정 주방에서 다음과 같이 실천할 수 있도록 'Home Food Safety'를 그림 7-2와 같이 제시하고 있다.

- 손을 자주 씻는다.
- 신선 채소는 먼저 씻은 후 절단, 가열한다.
- 기구와 도마는 매 사용 후 세척한다.
- 주방 표면을 청결하게 유지한다.
- 조리 전 식품과 조리 후 식품은 분리 취급한다.

그림 7-2 미국 가정 주방을 위한 위생관리 수칙

출처 : 미국 Academy of Nutrition and Dietetics 홈페이지

- 적정온도로 가열하고 온도계로 확인한다.
- 즉시 5℃ 이하의 냉장고에서 보관한다.
- 유통기한을 확인하고, 지난 것은 폐기한다.

CHAPTER 7

3. 기구 및 기기의 위생관리

주방에서 사용하는 기구 및 기기는 식품에 직접 접촉하므로 조리과정 중 식품으로 미생물을 교차오염시킬 수 있다. 그러므로 재질과 디자인, 세척 · 소독 가능성을 충분히 검토하여 구입하고, 매 사용 후 유지관리를 철저히 하여야 한다.

도마와 칼은 음식을 준비할 때 식품과 가장 많이 접촉되므로 식품 종류 및 조리 전후로 구분하여 사용하여야 한다. 사용 후에는 세척, 소독, 건조과정을 거쳐 보관한다. 기기나 도구의 세척 및 소독방법으로는 남은 음식 제거, 1차 헹굼, 세제 적용, 2차 헹굼, 소독, 3차 헹굼, 건조의 7단계 순을 적용한다. 특히, 습도가 높은 환경에서는 기구 및 기구 표면에 미생물이 증식하여 생물막biofilm을 형성한다. 생물막은 물질

표면에 미생물이 부착하고 보호물질을 생산하여 증식한 미생물 덩어리인데, 이것이 형성될 경우 세척이나 소독에 의해 제거하기가 힘들어진다. 생물막 형성은 기기나 기구의 재질, 재질의 스크래치 상태, 상대습도 등에 의해 영향을 받는다. 재질 면에서는 플라스틱폴리에틸렌, 폴리스틸렌 등이나 나무가 스테인리스스틸이나 유리에 비해 더 잘 형성되며, 또 스크래치가 난 재질이 더 많이 형성되고, 장마철 등 하절기에 더 강하게 형성된다그림 7-3, 그림 7-4. 그러므로 주방 기기나 기구의 재질 선택에 주의하여야 하며, 자주 교체하고, 특히 장마철에는 세척 및 소독에 의한 관리를 철저히 하여야 한다.

가정용 냉장·냉동고는 70% 미만 적정량을 보관하고, 온도가 잘 유지될 수 있도록 관리하여야 한다. 또한 주 1회 이상 미지근한 물에 세제를 풀어 내부를 세척하고 소독함으로써 청결상태를 유지하여야 한다. 수세미와 행주에서는 음식 찌꺼기에 의해 미생물 증식이 잘 일어난다. 수세미는 식품접촉표면에 흠집이 나지 않도록 부드러운 재질의 스펀지류를 사용하도록 하고, 행주는 사용 전후 구분하여 보관하며, 사용 후 바로 세척 소독하고 충분히 건조하여 보관한다.

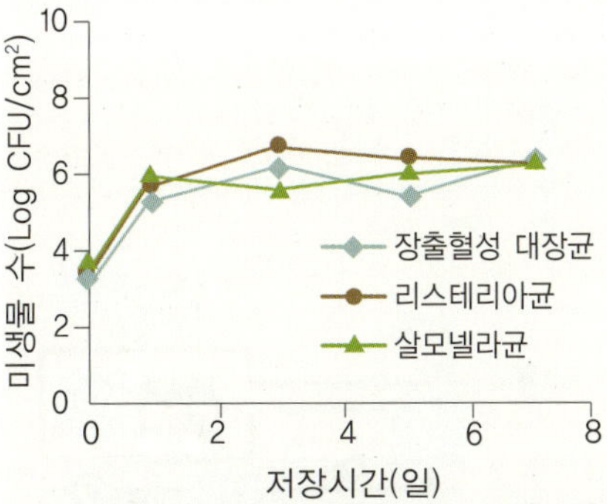

스테인리스스틸 표면에 식중독균의 증식
(생물막 형성)

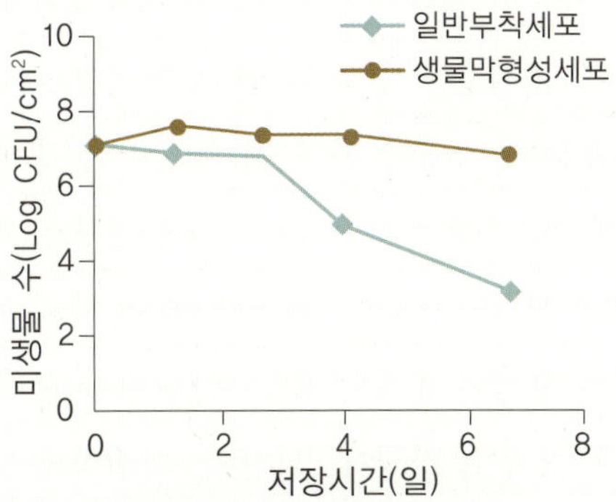

스테인리스스틸 표면에 식중독균
(황색포도상구균)의 생존

※ 높은 습도 환경에서 스테인리스스틸 표면에 식중독균이 자라 생물막을 형성하고, 이러한 생물막은 일반 부착세포에 비해 높은 생존율을 나타냄(5일 후 일반부착세포의 약 2배 차이).

그림 7-3 스테인리스스틸 표면상 생존 및 증식한 식중독균

출처 : 식품의약품안전처(2014)

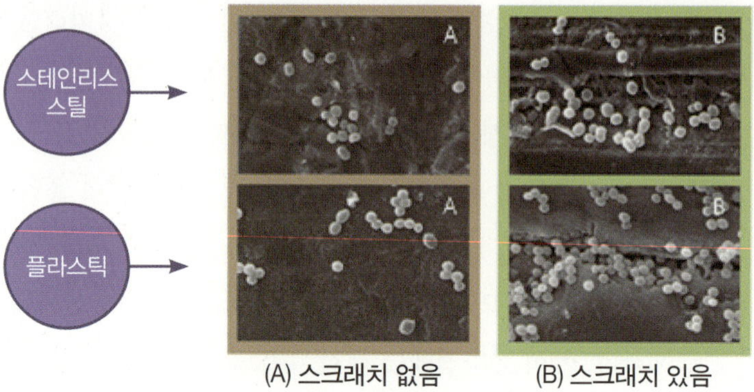

그림 7-4 스크래치 없는 표면(A)과 있는 표면(B)에 따른 기구, 기기 표면의 생물막 형성(FE-SEM 촬영)

출처 : 식품의약품안전처(2014)

4. 식품구매 및 조리단계별 관리방안

1) 구매

음식을 만들려면 먼저 안전한 식재료를 구매해야 한다. 수확, 채취, 생산, 제조, 유통과정을 거쳐 가정에 오기까지 신뢰할 수 있는 공급업체에 의해 안전 수칙이 준수된 것을 선택해야 한다. 구매 후 포장상태, 원산지, 청결상태 등이 확인되어야 한다. 장을 볼 때는 식품의약품안전처에서 제시한 포스터그림 7-5를 참고한다. 식품을 구매한 후 집으로 돌아오는 데 장시간이 소요되면 하절기에는 상온에서 미생물이 증식하기 쉽다.

그림 7-5 안전한 장보기 요령

출처 : 식품의약품안전처 홈페이지

그러므로 육류 등 온도 유지가 필요한 식품은 아이스팩이나 아이스박스를 사용하여 신속히 운반하여야 한다.

2) 보관

식재료는 구매 후 조리할 때까지 적정 온도에서 위생적으로 보관되어야 한다. 같은 물품이라도 제조회사마다 저장방법이 다를 수 있기 때문에 식품 표시사항을 확인하여 지정된 장소에 보관한다. 식품과 비식품소모품은 가급적 구분하여 보관하

표 7-1 보관방법에 따른 식재료 최대 저장기간

구분	식품	최적 보관온도	최대 저장기간	비고
냉장 보관	선어	1~2℃	2일	느슨하게 포장된 상태
	조개, 오징어, 낙지	1~2℃	5일	뚜껑이 있는 용기에 담긴 상태
	간 고기	3℃	2일	느슨하게 포장된 상태
	절단 고기	3℃	6일	느슨하게 포장된 상태
	닭고기	2℃	7일	느슨하게 포장된 상태
	달걀	4℃	3주	느슨하게 포장된 상태
	잎채소류	7℃	7일	씻지 않은 상태
구분	식품	최대 저장 기간		
냉동 보관	기름 있는 푸른 생선 등 (고등어 등)	3개월		
	기타 생선	6개월		
	소고기	6개월		
	소고기(다짐육)	3~4개월		
	돼지고기	4~8개월		
	돼지고기(다짐육)	1~3개월		
	생닭, 생오리	12개월		
	절단된 가금류	4개월		

주 : 저장기간은 식품에 표시된 기준을 우선으로 함

출처 : 식품의약품안전처(2014)

고, 세척제, 소독제 등은 별도 보관한다. 대용량 제품을 나누어 보관하는 경우 제품명과 유통기한을 반드시 표시한다.

알아두기

분말 · 건조 식재료 꼭 밀봉 보관

상온에 보관하는 분말, 건조 식재료에서는 곰팡이 등의 미생물이 빠르게 증식한다. 그러므로 하절기나 장마철에는 미생물의 증식 방지를 위해 보관방법에 유의하여야 한다.

1. 포장방법별 곰팡이/효모 증식

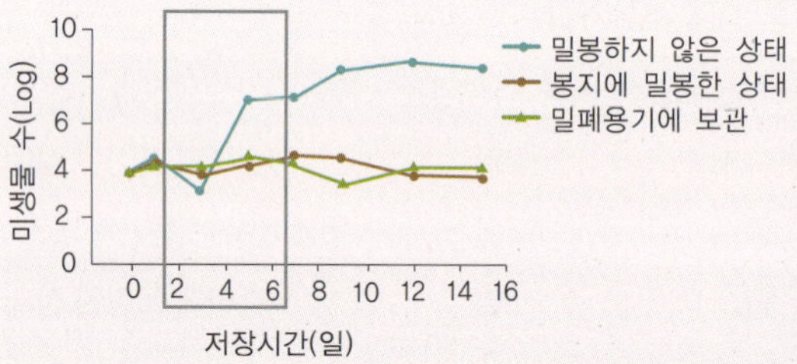

35℃, 상대습도 90% 환경에서 5일째 밖에서 보관한 경우 급격한 증식이 관찰되었으며, 고온 다습한 환경이라도 봉지에 밀봉하거나 밀폐용기에 보관하였을 때는 증식이 관찰되지 않았다.

2. 분말 · 건조 식재료의 보관방법

분말 식재료와 건조 식재료는 상온에 오래 보관할 경우 미생물 증식이 우려되므로 가급적 냉장고에 보관하고 상온 보관 시 밀봉해서, 개봉 후 6일 이내 소비한다.

개봉 후 6일 이내 소비

밀봉하여 보관

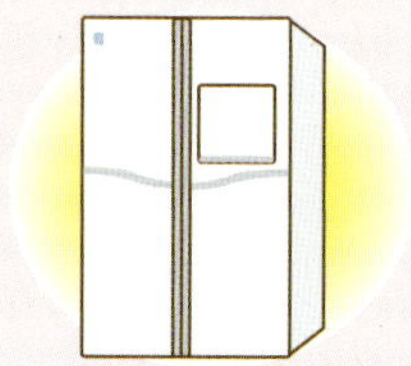

냉장고 보관

출처 : 식품의약품안전처(2014)

식재료를 덜어서 보관하는 경우 제품 포장의 식품 표시사항을 오려서 식품과 함께 보관하여야 한다. 저장된 식재료는 유통기한을 확인하여 관리하고, 선입선출방식으로 사용한다. 내용물이 보이지 않는 외포장이나 검은 비닐봉지에 담아서 구매한 식재료는 비닐봉지를 제거해서 내용물이 보일 수 있도록 한다. 보관 기준온도, 습도 및 기간은 식품에 따라 다르며, 냉장 및 냉동 식재료의 최대 저장기간은 표 7-1에 나타내었다.

쉬어가기

식품보관용 푸드키퍼 앱

푸드키퍼 앱(FoodKeeper App)은 미국 농무부의 FSIS에서 운영하며 식품의 안전한 보관에 대한 정보를 주는 애플리케이션으로, 식품의 신선도와 품질을 최대로 유지할 수 있는 시간을 제시해준다. 코넬 대학교 및 식품마케팅연구소(Food Marketing Institute : FMI)와 공동으로 개발하였으며, 안드로이드와 애플 모바일 디바이스에서 이용 가능하다. 식품을 크게 14개군으로 분류하고, 다시 이를 신선식품, 가공 형태별로 세분류하고 있다. 형태별로 클릭하면 소비 가능기한, 조리방법, 조리 팁(시간, 조리온도 등)이 제시된다.

푸드키퍼 앱

출처 : 미국 USDA 홈페이지

3) 전처리

용기나 도구는 해동, 다듬기, 씻기, 썰기 등의 과정에서 교차오염이 방지될 수 있도록 분리해서 사용하여야 한다. 해동은 가급적 냉장고에서 하고, 시간이 촉박할 경우 전자레인지나 포장째 흐르는 물을 이용한다. 미지근한 물이나 상온에서 해동하면 냉동상태에서 성장이 정지되었던 미생물의 증식이 가속화될 수 있다. 해동 후 재냉동은 금지한다.

식재료별로 식품 세정대를 구분하여 사용하는 것이 이상적이나 세정대가 한 개로 되어 있는 경우에는 채소류, 육류, 어류, 가금류의 순으로 하고, 한 식재료를 세척하고 난 후 싱크대를 세척하여 미생물이 다음 식재료에 교차오염되지 않도록 한다. 세척제의 종류 및 용도는 그림 7-6과 같으며, 채소 및 과일 세척 시 1종 세척제인지 확인한 후 사용하도록 한다. 최근 국내외에서 가열하지 않고 생으로 먹는 채소 및 과일류에 의한 식중독 사고가 빈번하게 발생함에 따라 충분히 세척한 후 소독을 실시하는 것이 바람직하다. 일반적인 방법으로는 살균제인 차아염소산나트륨액을 100 ppm으로 희석제조업자의 지시에 따라 용기에 제조법 표시하여 소독한 후 음용수로 충분히 헹구어낸다. 칼과 도마는 용도별로 구분하여 사용하는 것이 원칙이나, 부득이하게 식재료를 한 도마에 함께 사용해야 할 경우 오염이 적은 식품부터 사용하는 것이 좋고, 다른 식품용으로 옮겨 가기 전 세척·소독을 권장한다.

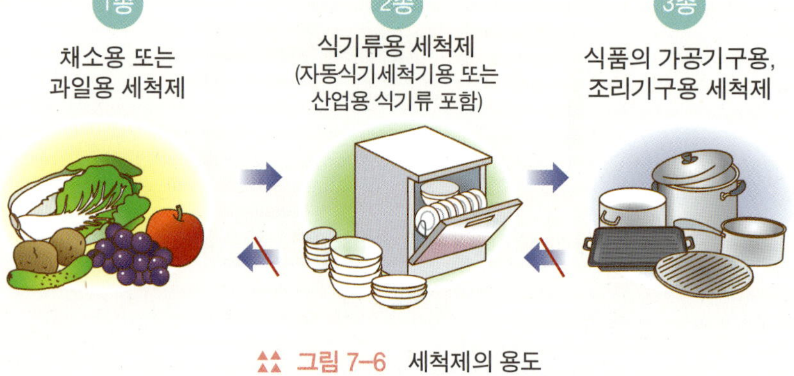

그림 7-6 세척제의 용도

출처 : 식품의약품안전처(2009)

CHAPTER 7

알아두기

신선농산물의 세척 · 소독

엽채류 등 신선농산물은 살균소독 처리 후에도 표면에 식중독균이 살아남아 저장기간 동안 증식이 가능하다. 따라서 세척 후 살균소독하며, 살균소독 후에도 식재료를 단시간 이내 사용하거나 반드시 냉장보관하도록 한다.

1. 기간별 엽채류의 미생물 오염도

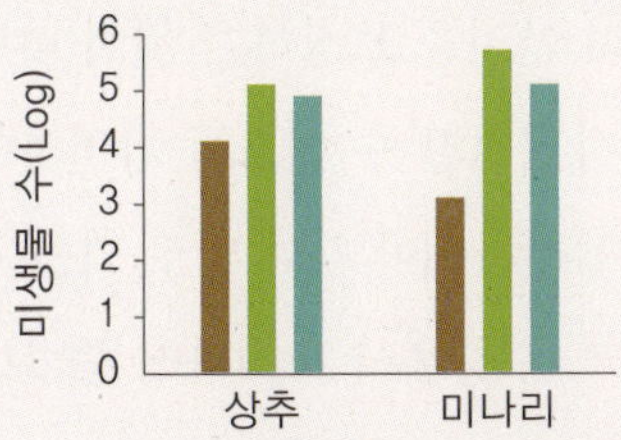

기간별 엽채류의 효모/곰팡이 오염도

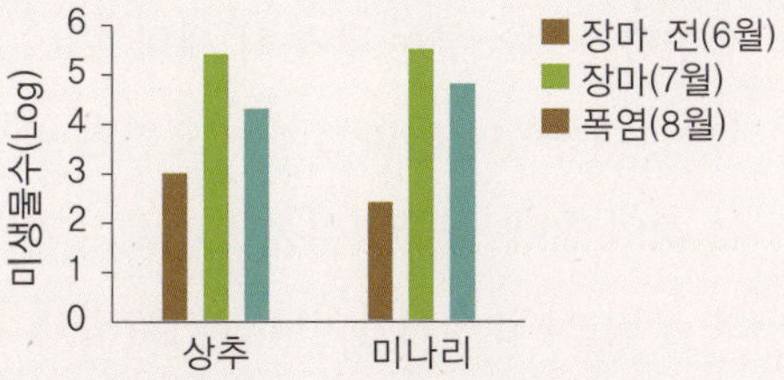

기간별 엽채류의 대장균군 오염도

※ 엽채류 채소에 장마(7월) 및 폭염(8월) 기간 동안 미생물 오염도가 장마 전(6월)에 비해 증가함

2. 엽채류의 세척 및 소독

엽채류 등 신선 농산물은 먼저 흐르는 물에 씻고, 식품의약품안전처에서 인증한 살균제인 차아염소산나트륨 유효농도 100 ppm으로 5분 이상 담근 후 깨끗한 물로 충분히 헹군다.

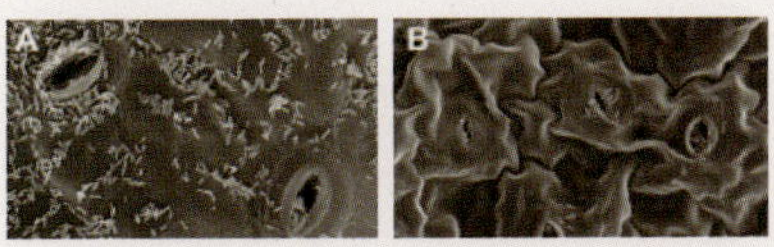

양배추의 염소계 살균제 처리 전(A), 후(B)

출처 : Francisoo et al.(2010)

처리	25℃	35℃
물 세척	1.5시간	30분
염소계 살균제 처리	2.0시간	1.2시간

온도별 양배추채 안전저장 가능시간

출처 : 식품의약품안전처(2014)

4) 조리

최근 식중독을 유발하는 원인식품으로 채소류가 늘어나고 있는 추세이며, 채소류에 존재하는 노로바이러스와 병원성 대장균이 원인균이 되고 있다. 특히, 가열하지 않고 섭취하는 식품은 농장에서 재배하는 과정에서 용수나 흙에 존재하던 미생물이 유통과정에서 고온에 장시간 노출될 경우 증식이 일어나고, 이후 조리과정에서 적절하게 사멸되지 못할 경우 식중독을 유발하게 된다. 그러므로 가열하지 않고 섭취하는 채소류는 충분히 세척하고, 소독하여 안전을 보장하는 것이 바람직하다. 특히, 여름이나 장마철에는 오염된 미생물을 사멸시킬 수 있도록 가열하여 섭취하는 것이 좋다. 동물성식품은 가급적 가열하여 섭취하여야 하나 날로 먹는 경우 식재료 구입 시 유통기한이나 보관방법에 유의하고, 주방에서 조리과정 중 교차오염이 발생하지 않도록 관리하여야 한다.

가열하여 섭취하는 식품의 경우, 미국 FDA에서는 식품 종류와 익힌 정도에 따라 최종 권장온도를 설정하였으나, 국내 식품의약품안전처에서는 75℃ 이상 가열하도록 하고, 노로바이러스 오염이 우려되는 굴 등 조개류는 85℃ 이상 가열을 권장하고 있으므로 조리용 온도계를 사용하여 확인하는 습관을 가져야 한다. 무치기 작업 시에는 맨손으로 작업하지 않고 반드시 일회용 장갑을 사용하여 손에 의한 오염을 방지하여야 한다.

전자레인지는 음식을 단시간 내 해동하거나 가열하는 용도로 사용된다. 가정용 식품온도계를 사용하여 모든 부위가 75℃ 이상에 이르렀는지 확인하여야 한다. 전자레인지에서 해동한 냉동식품은 바로 조리에 사용하고, 재냉동하는 경우가 없어야 한다.

5) 상차림

음식은 조리된 후 맨손으로 취급하지 말고 가급적 도구를 사용하여 개별 접시에 먹을 수 있는 양만큼 담아낸다. 개인 접시를 사용하여 덜어먹도록 하고, 남긴 음식은 바로 폐기하여야 한다.

조리하여 남은 음식은 바로 냉장이나 냉동고에 보관하여 상온에서 미생물이 증식하지 않도록 관리하여야 하며, 리스테리아 모노사이토제네스*Listeria monocytogenes*, 여시니아 엔테로콜리티카*Yersinia enterocolitica* 등의 저온성 세균은 냉장상태에서도 증식 가능하므로 식품별 보관기간을 준수하도록 한다. 새로 만든 음식과 먹던 음식은 절대 혼합하지 말아야 한다. 식탁은 식사 전후로 항상 청결하게 관리한다.

Case 사례연구

냉장고 내 식품 안전하게 보관하기

올 여름은 일일 최고기온이 33℃ 이상인 폭염일수가 전국 평균 16.7일로 1973년 이후 최대를 나타내면서 노약자를 비롯한 많은 사람들이 신체적으로 무기력해지거나 심지어 온열질환으로 인해 사망에 이르렀다. 최근 들어 다행히 열대야는 사라지고 최고 기온은 많이 떨어졌다고 해도 여전히 낮 최고 기온은 26~28℃를 웃도는 더위가 남아 있고, 식품의약품안전처의 월별 식중독 통계자료를 보더라도 9월에 가장 많이 발생하고 있어 더욱 철저한 식품관리가 필요한 때이다. (중략) 우리가 섭취하는 식재료에는 흙, 공기, 물을 통해 세균, 바이러스 등 미생물이 오염되어 있으며, 유통, 가공, 조리 후 섭취할 때까지 적정 온도를 유지하더라도 존재하는 세균들은 증식하여 일정한 수치에 이를 경우 식중독을 유발하게 된다. 그러므로 구매 후 저장단계에서 저온상태를 유지함으로써 미생물의 증식을 억제하여야 한다. 그러나 일단 오염된 식품은 냉장고에 보관하더라도 장기간 보관할 경우 식중독의 증식이나 부패가 진행되어 식품의 품질이 저하된다. 리스테리아, 여시니아 등의 저온성 세균들은 7℃ 이하의 냉장온도에서도 증식하며, −18℃ 이하의 냉동온도에서도 미생물은 죽지 않고 생존해 있으므로 장기간 보관되는 것은 안전을 위협할 수 있다. 또한 좁은 냉장고 내에서는 오염된 식품으로부터 식품 간 또는 냉장고 내 접촉면을 통해 미생물이 전이되는 교차오염이 발생할 수 있으므로 청결상태를 유지하여야 한다. 그러므로 식품을 안전하게 보관하는 기능이 제대로 수행될 수 있기 위해 세계보건기구에서 제정한 안전한 식품을 위한 수칙을 근거로 하여 냉장고 내 식품 안전 보관에 필요한 원칙을 준수하여야 할 것이다.

출처 : 식품외식경제신문(2016. 9. 30)

6) 운반

하절기나 봄, 가을에는 야외활동이 많아지므로 조리된 식품을 운반할 때 미생물이 증식하지 않도록 아이스박스나 아이스팩을 사용하여 온도를 유지하여야 한다. 운반한 도시락을 섭취할 경우 가능한 한 빨리 섭취하고, 실온에서 장시간 방치되었던 식품은 섭취하지 말고 버려야 한다. 안전성이 확인되지 않는 약수나 샘물 등을 함부로 마시지 않기 등을 실천하여야 한다.

쉬어가기

노약자를 위한 식품위생

노약자는 임산부, 영유아와 더불어 식중독에 취약한 집단으로 분류된다. 그러므로 특히 식품안전수칙을 정확하게 준수할 수 있도록 정보를 제공하고, 실천할 수 있도록 지원해야 한다. 2013년 식품의약품안전처는 '어르신을 위한 건강 식생활 길라잡이'를 발간하였다. 구성 내용으로는 식품섭취 및 영양뿐만 아니라 안전밥상을 소개함으로써 식중독을 예방할 수 있도록 하였다. 2015년 개정 발간한 '어르신을 위한 건강 길라잡이'는 노인복지시설에서 안전한 급식을 제공하기 위한 급식관리서로 제작되었다.

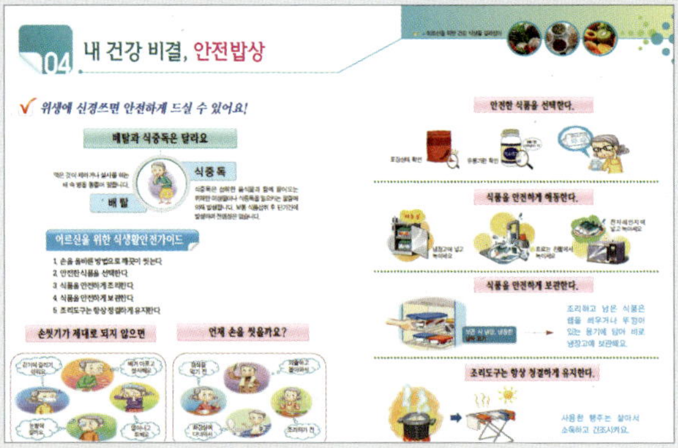

어르신을 위한 건강 식생활 길라잡이

출처 : 식품의약품안전처(2013)

CHAPTER 7

5. 미래의 식품 안전을 위한 방안

현대인들은 식품 안전을 위협하는 많은 위험에 직면해 있다. 그러므로 그 어느 때보다 식품 안전에 대한 정보에 귀를 기울여야 한다. 새로운 원인식품이 등장하고 있고, 기후 변화에 따라 식중독을 유발하는 식품의 종류가 다양해지고 있다. 채소류에 의한 식중독, 겨울철에는 노로바이러스 같은 바이러스성 식중독이 창궐하고 있다. 그러므로 가정에서 조리할 때 뿐만 아니라 외식의 선택과 테이크아웃, 배달음식 선택 시에도 식품 안전이 고려되어야 한다.

최근 우리의 생활이 바빠지면서 식품을 구입하는 장보기 횟수는 점차 줄어들고 있다. 이에 가정용 냉장고의 대형화가 가속화되면서 지나치게 많은 식품을 구입하여 장기간 보관함으로써 선도나 안전에 문제는 없는지 고민해보아야 할 것이다.

사례연구

냉장고에 부탁하지 마라

세계적 베스트셀러인 《잡식동물의 딜레마》 등을 쓴 마이클 폴란은 "우리는 음식의 홍수에 빠져 있지만 정작 '진짜 음식'은 드물다. 슈퍼마켓 선반에 '진짜 음식'이 사라지고 '그럴싸한 음식'을 가장한 가공식품이 빼곡히 들어찼다"고 꼬집는다. 그가 말하는 진짜 음식의 판단 기준은 증조할머니가 아는 음식, 즉 신선하고 살아 있으며 우리의 오감(五感)에 말을 거는 음식이다. 냉장고를 갖다 버린 부부는 "'슈퍼마켓'보다 '마켓'(시장)을 가까이 하니 결과적으로 삶의 질이 높아졌다"고 말했다. '탐식의 시대'에 사는 우리가 냉장고를 다시금 들여다봐야 하는 이유다."(중략) 사실 냉장고의 등장으로 이웃 간의 정도 많이 사라졌다. 장기보관이 어려웠던 시절에는 음식이 상하기 전에 이웃과 나누어 먹는 훈훈하고 정겨운 미풍이 있었다. 그러나 요즘은 '혹 버릴지언정 냉장고에 우선 보관하고 보자'는 욕심이 각 가정의 냉장고에 팽배하고 있다. (중략)

냉장고에 갇혀 있는 식재료 중 상당수는 그냥 상온에서 보관해도 좋을 것들이다. 과일의 경우 식탁 위에 놓아두고 눈 맛을 충족시키며 2, 3일간 숙성시켜도 상하지 않을 뿐더러 오히려 그 맛을 배가 시켜준다. 냉장고에 보관된 음식은 냉기를 안고 있어 식재료 고유의 맛을 느끼기 어렵다. 가능하면 장터에 나가 닷새 동안 먹을 식재료를 사다 상온에 보관해 가족들의 미각기능을 살려야 건강한 식문화를 이어갈 수 있다. … 지금 당장 냉장고 문을 열고 안을 들여다보자. 대부분 더 이상 들여 넣을 공간도 없이 꽉 들어차 있을 것이다.

동네 정육점과 구멍가게에서 고기와 채소를 사던 1990년대 초 · 중반까지 대형 냉장고는 사치품이었다. 그때까지만 해도 많은 가계가 당일 산 재료를 당일 조리해 식사를 하는 소비생활 패턴을 유지하고 있었기 때문이다. 그러나 주말에 대형마트에 가서 일주일 먹을 식량을 대거 구입해 돌아오는 2012년, 대형 냉장고는 필수품이다. 최소한 일주일치를 저장해두어야 하기 때문이다. 골목상권 붕괴와 냉장고는 이렇게 만난다. … (중략)

작은 냉장고를 사용하는 생활로 가려면 어떻게 해야 할까? 자본주의적 삶의 폐단은 모두 냉장고에 응축되어 있다. 자, 지금 바로 냉장고를 열어보자. 보통 위가 냉동실이고 아래가 냉장실로 이루어져 있을 것이다. 냉동실을 열어보자. 검은 비닐 봉투에 정체 모를 고기와 함께 얼어 붙어 있는 덩어리를 몇 개 찾을 수 있을 것이다. 소고기인지, 돼지고기인지 아니면 닭고기인지 헷갈리기만 하다. 심각한 것은 도대체 어느 시절 고기인지 아리송하다. 아니 어쩌면 매머드 고기인지도 모를 일이다. 아니면 냉동실에는 냉동만두가 더 냉동되어 방치되어 있을지도 모른다. 이게 만두인지 돌인지 구별이 안 될 정도이다. 보통 이런 돌만두는 새로운 냉동만두를 넣으려다가 발견하기 쉬울 것이다. (중략)

그래도 오늘은 운이 좋은 날이다. 냉동실과 냉장실에서 정체 모를 봉투들, 유통기한이 지나도 한참이나 지난 식품들을 꺼내서 없앨 수 있으니까 말이다. (중략) 음식물 쓰레기를 담는 종량제 봉투에 그것들을 모두 쓸어 담아, 집 앞 음식물 쓰레기통에 투척한다. 다시 집에 돌아와 냉장고를 여니 한결 청결해 보인다. 그러나 왠지 허전하다. 냉장고가 비게 되면, 무엇인가 불안한 느낌을 지울 수가 없다. 그렇지만 뭐 어떤가? 즐거운 쇼핑 시간이다. 쾌적한 대형마트에서 가족들의 해맑은 웃음과 행복한 미소를 떠올리며 정말 싱싱한 포장식품들을 그득 사오면 되는데 말이다. 행복한 공동체를 원하는가? 재래시장을 살리고 싶은가? 생태문제를 해결하고 싶은가? 가족들의 몸을 건강하게 만들 수 있는 안전하고 싱싱한 식품을 원하는가? 그럼 냉장고를 없애라!

출처 : 한국일보(2015. 8. 12)

1. 위의 내용을 근거로 우리집 냉장고 유지관리상 문제점을 지적해 보시오.
2. 1번에 지적된 문제점을 해결하기 위한 냉장고 위생관리요령을 제시해 보시오.

Study Questions

1 다음 사이트를 참고하여 가정용 '손 씻기 포스터'를 만들어보시오.
http://www.cdc.gov/handwashing/when-how-handwashing.html

2 식품의 장보기 순서를 제시하시오.

3 도마와 칼의 세척 및 소독 절차를 제시하시오.

4 가정에서 조리할 때 단계별 온도관리기준을 설명하시오.

5 냉장 및 냉동식품을 취급할 때 지켜야 할 위생관리수칙을 설명하시오.

참고 문헌

김범수. 2015. 냉장고에 부탁하지 마라. 한국일보 2015. 8. 12

류경. 2016. 냉장고 내 식품 안전하게 보관하기. 식품외식경제신문 2016. 9. 30

식품의약품안전처. 2014. 어르신을 위한 건강식생활길라잡이

식품의약품안전처. 식품안전정보 포털 식품안전나라. 식생활안전수칙

Centers for Disease Control and Prevention. 2016. Food Safety. Information for Consumers. Available from http://www.cdc.gov/foodsafety/groups/consumers.html/ 〔cited 20 December 2016〕

McWilliams M. 2009. Fundamentals of Meal Management. 5th ed. Pearson, Prentice Hall, Upper Saddle River. NJ. USA

US Food and Drug Administration. 2016. Safe Food Handling: What You Need to Know. Available from https://www.fda.gov/Food/FoodborneIllnessContaminants/BuyStoreServeSafeFood/ucm255180.htm

US Department of Health & Human Services. Foodsafety.gov. Your Gateway to Federal Food Safety Information. https://www.foodsafety.gov/

US Centers for Disease Control and Prevention. Food Safety. Information for Consumers. http://www.cdc.gov/foodsafety/groups/consumers.html/

World Health Organization. Five keys to safer food manual. http://www.who.int/foodsafety/publications/5keysmanual/en/

권장 웹사이트

미국 식품의약품안전국 http://www.fda.gov/Food/FoodborneIllnessContaminants/BuyStoreServeSafeFood/ucm255180.htm cited 20 December 2016〕

미국 질병통제예방센터 http://www.cdc. gov/foodborneburden/PDFs/CDC–and–

Food-Safety.pdf

식품의약품안전처 https://www.mfds.go.kr/index.do?mid=700&pageNo=1&seq=21193&

Part 4

식생활관리의 미래

CHAPTER

08

지속가능한 식생활관리

학습 목표

- 지속가능성의 개념을 설명할 수 있다.
- 지속가능한 식생활관리 실천방안을 설명할 수 있다.
- 가정 내 음식물 쓰레기 줄이기 방안을 설명할 수 있다.

중년 여성의 지속가능한 식생활 실천 수준

가정에서의 지속가능한 식생활이란, 가정 내에서 일어나는 식생활 관리 활동을 지속가능한 방식으로 실천하는 것이다. 즉 미래 세대에 좋은 환경을 물려줄 수 있도록 환경을 보호하며, 합리적으로 소비하고, 사회전반에 나눔과 배려를 실천하는 방식의 식생활관리 활동을 의미한다.

Q 1) 지속가능한 식생활의 어떤 활동으로 구성될까요?

총 438명의 여성을 대상으로 지속가능한 식생활 실천 수준을 조사한 자료에 따르면 지속가능한 식생활 활동은 친환경적 식품구매, 폐기물/음식물 쓰레기 줄이기, 윤리적 구매와 나눔, 건강식단 구성, 친환경적 용품/기기 구매, 스마트 식행동, 절약습관으로 구성되며, 구체적인 활동은 그림 1과 같다.

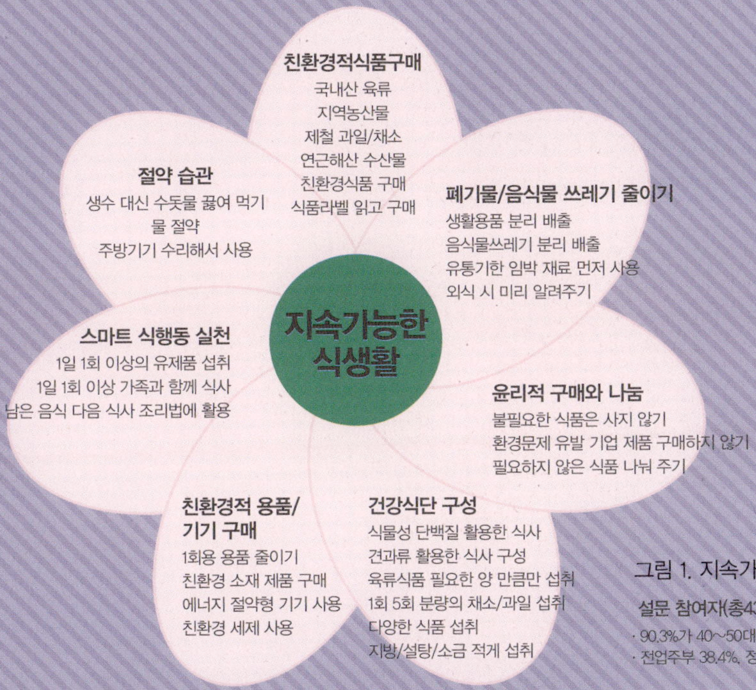

그림 1. 지속가능한 식생활의 영역 및 활동 지표

설문 참여자(총438명)의 특성

· 90.3%가 40~50대; 구성 가족수는 4명 49.1%, 3명 22.5%, 5명 11.7%임.
· 전업주부 38.4%, 정규직근로자 38.1%, 시간제 근로자 12.8%이었음.

Q 2) 중년 여성의 지속가능한 식생활 실천 수준은 얼마나 될까요?

지속가능한 식생활 활동 평가(5점 만점)에서 높은 실천율을 활동은 생활용품 분리 배출, 음식물을 음식물쓰레기통에 분리 배출, 제철 과일과 채소 구매, 유통기한 임박한 재료 먼저 사용, 리필제품구매 등이었다. 반면, 낮은 실천율을 보여 개선 활동이 시급한 것은 생수 대신 수돗물을 식수로 사용, 식사 계획 시 식물성 단백질 식품 활용, 유기농산물/친환경 인증식품 구매, 잔식은 색다른 조리법으로 활용, 견과류 등 식물성 단백질 식품을 식사에 활용하기로 나타났다.

08 CHAPTER

지속가능한 식생활의 개념은 미래 세대에 좋은 환경을 물려줄 수 있도록 식사계획, 식품과 용품의 구매, 조리, 서비스, 세척과 폐기물관리활동을 전개하여 가정 내 식생활활동을 하는 것이다. 지속가능한 식생활을 실천하기 위해서는 실천활동을 미리 계획하고 또한 어떻게 실행할 것인지를 인지하여 실천하며 이를 모니터링하는 활동이 필요하다.

1. 지속가능한 식생활의 개념

1) 개념

지속가능한 식생활은 지속가능한 발전에서 유래를 찾을 수 있다. 1979년 유엔 심포지엄에서 지속가능한 발전Sustainable development이라는 주제가 처음으로 논의된 이후, 1986년 유엔 보고서인 '우리의 미래Our Common Future'에서 '지속가능한 발전'을 "미래 세대가 그들의 필요를 충족시킬 능력을 저해하지 않으면서 현재 세대의 필요를 충족시키는 발전"으로 정의하였다. 그 이후에 지속가능한 개발이 사회 전반에 확산되면서 '지속가능한 판매', '지속가능한 경영', '지속가능한 도시' 등 다양한 신조어가 생겨나고 있다.

'지속가능한 식생활'은 가정 식생활 분야에서 지속가능한 실천을 위한 활동을 지칭한다. 미래 세대의 필요를 손상시키지 않고 좋은 환경을 물려줄 수 있도록 환경을 보호하면서 현 세대의 식생활을 영위하는 데 필요한 식재료의 선택, 조리, 소비, 재활용 활동을 합리적으로 실천하는 방식의 식생활을 의미한다.

2) 지속가능한 식생활의 이점

가정에서 지속가능한 활동, 즉 환경을 생각하며 식품을 구매, 조리, 소비하는 활동을 실천하면 다음의 이점이 있다.

- 경제적이다. 외식하지 않고 가정에서 식사를 준비해 먹으면 비용을 절감할 수 있다. 소비자가 지불하는 외식비에는 식재료비뿐 아니라 조리사의 인건비, 가게 임대료, 사업 이윤 등의 비용이 포함된다. 집에서 제철식품이나 저렴하게 구입할 수 있는 재료를 활용하여 조리하면 식생활비용을 절감할 수 있다.
- 안전하다. 신선한 지역농산물, 친환경 식품을 이용하면, 화학비료나 항생제에 의한 피해를 줄일 수 있다. 가정에서는 소량의 음식을 취급하기 때문에 외식

알아두기

지속가능한 발전이란?

지속가능한 발전은 3가지 축을 중심으로 발전을 추구하는 새로운 경영 패러다임이다. 첫 번째 지속가능한 발전은 세 가지 축을 중심으로 발전을 추구하는 새로운 경영 패러다임이다. 첫 번째는 '생태적 지속가능성'으로 환경 용량 범위 내에서의 개발을 뜻한다. 환경을 파괴하지 않는 범위에서 개발을 추진하는 것이다. 두 번째는 '사회적 지속가능성'으로, 가치 규범이 용납되는 범위 안에서의 개발을 의미한다. 즉, 사회 규범에 벗어나지 않는 개발을 말한다. 마지막으로 '경제적 지속가능성'은 편익이 비용을 능가하거나 최소한 균형을 이루는 범위 내에서의 개발을 의미한다. 따라서 지속가능한 발전은 환경 보전, 사회 통합, 경제 성장을 함께 이루어 가는 발전이다. 경제 자원을 효율적으로 보전하면서 사용해야 하며, 궁극적으로 우리가 필요한 제품에 대하여 생산과 소비를 환경친화적으로 실천해야 한다.

출처 : 한국생산성본부 홈페이지

이나 단체급식과 같이 대량조리과정에서 발생할 수 있는 식중독 사고 가능성이 더 낮다. 대량으로 음식을 조리하는 과정에서 조리종사원의 비위생적인 취급이나 품질이 낮은 식재료의 사용, 식기의 세척과 소독관리 미흡 등의 문제가 가정보다는 더 많이 발생할 수 있고 이로 인해 식중독의 사고 발생 가능성도 더 높아진다.

- 영양적이다. 외식의 경우 소비자를 끌어들이기 위해, 맛을 좋게 하기 위해, 더

예쁘게 하기 위해, 혹은 더 자극적인 맛을 위해 과량의 단맛, 짠맛, 매운맛 성분을 사용할 수 있다. 가정에서의 식사는 이와 관련된 건강상에 문제를 일으킬 수 있는 유해물질로부터 피해를 줄일 수 있다.

- 원하는 맛대로 자유자재의 조리가 가능하다. 푸드서비스업계, 식품산업계에서 식품의 보존성, 경제성을 높이기 위하여 콘시럽, 화학물질, 보존료 등을 많이 사용한다. 소비자의 입맛도 이런 맛에 길들여지고 있다. 가정에서 조리하면 지나치게 달거나 짜지 않게 자신이 원하는 맛을 추구하며 조리할 수 있다. 신선한 식품으로 조리하면, 특별한 첨가물을 넣지 않아도 음식 본연의 좋은 맛을 낼 수 있다. 또한 집에서 조리를 계속하다 보면, 맛있게 조리하는 방법을 터득하게 된다. 냉장고에 보관 중인 음식을 활용하여 나만의 독특한 맛을 내는 음식을 만들 수 있다.
- 육류 소비를 줄일 수 있다. 지속가능한 소비를 실천하고자 하는 소비자의 신념이 있다면 필요 이상의 육류 소비를 자제할 수 있다. 직접 식사를 준비할 경우 필요한 양만큼의 육류 소비를 스스로 통제할 수 있고, 몸에서 필요한 단백질 공급을 육류 단백질 대신 식물성 단백질, 견과류, 연근해산 해산물 등으로 보완할 수 있다.
- 자손에게 밝은 미래를 물려줄 수 있다. 지속가능한 식생활 실천을 통해 미래 세대에서 깨끗하고 풍요로운 자연을 물려줄 수 있다. 이를 통해 자손들은 풍요로움과 만족감을 얻을 수 있다.

이상과 같이 가정에서 지속가능한 식생활의 실천은 영양적으로 균형 잡힌 식생활을 확보하고 자연 환경을 보호하며, 동시에 가정 경제를 확보할 수 있는 기반이 된다. 따라서 지속가능한 식생활관리의 개념을 익히고, 실천방법을 학습함으로써 식생활 행동으로 실천하는 노력이 요구된다.

3) 지속가능한 식생활의 구성요소

지속가능한 식생활의 구성요소는 실천활동을 계획하고, 실천으로 옮기며, 이를 평가하는 절차로 이루어진다. 지속가능한 식생활은 어디서, 무엇을, 어떻게, 얼마나, 어떤 방법으로 구매해서 조리하고 소비할 것인지를 미리 계획하는 것에서 시작된다. 구체적인 활동은 식사를 계획하고, 시장에서 재료를 구매하고, 식사를 조리하고, 상차림 후 세척과 유지하는 단계로 진행되며 그 과정에서 환경을 보호하면서 소비하는 방법을 고려하는 것이다. 마지막으로 평가활동은 지속가능한 식생활을 계획했던 목표치와 실제 수행하는 과정에서 실천 정도를 분석하여 비교해 보고, 수정이 필요한 부분은 개선방안을 모색한다.

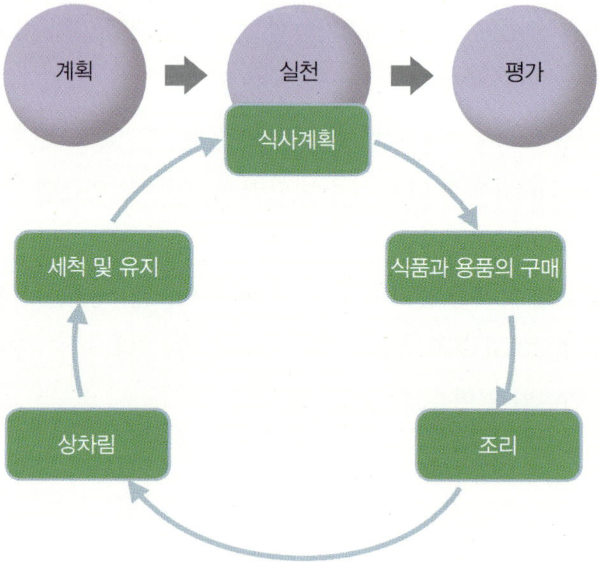

그림 8-1 지속가능한 식생활의 구성요소

CHAPTER 8

2. 지속가능한 식생활계획

지속가능한 식생활을 실천하는 것은 식생활의 계획, 식품 및 용품의 구매, 메뉴의 설계, 음식의 조리공정, 서비스, 세척 및 쓰레기 관리에 이르기까지 전 과정에서 환경을 보호하고 절약하는 세부적인 방법을 강구하는 것이다. 실천에 앞서 식생활을 통해서 환경을 보호하고 식품자원을 절약할 수 있는 방법을 검토하고 어떻게 실천할 것인지를 사전에 계획하는 것이 중요하다. 예를 들면, 전월 자료를 활용하여 친환경 식품 구매액 예산을 작성한다든지, 전기, 수도, 가스 사용료의 절감목표치를 정하거나, 음식물 쓰레기 배출량에 대한 계획을 수립한다.

3. 지속가능한 식생활 실천

지속가능한 식생활 실천이란 가정에서 식생활을 실천할 때 환경을 보호하고, 사회적으로 책임을 다하는 식품시스템을 지원하는 방식으로 식품을 소비하는 것을 말한다. 지속가능한 식생활 실천을 위해 고려해야 할 관리 포인트에는 식사계획, 식품과 용품의 구매, 조리, 상차림, 음식물 쓰레기 관리, 세척 및 유지관리활동이 있다.

1) 식사계획

지속가능한 식생활을 위한 식사계획 원칙은 다음과 같다. 일반 식생활관리지침에 따라 식사를 계획하게 된다. 다만, 식단 작성 시 다음의 원칙을 감안하여 식사를 계획한다.

알아두기

▌지속가능한 식생활을 위한 5가지 비법

지속가능한 식생활을 위한 5가지 비법은 다음과 같다.

2) 식품과 용품의 구매

식단계획에서 구매해야 할 식품과 용품은 가능한 필요한 양만큼만 구매한다. 지나치게 많은 양의 음식 조리계획은 사람의 건강에도 나쁜 영향을 미칠 뿐 아니라 불필요한 식품의 낭비, 에너지, 물 사용 등의 낭비를 초래하게 된다. 영양필요량에 맞는 적정량 만큼의 자원을 투입하여 조리하고 조리과정에서 에너지, 노동력, 재료, 시간 등의 낭비요소를 최대한 줄이는 한편, 최종 산물인 음식 상품을 완전히 소비하며 음식물 쓰레기를 남기지 않도록 한다.

(1) 식품

지속가능한 식품구매활동은 채소 위주의 소비, 유기농 식품 이용, 지역 농축수산물의 사용이나 지리적 특산물 이용, 계절식품의 활용을 포함한다. 이와 같은 식품 소비방식은 농작물 재배과정에서 유기 살충제와 비료제의 남용으로 인한 토양의 황폐화를 늦출 수 있다. 그리고 장거리 식품 운송에서 발생되는 이산화탄소 발생량을 줄일 수 있다.

표 8-1 지속가능한 식품구매활동

구분	내용
채소 위주의 소비 	채소 위주로 식사하는 것은 환경 보호에 큰 도움을 준다. 채소 대신 육류 섭취가 증가되면 육류와 유제품을 생산하는 데 많은 사료, 연료, 그리고 물이 사용되며, 다량의 온실가스를 배출한다. 한 예로 미국인이 매주 월요일에 스테이크를 먹지 않는다면 자동차에 의해 발생되는 3개월 분량의 온실가스를 없애는 것과 동일한 효과가 있다고 한다. 따라서 채소식품을 많이 섭취하고 육류의 소비는 줄이며 대신에 식물성 단백질, 견과류, 두류 등을 많이 섭취한다.
유기농 식품을 사용 유기농 (ORGANIC) 농림축산식품부	유기 농산물은 농약과 화학비료가 적은 양 사용되므로 토지의 황폐화를 방지한다.
지역농산물/축산물/수산물 사용 지리적표시 (PGI) 농림축산식품부 지리적표시 (PGI) 해양수산부	가정에서 가까운 장소에서 재배, 생산, 수확한 농산물, 축산물, 수산물을 구매한다. 지역에서 생산된 농산물을 구매하면, 신선하고 충분히 익은 질 좋은 식품을 얻을 수 있다. 식품이 배송되는 거리가 짧아서 온실가스 배출량도 감소된다. 그리고 지역 경제 활성화와 일자리 창출 효과도 있다.
계절 제품 활용  	계절 식품을 구매하면 환경 보호에도 도움되고 가격도 저렴하다. 왜냐하면 온실에서 생산할 필요가 없어서 자원과 에너지 소비를 줄일 수 있기 때문이다. 계절식품을 이용하면 다양함, 맛, 신선함을 주고 지역 농업을 지원할 수 있다.

표 8-2 제철 재료를 활용한 세시음식

절기	음식		
정월대보름			부럼, 오곡밥, 진채식(무, 오이, 호박, 박, 가지, 버섯, 고사리), 약밥, 복쌈, 귀밝이술, 솔떡(솔을 깔고 찐 떡)
한식			진달래술, 약밥, 쑥떡, 찬밥, 쑥 넣은 음식(쑥떡, 쑥단자, 쑥탕), 한식면(메밀국수)
초복, 중복, 말복			삼계탕, 추어탕, 콩국수
추석			송편, 전, 산적, 토란탕, 갈비찜, 삼색나물무침, 잡채, 인절미
동짓달			팥죽, 팥밥, 팥무시루떡

제철 채소나 과일을 활용하면 환경보호뿐 아니라 식생활 비용도 줄일 수 있다. 제철 재료를 활용한 식단의 예는 표 8-2와 같다.

지속가능한 식생활을 위해서는 육류 소비를 줄일 것을 권장한다. 이틀에 한번 정도 육류를 섭취하고, 메인 디시main dish 대신에 사이드 디시side dish 형태로 육류를 소비한다. 또한 육류 대신에 식물성 단백질 급원식품이나 해산물의 섭취를 늘린다. 방목한 축산물grass-fed meat을 구매하면, 항생제, 호르몬에 의한 소비자 피해를 줄이고 영양적이며, 지방 함량이 낮은 육류를 섭취할 수 있다.

유전자변형식품은 토지, 지표수, 인체를 황폐화시킬 수 있으므로 구매를 제한한다. 핫도그, 훈제식품, 치킨너겟과 같은 가공식품도 가급적 구매를 줄인다.

쉬어가기

정부가 추진 중인 10대 대표 식재료

정부는 미래 식량문제를 대비하기 위하여 국내 지역농산물로 품질이 우수한 10대 대표 식재료를 지정하였다. 10대 식재료는 지역의 테마관광상품과 연계하여 먹방TV, 인터넷을 통해 홍보하게 된다. 10대 대표 식재료는 메밀(평창), 콩(파주), 인삼/홍삼(금산/진안/부여), 한우(마장동), 흑돈(제주), 약초/산채(전주/지리산), 쌀(여주/이천), 소금(태안/신안), 감(홍성, 광천), 굴(통영/거제)로 지정하였다.

출처 : 최지현(2016)

알아두기

지속가능한 소비생활

건강가정지원센터(www.familynet.or.kr)는 가족 지원 정책을 제안하고 실행하기 위해 여성가족부가 설립한 기관이다. 체험활동, 가족 여행, 가족 축제 등 가족 여가문화를 위한 다양한 프로그램을 제공하고 있다. 이 센터에서 지속가능한 소비생활문화를 확산하기 위해서는 환경친화적 구매, 환경친화적 사용, 환경친화적 처분을 실천할 것을 권장한다.

환경친화적 구매	→	환경친화적 사용	→	환경친화적 처분
• 친환경인증마크 제품 • 에너지 절약 제품 • 저탄소제품 • 지역농산물 • 식품첨가물 확인 후 구매 • 리필 가능한 제품		• 에너지 효율 높은 제품 이용 • 장바구니 이용 • 합성세제 사용 줄이기		• 폐품 재활용 • 과대포장하지 않기 • 재활용 쓰레기 분리 배출 • 유해폐기물 분리 배출 • 음식은 소량 조리해서 먹기

출처 : 최완식(2014) ; 건강가정지원센터 재구성

(2) 용품

용품을 구매할 때는 환경오염을 최소화할 수 있는 소비재를 구매하여 사용한다. 가능한 포장지의 사용을 제한하고 과대 포장된 제품의 구매를 피하며 땅에서 쉽게 분해되는 재질로 만들어진 포장지를 사용한다. 주방과 관련된 기기나 용품을 구매할 때, 친환경적 재질로 만들어진 기기 혹은 도구를 구매한다. 전기료를 절감할 수 있는 에너지 효율이 높은 조리기기를 구매한다.

3) 조리

(1) 식품 보관

식품 보관과정에서 품질이 낮아지고, 에너지비, 유지비와 같은 비용이 발생되므로 가능한 식품 보관을 최소화하는 것이 좋다. 냉장고와 냉동고는 에너지 효율 1등급인 제품을 선택한다. 음식을 보관할 때는 유통기한을 크게 적어 둔다. 주 1회 정도 냉장실과 냉동실의 보관 음식을 확인하여 유통기한이 임박한 음식을 먼저 사용할 수 있도록 식사를 계획한다. 그리고 유통기한이 지나 폐기해야 할 식품은 가능한 빨리 폐기하여 냉장고의 에너지 소비를 줄인다. 냉동실은 정기적으로 성에를 제거한다. 자세한 보관관리방법은 제5장 위생관리를 참조한다.

(2) 식품 조리

지속가능한 식생활관리를 위해 조리단계에서는 서로 돕고 배려하며 식사를 준비하는 활동, 에너지와 물을 절약하는 환경적 활동, 식재료의 낭비를 초래하지 않는 합리적인 소비 활동을 포함한다.

가족과 식사를 같이 한다는 것은 여러 가지 의미를 갖는다. 같은 음식물을 섭취하면서 식문화를 자연스럽게 공유하게 된다. 음식 준비과정, 식사과정에서 서로 시간을 공유하며, 이야기를 나눔으로써 서로를 이해하고 가정의 식문화를 익히며 조리법을 공유하게 된다.

집에서 직접 음식을 만드는 경우 외식이나 편의식품을 사용하는 경우보다 사용하는 식품 원료의 품질과 안전성을 쉽게 체크할 수 있고 더욱 위생적으로 조리할 수 있다. 더구나 지역 농산물, 친환경 재료를 구매하여 환경을 보호하고 농가를 지원하는 배려와 나눔을 공유할 수 있다. 외식을 하는 것보다 집에서 조리해 가족과 식사하는 것은 어린이, 청소년에게 식문화와 식사예절을 자연스럽게 전수하는 이점도 있다.

에너지와 물을 절약하는 조리방법은 다음과 같다.

- 가능한 식사하기 직전에 식품을 충분한 온도로 가열 조리한다. 여러 번 조리하거나 조리 후 열장 보관할 경우 에너지의 낭비가 일어난다. 가급적이면 조리 직전에 가열조리하여 서빙한다.
- 조리에 사용되는 물을 절약한다. 가정에서 조리에 사용되는 물 소비량을 모니터링하고 낭비적 요소를 제거한다. 주방기기에 절수기를 설치하거나 물을 사용하지 않을 때 수도꼭지를 꼭 잠가 둔다. 누수 우려가 있는 설비를 정기적으로 점검한다. 냉동식품을 해동할 때 유수해동을 하는 것보다는 하루 전에 냉장고로 옮겨 해동한다. 식기 세척 시에는 흐르는 물에 세척하지 않고 물을 받아서 식기를 세척한 후에 헹군다.

4) 상차림

음식을 서비스할 때 중요한 것은 음식 맛을 좋게 느낄 수 있도록 적온급식하는 것이다. 찬 음식을 먼저 조리하여 냉장보관하고 가열조리는 서빙 직전에 하는 것이 합리적이다. 상차림 시에는 먹을 만큼 소량씩 들어서 음식을 담는다. 음식을 서빙할 때는 1회용 용품의 사용을 금하고, 버려지지 않는 회수 가능한 용기를 활용한다.

5) 세척 및 유지관리

(1) 세척

식품의 세척이나 주방기기, 도구를 세척할 때 사용하는 세제는 친환경제품을 사용한다. 일반 세척용품에는 소포체, 계면활성제가 첨가되어 쉽게 거품을 만들어 내어 식기에 붙어 있는 이물질을 제거한다. 이 거품은 하수구로 배출되어 오랫동안 거품을 유지하고 이로 인해 하수 생태계에 교란이나 파괴를 유도한다. 따라서 세척용품의 거품이 쉽게 생기지 않고 수생 생태계를 파괴하지 않는 제품들로 구성된 세제류를 사용한다.

(2) 유지관리

음식물 쓰레기와 폐기물관리를 위해 5R 운동을 적극 전개함으로써 생활 쓰레기, 음식물 쓰레기를 줄인다. 불필요한 포장, 불필요한 식품의 구매를 줄여서 폐기물 발생량을 줄인다. 불필요한 식품이나 용품을 구매하지 않고, 받지 않으며, 꼭 필요한 사람에게 나누어 준다. 사용하지 않는 물건, 먹지 않는 음식은 나눔 냉장고에 기부하거나 조리법을 변경하여 재활용하거나 다른 사람에게 나누어 준다. 고장 난 주방기기, 가전제품 등은 수리해서 사용하여 불필요한 구매를 줄인다. 합리적인 범위 내

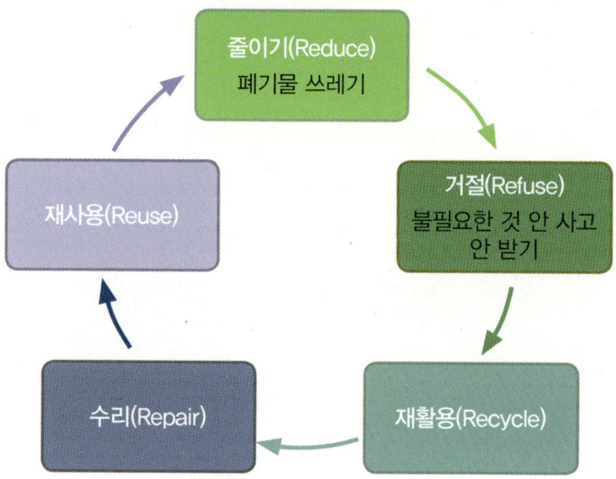

그림 8-2 5R 운동

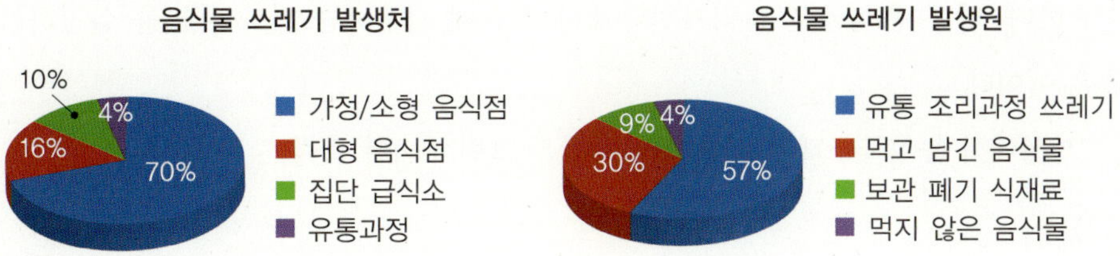

▲▲ 그림 8-3 음식물 쓰레기 발생처 및 발생원

에서 음식의 재가열 조리를 통한 재사용, 용기, 용품을 재사용하도록 한다.

① 음식물 쓰레기 관리

2012년 미국 환경보호국environmental protection agency에 따르면 버려지는 음식물 쓰레기는 3,600만 톤에 달한다. 음식물이 썩는 과정에 지구 온난화를 유도하는 물질인 메탄이 다량 발생된다. 가정에서의 식단을 계획할 때 가족이 먹을 양을 정확하게 파악하고, 그 만큼 만들어서 소비하는 것은 음식물 쓰레기 발생을 줄이는 데

구매 · 보관
- 일주일 단위로 식단 구성
- 장보기 전 필요한 품목을 메모
- 낱개 포장 제품 구입
- 반가공 · 깔끔 포장된 식재료 구매
- 제철에 나오는 근거리 생산 식재료 구매
- 장을 본 후 바로 손질
- 냉동 보관 시 한 끼 분량으로 나누어 보관
- 식재료별 보관법 파악
- 내용물 확인이 가능하도록 투명용기 사용 보관
- 자투리 식재료는 따로 모아 보관
- 냉장고를 정기적으로 정리
- 주로 먹는 반찬은 쟁반에 함께 담아 보관

조리
- 외식 땐 미리 집에 알려주기
- 가족 식사량에 맞게 요리
- 멸치, 건새우 등 건재료는 갈아서 조리
- 계량기구를 활용하여 적정량 조리
- 음식 맛은 짜지 않게

식사
- 밥상머리 교육 실시
- 감사하는 마음으로 먹기
- 과일 껍질째 먹기

잔식 활용
- 식재료 껍질을 육수 등에 활용
- 남은 음식으로 색다른 요리 도전
- 냉장고 속 자투리 식재료 활용

배출
- 물기 제거 후 배출
- 종량제 실시

▲▲ 그림 8-4 가정에서 음식물 쓰레기 줄이는 실천방법

출처 : 한국환경공단(2016)

중요하다. 남은 음식물은 지역자선단체나 기관에 기부하는 것도 나눔을 실천하는 좋은 예이다.

가정에서 음식물쓰레기를 줄이는 방법은 그림 8-4와 같다.

② 폐기물관리

가정에서 배출되는 재활용 용품, 폐기물을 줄인다. 가정에서 일반적으로 사용되는 폐기물에는 유리, 캔, 종이 등이 있다. 식품을 구매하거나 담을 때 1회용 포장기의 사용을 줄이거나, 물품을 포장할 때 과도하게 포장하지 않는다. 그리고 사용하고 남은 기름찌꺼기, 지방은 따로 모아서 재활용센터로 보낸다. 1회용 제품의 사용을 최대한 줄이고 꼭 필요한 경우에만 사용한다. 예를 들어, 음식을 테이크아웃할 때 집에서 용기를 가져가서 음식을 담아온다.

가정에서부터 점차적으로 지속가능한 식사sustainable diet에 관심을 가지고 행동으로 옮기는 것이 바로 환경보호와 자원을 아끼고 다른 사람들과 나눔과 배려를 실

쉬어가기

프랑스, 2020년부터 일회용 플라스틱 용기 사용 전면 금지

프랑스가 2020년부터 플라스틱 컵과 접시, 비닐봉지 등 썩지 않는 일회용품 사용을 전면 금지하는 법을 새롭게 통과시켰다. 이 법에 따르면 일회용 식기류를 만들 때 재료의 50%는 집에서 퇴비로 쓸 수 있는 생물학적 원료로 만들어야 한다. 2025년부터 이 비율은 60%로 늘어난다. 이번 조치는 기후 변화 영향을 줄이려는 목표로 지난 2015년 프랑스 의회를 통과한 '녹색 성장을 위한 에너지 전환법'에 추가된 것이다. 프랑스는 지난해 12월 지구온난화를 막으려는 기후협약을 파리에서 타결한 이후 환경과 에너지 문제 해결에 적극 나서고 있다. 환경보호론자와 단체들은 이번 조치에 대해 환영했지만, 일부 소비자와 업체들은 유럽연합(EU) 규정에 위배된다며 항의를 표시하고 있다. 유럽 포장업체들을 대변하는 단체인 벨기에 브뤼셀에 있는 '팩투고(Pack2Go)'는 해당 조치가 유럽 규정을 위배한 것으로 EU 집행위원회가 법적 조처를 해야 한다고 주장했다.

출처 : 중앙일보(2016. 9. 20)

천하는 것이다. 사회, 경제, 환경 그리고 미래 세대를 포함하는 이해관계자들이 모두 이득이 되는 방향으로 미래는 준비할 수 있는 대안이 될 것이다.

4. 지속가능한 식생활 평가

지속가능한 식생활에 대한 계획이나 목표치를 얼마나 달성했는지를 월 단위, 반기별, 연 단위로 살펴본다. 평가과정에서 계획이나 목표와 차이가 있을 때 수정함으로써 실천 가능성을 더 높일 수 있다. 표 8-3을 활용하여 월간 단위로 실천도를 평가한다.

주기적으로 지속가능한 식생활의 실천 정도를 파악하고 이를 효과적으로 실행할 수 있는 전략을 수립하는 것이 필요하다. 가정, 교육기관, 지역사회가 공동으로 지속가능한 식생활에 관심을 가지고 지속적으로 모니터링하며 실천을 장려하는 문화를 확산한다면, 어려운 일이지만 기꺼이 실천 행동으로 옮겨질 것이다. 이러한 노력들이 계속될 때 발전적 대안이 마련될 수 있다.

표 8-3 지속가능한 식생활지침

실천 지표	매우 그렇지 않다	그렇지 않다	보통 이다	그렇다	매우 그렇다
지역농산물, 유기농산물을 구매한다.					
제철식품(과일, 채소)을 구매한다.					
육류 섭취를 필요한 양만큼으로 제한한다.					
과식을 피하고, 적당량을 섭취한다.					
합성첨가물을 사용하지 않은 식품을 구매한다.					
필요한 만큼 구매하고, 조리하여 음식물 쓰레기 배출량을 줄인다.					
조리 후 배출되는 모든 쓰레기는 재활용될 수 있는 것은 분리하여 배출한다.					
친환경 세척 세제를 사용한다.					
주방기기에 절수 조절장치를 설치하여 물을 절약한다.					
주방 조리, 식기 세척 시 물을 절약한다.					
에너지 효율이 높은 절전형의 주방기기를 사용한다.					
LED 전등(전기절약형)을 사용한다.					
1회 용품(수저, 접시, 컵, 유리잔, 냅킨, 핸드타월, 스티로폼 용기와 컵)의 사용을 최대한 자제한다.					
포장재를 과도하게 사용하지 않는다.					
가족과 함께 식사한다.					

출처 : 여정성 등(2011) ; 장혜자(2016). 저자 재작성

쉬어가기

미국의 지속가능한 의사소통 재단 GRACE communication foundation

미국은 '지속가능한 의사소통 재단'을 설립하여 식품, 안전, 환경 분야의 지속가능성을 확보하기 위한 방안을 마련하고, 소비자들이 갖는 궁금증이나 관련 정보를 신속하게 제공한다. 이를 통해 지속가능성에 관한 올바른 이해와 소비자 실천을 유도하고 있다.

구분	상세 내용
지속가능한 구매의 필요성  	지속가능한 구매가 필요한 이유를 환경, 개인의 건강, 공중 보건, 농장, 동물 보호, 지역사회와 노동자 보호와 음식 맛의 증진 측면으로 소개함
식품 라벨 바로 알기  	식품에 부착된 라벨의 종류가 너무 많아서 바로 읽고 이해하기 힘든 소비자를 위하여 가공식품, 소고기, 유제품 그리고 가금류 등에 널리 사용되는 라벨의 종류와 그 해석방법을 제시함
지속가능한 식품 판매처  	지속가능 인증마크를 획득한 식품을 소비자들이 쉽게 구매할 수 있도록 주요 식품판매처에 관한 정보를 제공함
지속가능한 구매 관련 질문코너 	지속가능한 식품에 관한 소비자 질문에 신속히 응대함으로서 소비자의 궁금증을 해소하고 소비자와 생산자(예 : 농가) 간의 지속가능한 식품구매활동을 지원함
지속가능한 주방 	에너지 비용을 절감해 주는 주방기기, 친환경 소재로 만들어진 주방용품에 관한 정보를 제공함
식품구매 팁 	식품 포장지의 라벨을 읽으면서 여전히 무엇을 사야할지 결정 내리지 못하는 소비자를 위하여 구매해도 좋은 식품에 관한 정보를 웹사이트에서 제시함

Case 사례연구

영국 환경부의 그린 푸드 프로젝트(Green Food Project) 그룹은 지속가능한 건강식사 기준을 다음과 같이 제안하고 있다.

- 정상적인 체중을 유지할 수 있도록 다양하고 균형 잡힌 식사를 한다.
- 식물성식품을 많이 섭취한다. 1일 적어도 5회 분량의 과일과 채소를 포함하여, 식물성식품을 섭취한다.
- 식품의 가치를 확인한다. 식품의 원산지와 생산방법을 확인하고 음식물을 낭비하지 않는다.
- 육류 소비량을 중간 수준으로 섭취하고, 땅콩, 콩, 견과류, 기타 식물성 단백질 식품을 섭취한다.
- 지속가능 인증마크를 획득한 생선을 구매한다. 제철에 나는 생선, 포획방법을 확인하여 구매한다.
- 우유, 유제품을 섭취하고, 비타민과 무기질이 강화된 식물성 대체식품을 섭취한다.
- 일반 수돗물을 마신다.
- 지방, 설탕, 소금이 적게 든 식품을 섭취한다.

1. 수업에서 배운 지속가능한 식생활 실천방안과 위의 식생활지침을 비교해 보시오.
2. 수업에서 배운 내용과 영국의 사례를 참조하여 지속가능한 식생활을 위해서 우선적으로 실천할 3가지 지침을 선택하고, 학생들과 서로의 의견을 나누어 보시오.

Study Questions

1 지속가능한 식생활을 실천하여 얻을 수 있는 경제, 환경, 사회적 이점을 설명하시오.

2 지속가능한 식생활을 확산하기 위해 고려해야 할 사항을 설명하시오.

3 가정에서 음식을 준비하는 전 과정에서 지속가능한 식생활을 실천하는 데 중요한 요소 3가지를 제시하시오. 그렇게 생각하는 이유를 설명하시오.

참고문헌

강현수. 2015. 지속가능경영의 이해와 활용. 도서출판 청람

고은정. 2016. 이번 동지에는 뭘 먹을까?. http://www.pressian.com/news/article.html?no=122484

박경택. 2016. 4월 세시풍속 한식 의미와 유래. http://www.ohmynews.com/NWS_Web/view/at_pg.aspx?cntn_cd=A0000037862

스마트정보 프레드. 2016. 추석에 꼭 먹어야 하는 명절음식 베스트 톱10. http://smartdata.tistory.com/169

여정성, 윤지현, 이유리, 추호정. 2011. 녹색소비생활 확산을 위한 Green Consumption 연구. 서울대학교 생활과학대학

위키백과. 2016. 정월 대보름. https://ko.wikipedia.org/wiki/%EC%A0%95%EC%9B%94_%EB%8C%80%EB%B3%B4%EB%A6%84

장하정. 2016. 오늘 초복 더위에 지친 원기 보충해줄 특별한 음식은. http://www.etoday.co.kr/issue/newsview.php?idxno=1357484

장혜자. 2015. 레스토랑의 지속가능경영을 위한 기준 개발 및 기준에 관한 한국 미국 전문가의 의견 비교. 한국연구재단 국제협력사업 최종보고서. pp. 37–50

장혜자. 2018. 중년 여성의 라이프스타일에 따른 가정내 지속가능한 식생활 실천. 한국식생활문화학회지 33(1):1–10

중앙일보. 2016. 프랑스, 2020년부터 일회용 플라스틱 접시 · 컵 사용 전면금지. 2016. 9. 20. http://news.joins.com/article/20611568

지속가능경영센터. 2016. 지속가능경영. http://smcenter.or.kr/smc_sustainability/management.php

최완식. 2014. 고등학교 기술가정 자습서. 지학사

최완식. 2016. 웰빙식의 시작, 세시음식. (사)한국식생활문화학회, 식생활교육국민네트워크, 농림축산식품부 주체 수상작품

한국환경공단. 2016. 음식물쓰레기 줄이기. https://www.zero-foodwaste.or.kr/user/about/about.do?type=action01_1

Chang HJ. 2010. Commercialization of Korean traditional food applicable to cook-chill system and development of quality management standards using the concept of risk analysis. Ministry of Education Final Report, Seoul, Korea. pp. 97-98.

Environmental working group. Meat eat less, eat greener. Accessed on March 2017. http://static.ewg.org/reports/2011/meateaters/pdf/report_ewg_meat_eaters_guide_to_health_and_climate_2011.pdf?_ga=1.21514235.138901162.1468044319

Green Restaurant Association. Certification Standards of 2014 [Online] 2014, December. [cited 2015. 3. 15]. http://www.dinegreen.com/ restaurants/default.asp.

Ju S. Chang H. 2016. Consumer perceptions on sustainable practices implemented in foodservice organizations in Korea. Nutrition Research and Practice 10: 10: 108-114

Lori Zanteson. Top 5 sustainable food habits. Accessed on Jan 2017. http://www.environmentalnutrition.com/issues/37_7/features/152630-1.html

Ten reasons to learn sustainable home cooking. Accessed on Sep 2016. http://gracelinks.org/media/pdf/10_reasons_to_learn_sustainable_home_cooking_ho_20091118.pdf

권장 웹사이트

건강가정지원센터 http://www.familynet.or.kr

미국 환경청 Environmental Protection Agency. http://www.epa.gov.

통계개발원 녹색성장지표 https://green.kostat.go.kr

한국생산성본부 지속가능경영센터 http://smcenter.or.kr/index_test.php

Food Climate Research Network http://www.fcrn.org.uk

GRACE Communications Foundation http://www.sustainabletable.org/873/eating-sustainably

Green Seal http://www.greenseal.org

CHAPTER

09

식생활 트렌드

학습 목표

- 식생활 트렌드를 정의하고, 이에 영향을 미치는 요인을 설명할 수 있다.
- 국내 식생활문화 트렌드와 그 예시를 들어 설명할 수 있다.
- 바른 식생활문화를 정착하기 위한 정책들을 설명할 수 있다.

편리와 건강을 모두 잡는 식생활문화 트렌드 바람

건강과 간편함을 동시에 잡는 식생활문화가 주요 트렌드이다. 일반적으로 건강한 음식은 '싱싱한 재료에 정성과 시간을 투자하여 만든 요리'로 생각하지만, 최근에는 현대인의 라이프스타일이 변화함에 따라 이런 상식이 깨지고 있다. 시간이 부족한 현대인은 먹는 것도 간편함을 가장 중요하게 생각하지만, 웰빙 인식이 더해지면서 맛있고, 건강해야 한다는 것이 최근 트렌드이다.

트렌드 1 : 인스턴트보다 고급 간편식이 대세이다. 간편한 조리에 고급 레스토랑의 맛, 집밥 같은 건강한 음식이 인기를 얻고 있다. 편이식 제조업체는 호텔주방장을 영입하여 유명한 맛집과 차별화된 맛을 추구하는 제품을 개발하고 있다. 2013년 340억 원 수준에서 2015년 830억 원 수준으로 급성장하였다. 찌개, 국, 명절음식 등 700여 종이 넘는 제품군으로 레시피를 구성하고 있다. 인기 제품인 ○○짬뽕은 유명 맛집 짬뽕의 맛을 그대로 구현한 불맛과 풍성한 고기 고명으로 구성된 한 끼 식사이다.

트렌드 2 : 클릭 한 번으로 신선한 재료를 집으로 배달한다. ○○○는 고급 식재료를 소개하고 판매하는 온라인몰이다. 서비스 출시 6개월 만에 월 매출 10억 원으로 단기간에 인기를 얻었다. 소포장으로 묶음 배송하여 한 끼 식사 분량으로 구입할 수 있고, 가격도 부담이 적다.

트렌드 3 : 건강한 음식을 쉽게 만드는 주방가전이 인기이다. 버튼 하나만 누르면 요리가 완성되는 간편성 높은 주방제품이 출시되고 있다. ○○블렌더는 믹서기처럼 갈고 냄비처럼 끓이기가 동시에 가능한 멀티형 주방가전으로 스무디 같은 디저트에서 찌개, 탕 등을 간편하게 조리할 수 있다.

출처 : 뉴스템(2016. 4. 27)

CHAPTER 09

식생활 트렌드는 소비자가 식품을 선택하고 소비하는 추세를 의미한다. 식생활 트렌드는 사람들이 처한 경제, 사회, 정치, 기술적 환경에 따라 영향을 받으면서 다양하게 나타난다. 이 장에서는 국내의 식생활 트렌드를 살펴보고 올바른 식생활문화를 정착하기 위한 노력들을 살펴본다.

1. 식생활 트렌드 개요

식생활 트렌드는 개인이 처한 환경에 따라 다양한 형태로 나타난다. 개인을 둘러싸고 있는 사회, 문화, 경제, 환경, 기술, 정치 상황에 따라 달라진다.

1) 식생활 트렌드 정의

뭘 먹고 사느냐는 그 사람을 결정한다. 식생활문화는 생활에 처한 환경에 따라서 다르게 형성된다. 생활방식, 사고방식은 개인이 식생활을 어떻게 영위할 것인가에 영향을 미친다. 개인이 획득할 수 있는 식재료의 종류, 조리방법, 사용할 수 있는 도구, 보관방식에 따라서 다른 식생활문화를 가질 수 있다. 더 나아가 기후, 지역특성에 따라서, 그리고 식품에 대한 믿음, 종교 등에 따라서 식생활문화는 다르게 형성된다. 이러한 요인에 따라서 식생활 트렌드는 형성된다.

식생활 트렌드는 식품을 소비하는 소비자 행동방식에 관한 추세를 의미한다. 현대와 같이 다양한 생활환경에 노출된 사람들은 서로 다른 식생활문화 특성을 보인다. 인구의 노령화로 인해 노인 인구 집단에서 보이는 식생활문화의 특성, 바쁜 생활 속에서 시간에 쫓기는 젊은 중장년층과 맞벌이 가정의 여성, 1인 가구를 이루고 있는 대학생이나 미혼의 청년층 등의 식생활 패턴은 새로운 식생활 트렌드를 만들어 가고 있다.

여기에 외식문화의 발전, 식품가공기술의 발전에 따라 다양한 특성을 지닌 음식들이 상품화되어 시장에 출시되고 있다. 소비자의 경제 수준에 따라 저가의 외식상품이나 가공식품을 혹은 고가의 서비스와 가치가 부여된 고가의 상품을 선택할 수 있는 선택의 폭이 넓어졌다. 또한 소비 목적과 경우에 따라서도 다양한 상품을 선택할 수 있다. 소비자가 식품을 선택할 때 건강, 맛, 경제성, 감성 소비, 즐거움, 웰빙, 체험 등 어디에 가치와 기준을 두느냐에 따라 또 처한 상황에 따라 다양한 선택을 하고 이것이 식생활문화 트렌드를 이끌어 가는 주요 요인이 되고 있다. 테크놀로지의 눈부신 발전 또한 새로운 식생활문화 트렌드를 만들어 내고 있다. 목적과 경우에 따라서 합리적으로 선택음식을 상품화하고 소비자를 유인하는 광고기술, 인터넷의 확산 등은 식생활 문화 트렌드 형성에 한몫을 담당하고 있다.

2) 식생활문화 트렌드 영향 인자

식생활 트렌드에 영향을 미치는 요소는 사회문화적 · 경제적 · 환경적 · 기술적 · 정책적 요인, 인구동태적 요인 등이 있다. 다양한 문화를 경험하면 그 나라의 전통음식, 국민 식생활 패턴, 식생활과 건강 신념 등에 관심이 늘어나고 이해의 폭도 증가한다.

(1) 경제적 요인

식생활문화 트렌드는 개인이 속한 국가의 경제적 상황, 지역경제, 개인의 경제수준에 영향을 받는다. 경제 상황이 좋을 때는 식생활문화 트렌드가 활발하게 변화하지만, 경기 침체 시에는 최소한의 비용을 지불하고 끼니를 소비하려는 경향이 생긴다. 마찬가지로 개인의 경제적 수준이 높을 때에는 가치나 서비스에 대한 욕구가 높아지고, 반대로 경제적 수준이 낮으면 핵심적인 요소, 즉 끼니 해결을 목적으로 적은 비용을 지불하려는 경향을 보인다.

(2) 사회적 요인과 라이프스타일

라이프스타일은 개인이 처한 환경 속에서 사고하고 행동하는 방식을 의미한다. 개인의 라이프스타일은 성별, 연령, 사회적 · 경제적 계층에 따라서 다양성을 보인다. 라이프스타일에 따라서 다양한 형태의 식품소비와 식생활 행동이 나타나는 것이다. 예를 들어, 경제활동을 하는 주부의 경우 가정에서 식사 준비시간에 할애할 수 있는 시간이 크게 줄어듦에 따라 시간을 아껴주는 대안책을 탐색하게 된다. 전처리 식품의 활용, 조리과정의 단순화, 테이크아웃 음식구매 등을 통해 식생활을 꾸려 간다.

최근에 사회적 문제로 확산되고 있는 싱글족의 증가 또한 식생활문화 트렌드에 영향을 주는 사회적 요인이다. 동시에 개인의 라이프스타일이다. 우리 사회는 1990년부터 결혼이 필수가 아니라 선택사항으로 인식이 확산되면서 젊은이들이 자신만의 독특한 문화를 형성하고 있다. 자신의 소비를 위해 열심히 돈을 벌고, 자신에게 아낌없는 투자와 외식, 여행, 패션, 문화에 주요 소비층이 되고 있다.

알아두기

식생활문화 트렌드에 영향을 미치는 요인

- 경제적 요인 : 지역경제 활성화, 지역 경제(인플레이션, 스테그플레이션)
- 사회적 요인 : 고령화, 1인 가구 증가, 다문화, 개인의 라이프스타일
- 정치적 요인 : K-food, 다문화가정 지원, 스마트농업정책
- 환경적 요인 : 기후 변화에 의한 농작물재배 특성 변화,
- 기술적 요인 : 소셜네트워킹서비스(Social networking service : SNS), 모바일 마케팅, 식품 생산 기술

(3) 정치적 요인

최근 정부가 목적을 가지고 주도하는 정책사업에 소비자의 적극적인 참여를 유도하는 사업이 많다. 한국전통음식 육성, K-food의 세계화 등이 있고 외국계 부모의 가정을 지원하여 조기 정착을 지원하는 사업도 있다. 최근에는 기후 변화에 대비하여 정부에서 도시농업 육성, 식물공장 보급, 로컬 푸드 활성화를 추진하고 있다. 또한 지속가능한 식생활 실천에 관심을 가지고 학생들에게 교육하고 있다. 새로운 품종 개발, 재배기술 강화, 신작물 생산지도 등의 스마트 농업정책을 통해 미래 식량 확보를 대비하고 있다. 즉, 정부는 미래를 대비한 식량 확보정책으로 식량의 질과 양에 대한 안정적인 공급을 위한 정책을 펼치고 있다.

(4) 환경적 요인

기후 변화는 식생활의 변화에 큰 영향을 미친다. 지난 112년간 지구 평균 기온은 0.89℃ 상승하였고, 매년 2℃씩 상승하고 있다. 이런 경향이 지속될 경우 2030년 식량 부족이 심화될 것으로 예측된다. 우리나라는 기후 변화로 농작물 재배지 이동, 재배 면적 변화, 난류성 수산물 증가, 해저 사막화가 예측되며, 육류 소비량 증가로 사육 두수의 감소, 와인과 커피 등 기호식품의 재배면적 축소로 가격이 인상될 것으로 전망된다. 정부는 식품의 안정적 확보를 위하여 환경 변화에 대비하고 장기적 관점에서 대응 전략을 마련하고 있다.

(5) 기술적 요인

통신, 매체의 발달로 광고가 다변화되고 있다. SNS, 블로그, 인터넷, 팟캐스팅을 통한 식생활 정보가 활발하게 유통되고 있다. 이러한 매체의 발전은 개인의 식생활에 긍정적 혹은 부정적인 영향을 미치고 있다. 순기능은 다양한 정보를 생성하고 공유하여 확산된다는 점이다. 그러나 역기능은 주의를 끌기 위한 단편적인 사실이나 외형적인 요소만 강조되어 핵심적인 내용이나 상품 품질이 왜곡되는 현상, 또는 잘못된 정보의 확산 등이 나타날 수 있다.

가정대용식과 같이 간편하게 먹을 수 있는 식품의 생산기술의 발전도 소비자들의 식생활 행동에 큰 영향을 미친다.

알아두기

2016 미국 식품 트렌드

- **매운 음식 인기** : 스리라차(Sriracha)는 칠리, 마늘을 넣어 만든 매운 소스로 베트남, 태국 음식에 많이 이용된다. 최근에 이 소스의 인기가 높아지면서, 파스타에서 치즈딥, 아이스크림에도 널리 이용되고 있다. 두카(dukka), 고추장, 매운 후추도 크게 인기를 얻고 있다.
- **외국음식의 일상화** : 국가마다 고유의 민속음식 또는 향수를 불러일으키는 음식이 있다. 미트볼(meatballs), 스튜(stews), 피에로기스(pierogis), 바오번(bao buns), 만두(dumplings) 등은 에스닉푸드이지만 최근에는 일상 음식으로 쉽게 접할 수 있다. 유명 레스토랑이나 가정대용식의 형태로 쉽게 접할 수 있다.
- **비선호 식품 부위를 활용한 조리 증가** : 동물성식품이나 식물성식품의 모든 부분이 음식 재료로 사용되고 있다. 종래에는 필레미뇽(filet mignon)이나 플랭크스테이크(flank steak) 등의 부위만 식재료로 사용되었지만, 최근에는 내장, 꼬리 등과 같이 이전에 사용되지 않았던 부위가 식재료로 이용되고 있다. 당근을 착즙한 후에 남는 찌꺼기를 이용하여 만든 채소햄버그도 출시되고 있다.
- **구운 음식의 인기** : 높은 온도에서 구워 연기를 입힌 요리들이 인기를 얻고 있다. 검게 구운 마시멜로, 바삭바삭한 베이컨 등 육류, 채소뿐 아니라 음료, 디저트에서도 그릴, 구이 조리법을 활용한 음식들의 인기가 높아지고 있다.
- **탄산 첨가 음료의 인기 상승** : 차가운 차와 함께 탄산음료, 샴페인(champagne), 프로세코스(proseccos)의 소비가 늘고 있다.
- **유전자재조합식품 사용 사양** : 미국식품안전청이 최근에 유전자재조합 연어의 유통을 승인함에 따라 유전자재조합식품에 대한 소비자의 우려가 증가되고 있다. 소비자는 식당에서 먹는 음식에 유전자재조합식품이 원료로 사용되는지를 알고 싶어하고, 사용 여부를 메뉴판에 표시할 것을 요구하고 있다.
- **식품유통과정의 투명한 추적을 요구** : 소비자들은 식품의 원산지가 어디이고, 어떤 유통경로를 거쳤고, 어떻게 만들어졌는지를 알고 싶어 한다. 이에 따라 레스토랑, 식품제조업체에서는 식품의 유통과정을 추적할 수 있도록 공급망을 투명하게 관리하기 위해 노력한다.
- **패스트푸드의 고급화** : 패스트푸드점에서 건강식과 품질을 강조하면서 패스트캐주얼푸드와 패스트푸드 사이의 경계가 모호해지고 있다. 패스트푸드점에서 가격과 품질이 높은 건강메뉴가 출시되고 낮은 도수의 알코올 음료를 제공하는 등 서비스를 확대하고 있다.
- **사업 수익 감소** : 최저임금인상으로 식품판매업계는 임금에 대한 부담이 늘고, 사업 수익은 점차 감소되고 있다. 업계에서는 임금인상분을 제품가격에 부가함으로써 소비자가 부담하는 꼴이 되고 있다.
- **앱을 활용한 식품 플랫폼 확대** : 식품제조와 앱(apps) 기술이 만나 소비자들이 식품을 쉽게 구매하고 다양한 제품 정보를 제공하고 있다. 아마존(Amazon), 구글(Google), 우버(Uber)와 같은 대기업에서 식품 배달시장에 뛰어들어 관련 사업을 주도하고 있다.

출처 : IFT(2016)

2. 식생활 트렌드 분석

최근 경제, 사회, 기술의 발달과 더불어 식생활문화도 크게 변화하고 있다. 외식의 증가, 가정대용식 소비의 증가, 서구화된 식사 패턴, 에스닉푸드 소비 증가, 건강친화적 음식 소비 증가, 디저트류 소비 증가, 삼시세끼 틀을 깬 식사, 방송 요리에 의한 직접 조리 확산 등이 식생활문화의 주요 현상으로 나타나고 있다.

1) 가정 밖에서의 식사 증가

식사섭취 장소에 따라 내식, 외식으로 분류된다. 내식은 가정에서의 식사를 의미하며, 외식은 가정 밖에서의 식사를 의미한다. 최근에는 가정 이외의 장소에서 식사가 증가하고 있다. 대부분의 사람들이 하루 한 끼는 단체급식소에서 제공되는 음식을 먹거나, 음식점에서 판매하는 음식을 섭취한다. 혹은 음식점에서 만든 음식을 테이크아웃 하여 가정에서 섭취하는 경우도 늘고 있다.

2010년 통계청 자료 도시가구의 월평균 식료품비에서 외식으로 지출하는 비용은 1982년 6%에서 2009년 50.6%로 증가하였다. 하루 1회 이상 외식을 하는 비율

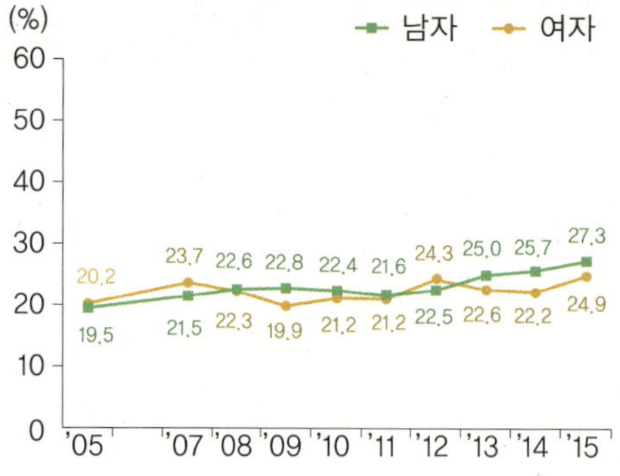

연도별 외식비율

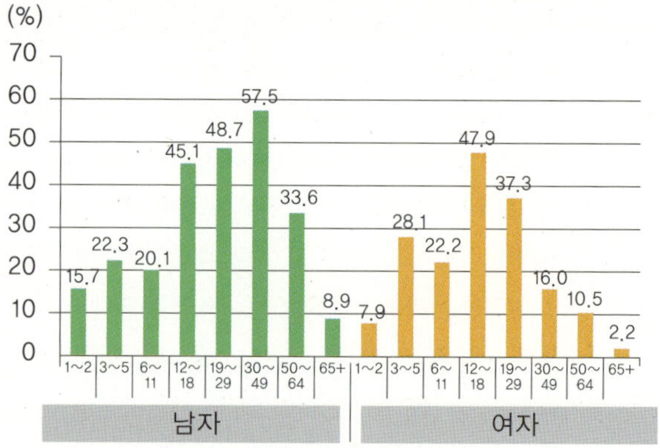

남녀, 나이별 외식비율

그림 9-1 연도와 나이별 외식비율

출처 : 국민건강영양조사(2016)

은 2015년 기준으로 남성 42.2%, 여성 23.8%로 매년 증가하고 있다. 나이별로 살펴보면, 남자는 30~49세 54.5%, 12~18세 53.6%로 높은 외식률을 보이고, 여성의 경우 12~18세가 외식률 46.9%로 가장 높았고 그 다음으로 3~5세 39%, 19~29세 37.1%로 나타났다. 65세 이상 남성의 외식비율은 8.6%, 여성 2.1% 수준이다.

높은 외식률을 보이는 이유는 개인의 라이프스타일이 학교, 직장생활 등으로 가정 밖에서 식사를 해야 하는 상황이거나 부모의 맞벌이 증가로 가정에서 식사 준비하는 시간 부족, 친목 모임 등 사회활동 증가 등에 따른 것이다.

쉬어가기

식품 소비 트렌드의 과거와 현재

밥공기의 변화를 보면 쌀 소비를 가늠할 수 있다. 밥 공기의 크기는 1940년 680 mL, 2000년 200 mL, 2014년 190 mL로 점차 적어지고 있다. 그 만큼 쌀의 소비도 감소하고 있다. 그 원인을 분석해 보면 다음과 같다.

- 소비계층의 변화 : 쌀을 주식으로 하는 문화가 희석되고, 밥 이외에 면류, 빵류 등의 서양식, 퓨전음식이 주요리로 자리를 차지하고 있다. 특히, 주식의 소비 계층이 청소년, 중장년층에서 굳이 밥이 아니어도 한 끼를 때울 수 있는 간식제품, 퓨전음식들이 늘어난 탓이다.
- 1~2인 가구 및 노인 단독가구 증가 : 2015년 통계청 자료에 의하면 1인 가구는 27.1% 506만 명, 2인 가구는 26.7%(490만 명)이다. 1~2인 가구 중 노인 단독가구는 1995년에 48.5%에서 2015년 67.6%로 증가하였다. 1인 가구 중 독거 노인은 1995년 21.3%에서 2015년 27.3%로 증가하였다. 2인 가구 중 노인 부부는 1995년 27.2%에서 2015년 40.3%로 증가하였다. 이 가구들이 밥 위주의 식사에서 벗어나 간편한 분식, 면류, 단품의 소비로 끼니를 때우고 있다.
- 여성 취업률 증가 : 여성경제활동 인원은 1998년에 857만 6,000명에서 2014년에 1,112만 9,000명에 이르러 여성경제활동 참가율은 2014년에 57%에 달하고 있다. 여성의 취업 증가는 가정 내 식생활을 준비하는 시간의 감소로 연결되고 외식업계, 식품업계에 간편식사류 개발에 견인차 역할을 한다.

출처 : 통계청 홈페이지

경기가 나빠지면 외식 소비는 감소하는 반면에 비영리의 단체급식소인 학교 급식, 사업체 급식, 복지시설 급식에서의 식사 소비는 늘어난다. 대학생의 경우 대학 급식소나, 특히 편의점에서 식사를 해결하는 경향을 띤다. 소비자들은 자신의 상황에 맞게 다양한 형태의 합리적인 소비를 추구한다.

2) 가정대용식 소비 증가

가정대용식Home Meal Replacement : HMR은 가정에서 만들어지는 식사를 대신할 수 있는 음식을 의미한다. 마트, 편의점, 백화점 등에서 음식을 테이크아웃하거나, 음식점에서 배달을 받아 활용하는 경우이다. 특히, 식품가공기술의 발전으로 신선도와 맛을 유지할 수 있어 소비자로부터 인기를 얻고 있다.

식품제조업체, 유통업체에서 소비자의 욕구를 충족시켜 주는 다양한 상품 개발과 매스미디어를 통한 마케팅 활동은 소비자로 하여금 식품을 선택하도록 유도하고 있다. 특히, 건강과 웰빙에 초점을 둔 제품의 출시는 소비자의 식생활에 변화를 이끌어 내고 있다. 간편하면서도 고급 레스토랑에서 경험할 수 있는 음식을 편의식품화하고 있다.

최근에 경기 침체의 여파도 비싼 외식의 소비를 줄이고, 가정대용식의 소비를 부채질하고 있다. 특히, 외식업체의 인기 있는 음식과 유사한 맛을 내는 가정대용식이 시장에 많이 나오게 되면서 저렴한 가격으로 제품을 구매하여 집에서 조리해 먹는 방식의 소비가 늘고 있다. 가정대용식의 매출 증가는 혼밥족의 증가에도 한몫하고 있다.

'피코크' 간편식　　'싱글즈 프라이드' 간편식

그림 9-2 가정대용식 제품의 고급화

알아두기

혼밥족

혼밥족은 혼자서 식사하는 소비자를 일컫는다. 다른 사람을 의식하지 않고 혼자서 편의점, 식당, 카페를 찾아 식사를 한다. 혼자 하는 식사를 통해 다른 사람과 일상 속에서 교류할 기회가 줄어들고 있다. 혼밥족은 식사예절을 개의치 않고 혼자서 편하게 식사한다. 최근에 혼밥족의 외로움을 달래고, 다른 사람들과 소통하는 장을 마련하는 '소셜 다이닝'이라는 식사 모임이 나타나고 있다.

가정대용식의 소비 증가, 혼밥족의 현상에서 나타날 수 있는 건강상의 문제, 사회적 교류 감소와 같은 문제점을 인식하고 이를 해소하기 위한 개인의 노력이 필요하다. 젊은 싱글족, 1인 가구, 독거노인가구 등 식생활 취약계층을 지원해 주는 사회적 안전망이 요구된다.

3) 서구화된 식사 패턴

경제성장과 더불어 국민의 식생활이 양적으로 풍요로워지고, 식생활 패턴은 서구화되고 있다. 이로 인해 저칼슘, 고나트륨, 고단백, 고당질 식사 소비 특성을 보인다. 이 현상의 역기능으로 비만, 고지혈증, 고혈압 문제는 계속 증가하고 있다. 2015년 국민건강영양조사에 따르면 남자 국민 5명 중 2명, 여자 5명 중 1명은 1일 1회 이상 외식을 하며, 동물성식품, 음료, 주류의 섭취가 크게 늘고 있다.

에너지 섭취량은 2015년 국민건강영양조사 자료 기준으로 남성은 꾸준히 증가하여 2,426 kcal 정도이다. 여성은 다이어트 영향으로 소폭 줄어들어 1,768 kcal를 섭취한다. 영양소 섭취 패턴은 탄수화물 64%, 지방 22%, 단백질 15% 비율을 보인다. 영양섭취기준에 대한 개인별 에너지 섭취 백분율의 평균값은 남성 105%, 여성 95% 수준이며, 대부분의 영양소가 영양섭취기준 이상을 섭취하고 있다. 단백질은 남자 176%, 여성 139%로 기준보다 높게 섭취하고 있으며, 인, 철, 티아민도 높은 섭취율을 보인다. 반면에 칼슘은 권장섭취량의 2/3로 부족하고, 칼륨도 부족하게 섭취하고 있다.

한편, 나트륨, 당류, 지방의 섭취는 다른 영양소보다 많은 편이다. 지나치게 과잉으로 섭취되는 것은 나트륨으로 목표섭취량 섭취비율은 남성 242%, 여성 163%이다. 나트륨 섭취량은 2015년 기준으로 소금, 배추김치, 간장, 된장, 고추장, 라면 순으로 잦은 섭취에 따른 것으로 나타났다. 지방섭취량에 주요 기여 식품은 돼지고기, 콩기름, 소고기, 우유, 라면 순이다.

4) 에스닉푸드 소비 확산

에스닉푸드는 민족 고유의 음식이다. 세계 각국 간의 무역과 교류가 활발해짐에 따라 각 나라의 에스닉푸드를 접할 기회가 증가하고 있다. 세계 무역 증가로 인해 세계 각국의 향신료, 민족 고유의 식재료, 건조 차류 등을 쉽게 구매할 수 있게 되었다. 국가마다 문화관광부 홈페이지를 통해 그 나라의 고유 음식을 홍보하고 식생활문화, 식사 에티켓을 알려주고, 음식을 통해 국가 간의 교류 활성화와 문화의 이해를 촉진시키고 있다. 또한 관광상품으로서 각국의 에스닉푸드를 맛볼 수 있는 프로그램을 개발하고, 조리를 체험하는 기회를 늘리고 있다. 에스닉푸드의 소비 확산에는 국내로 유입되는 이민자 수의 증가와 다문화가정의 증가도 한몫을 담당한다. 지역사회 수준

표 9-1 우리나라 주요 무역 교역국의 대표음식

주요 무역 교역국	대표음식
중국	베이징덕(북경오리), 딤섬, 동파육, 불도장, 피단
미국	햄버거, 스테이크, 핫도그, 스튜, 바닷가재
일본	돈부리, 사시미, 소바, 나베, 쯔게모노라
베트남	고이쿠온, 짜조, 쌀국수, 러우예
인도	난, 차파티, 풀라우, 커리, 탄두리치킨, 달
터키	케밥, 쾨프테, 요구르트, 파스티르마
멕시코	타코, 나초, 퀘사디아, 부리토, 데킬라
호주	미트파이, 피시 앤 칩스, 파블로아
프랑스	프아그라, 에스카르고, 부야베스, 와인

에서 다문화가정과의 교류는 그 나라의 민속 음식의 이해와 확산에 기여하고 있다. 또한 에스닉푸드 음식점의 증가도 에스닉푸드 소비 확산에 기여하고 있다.

우리나라와 교역이 활발한 주요 나라의 대표적인 에스닉푸드는 표 9-1과 같고 음식사진은 그림 9-3에 제시하였다. 최근 말레이시아 망고스틴, 일본 녹차, 인도네시아 자바 강황, 태국 두리안, 중국 팔각 등은 국가에서 시행하는 대표적인 세계화 식품으로 우리나라에서도 그 소비가 증가하고 있다. 이들 재료를 이용한 에스닉푸드도 증가하고 있다.

그림 9-3 나라별 에스닉푸드

쉬어가기

우리나라 장맛의 세계화

발효식품 장문화를 주도하는 국내 한 식품회사에서는 우리나라 장에 잘 어울리는 국제적인 식재료와 조리법을 한눈에 볼 수 있도록 맵을 개발하였다.

이 기업은 스페인 요리과학 연구소인 알리시아 연구소(Alicia foundation)와 협업하여 장문화의 세계화를 위한 노력의 일환으로 여러 해 동안 정성을 기울인 끝에 결실을 거두었다. 맛과 조리에 대한 다양한 경험과 전문성을 지닌 요리사, 음식에 대한 영양학적 해석과 식생활을 과학적으로 접근하는 영양학자, 체계적인 실험 설계와 분석기기를 활용하여 문제를 해결하는 과학자가 공동으로 노력하여 한국의 장에 관한 연구를 하고 있다. 외국음식과 한국의 장을 접목하여 과학적이고 합리적인 식생활을 이끌어 갈 수 있도록 새로운 맛과 음식을 개발한다. 한 예로 스페인과 협력하여 스페인 음식에 된장, 간장을 접목시켜 간장버터햄버그스테이크, 쌈장끼슈로렌, 된장초콜릿무스를 개발하였다. 이로써 장의 짠맛 문제를 해소하고 외국 에스닉푸드와 어울리는 신메뉴, 신조리법을 제시하여 한국 전통 장맛을 세계적인 소스로 발전시키고 있다.

장맛 프로파일

출처 : 코리아넷(2014. 9. 30)

5) 건강친화적인 음식 소비

우리나라는 1990년대부터 채소, 과일, 향신료, 다류의 소비가 폭발적으로 증가하고 있다. 이 추세는 건강을 중심에 둔 소비 덕분에 나타나는 현상이다. 건강지향적인 식재료를 식품과 음료에 첨가하여 다양한 고부가가치 상품을 만들어 유통하는 트렌드이다. 산약, 하수오, 대추, 구기자, 양파, 마늘, 인삼 등과 같은 식물성 소재에서 추출한 건강기능성 물질을 식품 소재로 활용한 약선음식이나 약선 편의식품들이 인기를 얻고 있다.

각종 채소를 섞어서 만든 샐러드 팩, 조각 과일을 포장한 상품이 인기를 얻고 있는데, 신선함과 식품첨가물을 포함하지 않는 천연재료를 기반으로 한 건강, 웰빙음식이라는 인식 때문이다.

가공식품에 영양정보를 제공하고 있어서 먹은 식품의 영양가를 확인하는 추세이다. 건강을 고려하여 몸에 좋은 지방, 천연 감미료를 확인하고 반면에 트랜스지방, 인공감미료, 보존료 등의 소비를 꺼려하는 경향도 보인다. 감미료 시장에서 인공감미료 대신 유기농 설탕, 아카베시럽 등 천연 감미료가 주목을 받고 있다.

6) 커피와 생과일 음료 소비 증가

커피와 생과일 음료를 포함하여 식사 후에 디저트를 섭취하는 경향을 보인다. 심한 경우에는 식사를 대신하여 케이크나 빵류와 커피, 생과일 음료를 먹는 경우도 늘어나고 있다.

밥보다 커피음료를 더 자주 마신다는 말이 있을 정도로 커피음료의 소비가 늘고 있다. 한두 잔의 커피는 심장과 간장에 유익한 기능을 한다는 보고가 있지만, 하루 4잔 이상의 커피는 카페인 과다섭취로 역기능이 우려된다. 이러한 역효과를 예방하기 위해서는 끓인 보리차, 메밀차, 둥글레차, 옥수수차 등을 대신 음용하는 지혜가 필요하다.

쉬어가기

한국인과 외국인의 식생활 라이프스타일 분석

식생활 라이프스타일을 분석한 연구에서 한국에 거주하는 내국인은 식생활을 실천할 때 건강을 가장 중요하게 고려하고 다음으로 경제성, 맛, 편리성을 추구하는 것으로 나타났다.

내국인과 외국인을 대상으로 음식 선택과 관련된 식생활 행동 14가지를 요인 분석하여 맛 추구, 건강 추구, 편리성 추구, 경제성 추구의 4가지 식생활 라이프스타일로 분류하였다. '맛 추구' 요인은 새로운 음식을 시도하고 처음 보는 음식이라도 맛있어 보이면 구매하며, 음식 선택 시 새로운 맛을 중시하거나 이국적인 다양한 맛을 즐기는 식생활 행동을 말한다. '건강 추구' 요인으로 음식을 선택할 때 영양과 건강을 우선시하고 유기농식품이나 웰빙식품에 관심이 많으며 영양표시를 비교하면서 영양적으로 우수한 음식을 선택하는 식생활 행동을 의미한다. '편의 추구'는 즉석 편이식품을 자주 구매하거나 쉽고 빠르게 조리할 수 있는 음식을 선택하거나 가공식품을 자주 구매하는 식생활 행동을 보인다. 마지막으로 '경제성 추구'는 제품 가격을 비교하여 저렴한 제품을 구매하고 항상 가격을 확인하고 나서 식재료를 구매하거나, 할인광고제품을 찾아서 구매하는 행동 특성을 말한다. 이들 요인에 대한 평가 결과는 내국인은 건강 추구, 경제성 추구, 맛 추구의 경향이 높았으나 편리성 추구는 낮은 성향을 보였다. 반면에 외국인은 맛 추구, 건강 추구, 경제성 추구, 편리성 추구 순의 식생활 라이프스타일을 보였다. 특히, 외국인은 내국인보다 맛과 편리성을 더 많이 추구하는 것으로 나타났다.

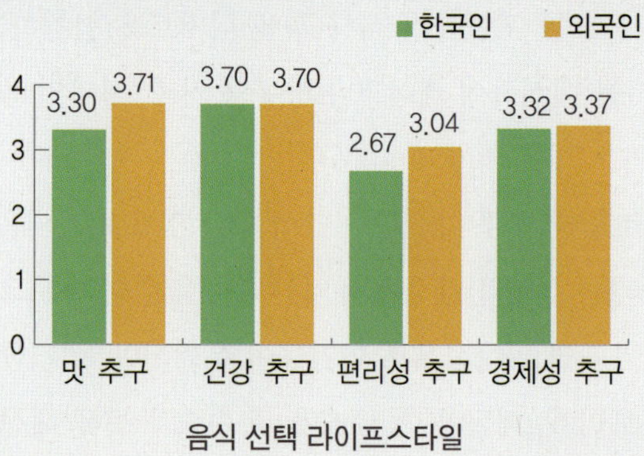

출처 : 이나영 등(2016)

생과일을 이용한 건강주스의 인기도 증가하고 있다. '저스트주스 클렌즈', '자연은 지중해 햇살' 등 100% 주스음료의 소비가 15~35세 세대를 중심으로 늘고 있다.

이러한 커피, 생과일음료의 섭취 증가에 대한 시사점으로 우리 고유의 음청 문화를 확산 계승하는 작은 실천이 필요하다는 점이다. 한국 전통 식생활문화에서 유래한 인기 있는 후식은 표 9-2와 같다. 식혜, 화채, 대추차, 수정과, 미수와 같은 음료의 스토리텔링 개발과 이에 어울리는 전통 디저트, 떡류를 짝을 이루어 제시함으로써 이들 식품의 소비를 늘리고, 한국 고유 음청류의 정보를 확산시키는 노력이 필요하다.

표 9-2 한국 전통 후식의 종류와 특성

유형		특성
증병		곡물가루를 반죽하거나 시루에 쪄서 익힌 떡. 설기떡(켜 없이 찜), 느티떡(켜켜로 안쳐 찜), 송편(곡물가루를 빚어서 찜), 증편 등
도병		곡물을 시루에 찐 후 절구에 친 떡. 인절미
전병		곡물가루를 익반죽하여 빚은 후 기름에 지진 떡. 화전
삶은 떡		곡물가루를 익반죽하여 동그랗게 빚은 후 끓는 물에 삶아 곡물가루를 묻힌 떡. 경단
식혜		쌀밥에 엿기름물을 넣어 전분을 당화시킨 음료. 감주, 고구마감주, 안동식혜
탕		여러 가지 한약재를 넣어 끓이거나, 한약재를 가루 내어 끓이거나 오래 조려서 고를 만들어 물에 타서 마시는 음료. 제호탕, 쌍화탕
화채		과일을 얇게 저민 것 또는 식용 꽃잎에 꿀이나 설탕을 넣어 재웠다가 물을 부어 마시는 음료. 복숭아화채, 수박화채, 오미자화채 등
미수		찹쌀, 보리, 검은깨 등을 쪄서 말리고 볶아 가루를 내서 보관했다가 냉수, 꿀, 설탕을 넣어 마시는 음료. 보리미수, 땅콩미수 등

7) 삼시세끼 틀을 깬 식사

아침 7시, 점심 12시, 저녁 6시라는 일상적인 식사 끼니와 시간에 대한 패턴이 무너지고, 원하는 시간에 원하는 방식으로 식사하는 추세이다. 늦은 아침과 점심을 같이 먹는다든지, 12시 점심 대신에 2~3시경에 가볍게 점심을 섭취한다든지, 늦은 저녁에 치킨, 피자와 같은 기름진 음식을 배달해 먹는 소비 패턴이 늘고 있다.

2015년 국민건강영양조사에서 4명 중 1명은 아침식사를 거르고 2011년 21.4%였던 아침 결식률은 2015년에 성인 남자 27.3%, 여자 24.9%로 크게 증가하였다. 결식률은 20대에서 가장 높은 수준을 보였으며, 19~29세 결식률은 남자 51.1%, 여자 46.9% 수준이었다. 아침을 거르고 원하는 시간에 간편하고 영양적인 식품을 섭취하는 경향을 띠고 있다. 이러한 현상은 1인 가구 증가, 맞벌이 부부 증가, 가정대용식의 다양한 상품 개발과도 관련성이 높다. 편의식품에 스낵, 음료 등을 조합하여 한 끼의 식사로 손색이 없는 메뉴를 구성할 수 있다. 시간과 돈이라는 두 가지 자원을 아끼면서 원하는 시간에 언제든지 먹을 수 있는 식품 소비 환경이 구축되었기 때문에 가능한 소비 패턴이다. 그러나 지나치게 편리성과 경제성을 강조한 식사 패턴은 영양적 부실을 초래할 수 있고 사회적 교류를 저해할 수 있으므로 주의를 기울여야 한다.

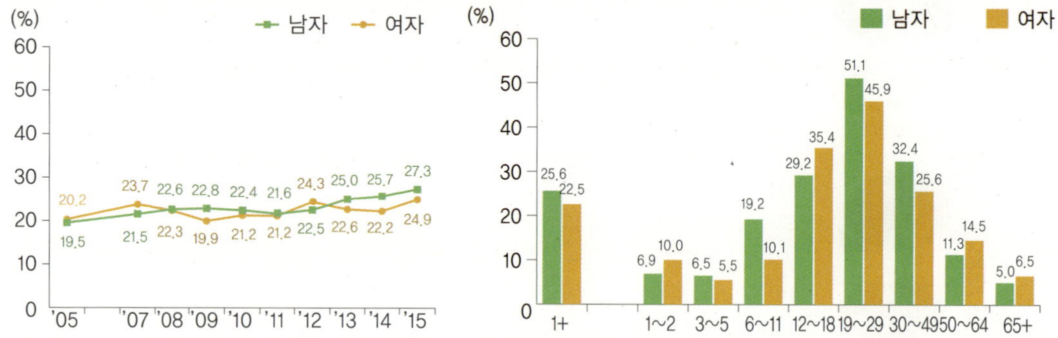

연도별 결식률 남녀 및 연령별 결식률

그림 9-4 결식률

8) 요리 방송에 의한 직접 조리문화 확산

TV 방영을 통한 요리 프로그램이 증가함에 따라 레시피와 조리법이 공개되어 직접 요리해 보고자 하는 남녀들이 늘어나고 있다. 특히, 젊은 청년, 중년 남성들을 중심으로 요리에 참여하는 트렌드를 보인다.

이러한 트렌드의 저변에는 몇 가지 요소가 작용하고 있다. 맞벌이 부부의 증가로 남성의 식생활 참여가 요구되는 분위기 속에서 요리방송의 재미가 추가되며 요

알아두기

요리방송 증가에 따른 신조어

- 먹방신드롬 : 먹방신드롬은 젊은 세대를 중심으로 새로운 형태의 식생활문화로 나타나고 있다. 먹방은 "음식을 먹는 방송"을 말한다. 시청자들은 TV로 방영되는 먹는 모습, 음식 조리법을 보면서 식욕을 돋우고, 조리해 보고자 하는 욕구를 갖게 된다. 이러한 욕구가 개인의 만연한 행동으로 나타나는 것이 바로 먹방신드롬이다. 정보를 공유하는 욕구, 남에게 보여 주고픈 욕구, 이를 통해 정서적으로 공유하려는 욕구에서 나온다. 인스타그램, 유튜브, 페이스북 등의 SNS를 통해 자신이 먹은 음식에 관한 정보를 다른 사람들과 공유한다.
- 로케팅(rocketing) 소비 : 개인의 가치에 따라 양면적인 소비 패턴을 보이는 현상이다. 일상적인 외식 소비에 대해서는 지출을 줄이고, 가격과 품질을 꼼꼼히 따지며 지출하는 반면에, 특별한 날을 위한 외식이나 자신이 선호하는 상품에 대해서는 높은 가격에도 불구하고 통 큰 소비를 하는 방식이다. 경기가 침체됨에 따라 소비를 줄이려는 심리와 보상받으려는 심리가 작용하여 나타나는 소비 행태이다. 개인의 가치나 상황에 따라서 소비의 양면성을 보이는 소비 행태이다.
- 가성비 : 비용 대비 상품이 가지는 가치, 효능이다. 비용을 아끼려는 소비 습관에서 확산되어 생활 전반의 소비 행동에 영향을 미친다. 가성비는 기존 브랜드의 권위를 제한하고 비용 대비하여 차선책이지만 가치가 충분하다면 거침없이 소비하는 젊은이의 소비 습관을 지배하는 요소로 자리 잡고 있다.

출처 : 김남도 등(2016) ; 최인수 등(2016)

리하는 남자가 멋진 이미지로 받아들여지고 있기 때문이다. 두 번째는 SNS, 블로그, 인터넷의 발달과 자신의 일상생활을 자랑하고 싶어 하는 사람이 늘고 있어서 먹어 본 음식이나 조리한 음식을 웹에 올리는 문화가 형성되었기 때문이다.

요리방송 프로그램을 통한 음식 조리법 확산은 조리에 두려움을 가지고 있는 사람에게 나도 만들 수 있다는 자신감을 주었고, 맛있고 보기 좋은 음식을 만드는 방법을 알려주는 데 큰 역할을 하였다. 그러나 흥미 위주의 방송, 시청자의 관심을 끌기 위해 정보를 지나치게 단순화시킴으로써 정보가 왜곡되는 현상도 발생하고 있다.

올바른 식생활문화를 조성하기 위해서는 시청자의 호기심을 자극하는 멘트보다는 균형 잡힌 식사와 다양한 식품 선택을 강조하고 올바른 정보 전달이 이루어지도록 프로그램 운영에 치우침 없이 균형 잡힌 운영을 위하여 노력해야 할 것이다.

9) 한국 전통 발효식품의 인기

한국의 발효음식은 1500년의 역사를 가지고 있다. 발효식품이란 미생물이 가지고 있는 효소로 유기물을 분해하거나 변화시켜 유익한 최종산물을 만들어 내는 식품이다. 된장, 김치, 젓갈 등이 여기에 속하며, 발효식품은 항균, 항암, 항염증, 젖산균에 의한 정장작용, 산독증 예방의 기능을 갖는 것으로 알려져 있다.

그중에서 된장, 간장과 같은 장은 한국음식의 기본이며 모체 소스이다. 서양음식에서는 소금이나 기름을 사용하여 맛을 맞춘다면, 한국음식은 채소요리가 발달되어 고추장, 간장, 된장으로 간을 맞추고 채소의 맛을 살린다. 최근에는 장류의 짠맛을 줄이고 서양요리 소스로 활용할 수 있는 음식들이 개발되고 있다. 된장을 넣은 소스를 만들어 빵에 발라 먹는다든지, 고추장에 레몬과 설탕을 넣어 샐러드 소스를 만드는 것 등을 사례로 들 수 있다.

김치에 있는 유산균의 건강기능성이 인정을 받으면서, 김치의 인기는 여전히 지속되고 있다. 김치를 넣은 햄버거, 피자, 샌드위치 등이 패스트푸드점에서 상품화되고 인기를 얻고 있다.

쉬어가기

K-food 육성

드라마, K-pop 등 대중 문화의 한류 열풍으로 K-food 육성에 관심이 늘어나고 있다. 한국 전통음식은 건강식, 기능성이 우수한 식품으로 학계와 산업계로부터 인정됨에 따라 K-food 육성을 위한 방안들이 제시되고 있다.

한식의 전통성을 유지하면서 현지화하는 상품개발 전략을 추진하고, 문화와 관광을 융합하여 경험적 가치를 부여하는 방향으로 상품개발이 진행되고 있다. 예를 들면, 김치나 장류의 제조과정을 체험하는 프로그램을 만들고 이것을 환경 지속가능성을 지향하는 지역 농가와 연계하여 운영하여 지역 특성에 맞는 특화된 K-food를 발굴한다. 또한 팔도음식 지도 구축사업과 연계하여 지역마다 차별화된 팸투어 프로그램을 개발하고 이를 SNS를 통해 홍보한다. 끝으로 K-food가 한국 국가 브랜드 제고, 이미지 형성에 핵심적인 콘텐츠로 자리 잡아 갈 수 있도록, 각 부처, 산학관연이 장기적 관점에서 유기적으로 협력하여 추진하고 있다.

출처 : 서정희(2016). 저자 재구성

10) 바른 식생활문화 확립을 위한 정부의 제도적 지원 확산

세 살 적 버릇이 여든까지 간다는 옛 속담이 있듯이, 어릴 때부터 교육을 통해 바른 식생활 실천을 육성할 목적으로 정부 차원의 노력이 활발하게 전개되고 있다. 2009년에 '식생활에 대한 국민적 인식을 높이기 위하여 필요한 사항을 정함으로써 국민의 식생활 개선, 전통 식생활문화의 계승 발전, 농어업 및 식품산업 발전을 도모하고 국민의 삶의 질 향상에 기여할 목적'으로 제정된 식생활교육지원법을 근거로 농림축산식품부에서는 다양한 사업을 전개하고 있다.

식생활교육의 기본 방향은 식생활교육정책을 수립 시행할 때 가정의 역할, 사회구조, 식생활 소비환경의 변화 등을 종합적으로 고려하여 건전한 식습관 형성, 식생활에 대한 감시와 이해, 식생활교육 운동의 적극적 전개, 어린이 식생활교육, 식생활 체험활동 촉진, 전통 식생활문화 계승과 지역농수산물 활용, 환경친화적인 식생활 실천으로 설정되었고, 관련 사업이 전개되고 있다.

교육부는 지속가능한 식생활 실천을 위해서는 초등학교부터의 실천 중심의 식생활교육이 필요하다고 인식하고 지속가능한 식생활 개념을 추가하여 교과과정을 개편하였다. 이를 통해 미래 세대에게 환경을 중시하고 나눔과 배려를 실천하며 경제적 발전을 추구하는 식생활 실천활동을 알려주고 있다. 식품의약품안전처에서는 농림축산식품부와 협력하여 식사 준비가 어려운 어르신을 대상으로 올바른 식단 구성과 식생활 안전을 확보하는 방법을 알려주고 있으며, 식습관병 예방을 위한 실습 위주의 식생활 프로그램을 교육하는 사업을 진행하고 있다. 프랑스, 영국, 일본, 이

표 9-3 외국의 식생활 개선을 위한 국가 지원 사업

나라	사업 내용
프랑스	• 범정부 차원의 식생활교육 프로그램 추진 • 식품 공급망 개선 사업 : 식품의 원활한 공급과 질 좋은 식품 접근성 증진 • 에듀스쿨(Eduscol) 사이트 개설 및 운영 : 교사 대상의 식생활교육 지원 • 음식문화 유산 보전 및 진흥활동 전개 : 만화 캐릭터를 활용한 시리즈물 제작, 성인 요리 프로그램 방영
영국	• 건전한 식생활문화를 육성하기 위하여 음식 조리와 식생활관리능력의 향상을 목표로 교육 수행 • 식품 재배, 수확, 가공처리를 포함하는 전 유통과정에 관한 교육 사업 • 교사, 영양사, 조리사, 식품전문가 등 식생활교육 관계자로 구성된 민간단체를 구성하여 조리능력 향상을 위한 조리 수업 진행(예 : cooking bus)
일본	• 2005년 식육기본법을 제정하여 종합적 대책안인 식육추진기본계획을 마련 (3가지 중점과제 : (1) 생애주기별 식생활교육 추진, (2) 생활습관병 예방 및 개선에 연결되는 식생활교육 추진, (3) 가족과 함께하는 식사를 통한 어린이의 식생활교육 전개) • 범국민운동 활성화를 도모하기 위해 매년 6월을 식생활교육의 달, 매월 19일을 식생활교육의 날로 정해 식생활 교육사업을 확대 추진함
이탈리아	• 1986년에 국제적인 바른 먹거리 운동을 시작함 • 슬로푸드 운동 전개 및 1998년부터 초등학교에서 미각교육 의무화 • 1996년에 시작한 '맛의 방주'프로젝트 전개 : 잊혀져 가는 맛과 음식을 발굴하고, 훌륭한 요리법을 기록하여 5개 국어로 번역 보존함 • 위기의 농산물 품종과 식재료 보호정책 추진 • 학교급식 과일지원사업(school fruit scheme) 추진 : 간식으로 10종의 과일을 무상으로 제공하여 타 지역에서 생산되는 과일을 체험할 수 있도록 교차로 제공

탈리아와 같은 국가에서도 국민들의 식생활 개선을 위하여 어릴 적부터 교육을 모터로 다양한 사업을 전개하고 있다표 9-3.

식생활 개선을 위한 활동은 정부의 지원하에 장기적 측면으로 전개될 때 효과가 배가 될 것이다. 정부 부처별 특성에 맞는 사업 지원을 강화하는 한편 부처 간의 협력체계를 구축함은 물론이고 정부, 지역사회, 민간단체가 협력하여 조직이 가지고 있는 역량을 동원하여 사업 효과를 낼 수 있는 방향으로 전개되어야 한다.

Case 사례연구

코로나19로 인한 식품소비 행태 변화

코로나19로 인해 소비자들의 구매 패턴이 크게 달라지고 있다. Z세대와 밀레니얼세대 소비자 500명을 대상으로 소비활동과 식품구매 행동이 어떻게 변화되었는지를 살펴보자.

1. 소비활동의 변화

코로나19 이후 소비자들의 집안 내 활동 증가, 외부활동 자제, 비대면 온라인 활동 증가 및 건강관심 증가로 이어져 다양한 제품 구입 및 서비스 이용에 큰 변화가 나타났다. 집안 내 활동 증가는 소비재 구매로 이어졌으며, 쾌적한 집안 환경을 위한 클리닝 및 세제 제품구매와 공기청정기, 청소기 등의 클리닝 가전 제품구입 의향이 증가하였다. 또한 집에서의 요리가 늘어남에 따라 전기오븐, 인덕션, 커피머신 등 주방가전과 라면, HMR(가정간편식), 냉동식품 등 비축형 식품소비가 증가되었다. 외부활동과 이동이 줄면서 외식분야의 소비가 크게 감소하고, 매장 방문보다는 배달비중이 증가하였다. 또한 오프라인 채널 이용과 스포츠/레져, 여행 등이 크게 감소하고, 화장품 등의 뷰티 제품 소비는 이전 수준을 유지하였다.

2. 식품소비

코로나19를 대비하고 가정 중심의 생활이 일반화되면서 간편하게 조리할 수 있고 편리성을 갖춘 면류, 냉동식품류, HMR(가정간편식) 등 저장식품류와 가정 내 요리의 증가로 조미료나 쌀, 밀가루 등 주식류의 구입이 증가한 것으로 나타났다. 또한 가정 내 쾌적한 환경을 위해 각종 클리너나 세정제, 비축형 비식품 제품인 휴지 등 제지류, 생수나 음료수의 구입 역시 증가하였다.

3. 세대별 영향

이러한 변화는 세대별로 코로나19 불안 정도의 차이에 따라 다르게 나타났다. 1995년 이후에 출생한 19세~25세인 Z세대는 밀레니얼세대에 비해 코로나19 감염 위험에 덜 민감하지만, 26세~40세를 포괄하는 밀레니얼세대는 본인의 가족과 자신의 코로나19 감염 우려를 가장 많이 하는 것으로 나타났다. Z세대는 다른 세대에 비해 코로나19 우려가 가장 낮은 집단으로 사회적 거리두기와 손 씻기, 손세정제 사용을 중심으로 감염을 예방하고 있었다. 국내 여행이나 매장 내 취식, 카페 등 만남과 대면 활동을 줄이고, 집에서 배달을 시키거나 온라인상에서 즐길 수 있는 게임기나 노트북, 스마트폰 등의 구매의향이 상대적으로 높게 나타났다. 밀레니얼세대는 개인과 자신 모두 감염위험을 우려하였다. 밀레니얼세대는 배달 비중을 크게 늘렸고, 라면, 냉동식품, HMR(가정간편식) 등 비축성 식품 구입이 증가했다. 특히 밀레니얼세대의 기혼자는 감염우려를 가장 많이 하며, 가족과 함께하는 패밀리 레스토랑, 쇼핑몰 방문, 해외여행, 오락 활동, 외출 등을 줄이고, 집에서 요리와 온라인쇼핑, 보관식품 구입가 증가한 것으로 나타났다. 반면 미혼자는 재택근무가 늘고, 라면과 HMR(가정간편식) 및 냉동식품 구입이 증가했으며, 배달 및 포장을 많이 하고 여행계획(여름휴가계획)이 늘은 것으로 조사되었다.

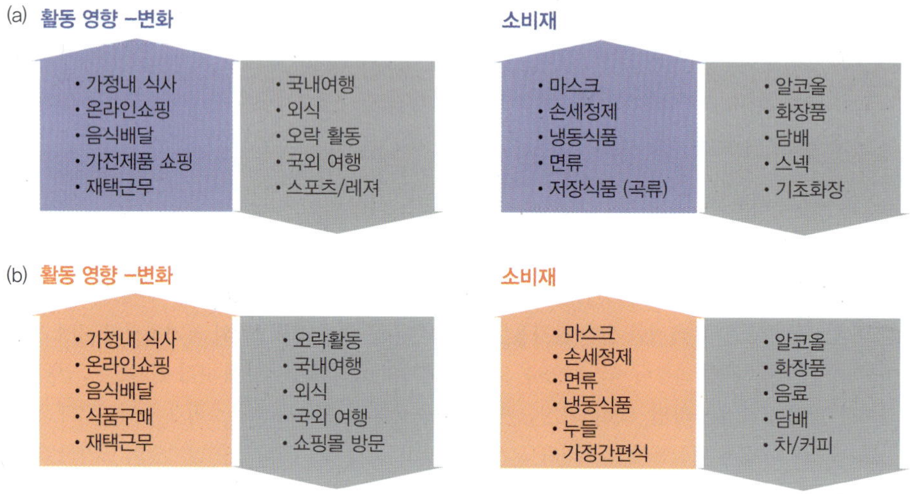

COVID-19 영향 (a) Z세대 (b) 밀레니얼세대

출처 : 이홍승, 김준환(2021)

1. 위 사례를 읽고 코로나19 이후에 나의 식품 소비 트렌드와 비교해 보시오.
2. 나의 식품 소비 트렌드를 기준으로 위 자료에 공감 또는 반대 의견을 제시하시오.

Study Questions

1 식생활 트렌드에 영향을 미치는 요인을 간략히 설명하시오.

2 가정대용식을 정의하고 이 식품이 인기를 얻게 된 사회적·경제적 환경요인을 설명하시오. 올바른 식생활관리를 위하여 유의해야 할 점을 말해 보시오.

3 에스닉푸드를 정의하시오. 대학생과 50대 성인이 선호하는 에스닉푸드와 선호 이유를 조사해 보고 두 집단 간의 차이점과 유사점을 비교하시오.

4 방송요리 프로그램이 대학생의 건전한 식생활에 미치는 순기능과 역기능을 살펴보고 친구들과 의견을 나눈 후 서로 다른 의견을 정리하시오.

참고 문헌

국민건강영양조사. 2016. 2015 건강행태 및 만성질환 통계 : 국민건강영양조사 제6기 3차년도(2015) 및 제11차(2015년) 청소년건강행태온라인조사. 보건복지부 질병관리본부. https://knhanes.cdc.go.kr/knhanes/sub04/sub04_03.do?classType=7

김난도, 전미영, 이향은, 이준영, 김서영, 최지혜. 2016. **트렌드코리아 2017**. 미래의 창

김초일. 2014. 국민건강영양조사 자료에 나타난 우리 국민의 식생활 변화. 동아시아식생활학회 학술발표대회논문집, pp. 87-114

나무위키. 2016. '딤섬'. 2016. 11. 7. https://namu.wiki/w/%EB%94%A4%EC%84%AC.

나무위키. 2017. '쌀국수'. 2017. 1. 21. https://namu.wiki/w/%EC%8C%80%EA%B5%AD%EC%88%98.

나무위키. 2017. 돈부리. 2017. 2. 6. https://namu.wiki/w/%EB%8F%88%EB%B6%80%EB%A6%AC.

박주연. 2012. 난(NAN). ㈜두산백과사업부. 2012. 8. 24. http://www.doopedia.co.kr/photobox/gallery/gallery.do?_method=view&GAL_IDX=120824000839630.

반주형. 2014. [food] 미국 남부 가정식을 맛볼 수 있는 곳 'Shy Bana'. 해피포인트 매거진. 2014. 3. 12. http://happygirl12.tistory.com/556.

서정희. 2016. K-food의 지속적인 발전 방안. 한국인의 식생활, 문화 융합의 미래를 열다. (사)동아시아식생활학회, (사)한국식생활문화학회, (사) 한국식품조리과학회 공동주체. **춘계학술대회 자료집**. p. 147

새로운나. 2012. 베트남 먹거리 짜조(CHA GIO). 티스토리블로그. 2012. 6. 19. http://vnwed.tistory.com/81.

손경은. 2015. 알고 먹으면 더 맛있다! 중국 음식 이야기〈上〉 지역별 특성과 종류. 삼성뉴스룸. 2015. 11. 30. https://news.samsung.com/kr/%EC%9E%84%EC%A7%81%EC%9B%90-%EC%B9%BC%EB%9F%BC-%EC%A7%95%EC%A7%95-%EC%86%90%EC%96%B8%EB%8B%88_%E2%91%A4%EC%95%8C%EB%A9%B4-%EB%8D%94-%EC%9E%98-%EB%B3%B4%EC%9D%B8%EB%8B%A4-%EC%A4%91%EA%B5%AD .

스윗베리. 2012. 세계 음식! 일본 대표 음식 추천. 네이버 블로그. 2012. 10. 16. http://blog.

naver.com/PostView.nhn?blogId=ux7410&logNo=100169473622&parentCategoryNo=&categoryNo=9&viewDate=&isShowPopularPosts=true&from=search.

윤덕노. 2015. 핫도그 유래, 영국 왕 핫도그, 루즈벨트 핫도그, 핫도그 어원, 소세지 도그, 닥스훈트 핫도그. 네이버 블로그. 2015. 11. 23. http://m.blog.naver.com/thenanbiz/220547735668.

이나영, 최보람, 장혜자. 2016. 내국인 외국인의 식생활라이프스타일에 따른 세분시장별 한식 편의식품 상품화 의견. **한국식품영양과학회지**, 45(4), 602−612

이준문. 2016. 간편함과 건강 모두 잡는 식문화 트렌드 바람. 뉴스탭 2016. 4. 27. http://www.newstap.co.kr/news/articleView.html?idxno=37102.

이홍승, 김준환. 2021. 코로나19로 인한 식품 소비행태 변화분석: MZ세대를 중심으로. 디지털융복합연구 19(3); 47−54

장혜자. 2014. 급식산업에서의 메뉴 트렌드. **한국식품조리과학회 창립 30주년 기념 추계학술대회 자료집**, pp. 121−132

최만식. 2015. 새로운 식품소비문화 트렌드. 스포츠조선. 2015. 2. 6.

최인수, 윤덕환, 채선애, 송으뜸, 김윤미. 2016. **2017 대한민국 트렌드**. 한국경제신문 한경 BP.

최지현. 2014. 글로벌 식품소비 및 생산 트렌드 변화. 식생활문화학회, 한국식품조리과학회, 동아시아식생활학회 연합 춘계학술대회.

최혜경. 2014. 소비자라이프 스타일 트렌드와 식품산업의 대응. 2014 식생활문화학회, 한국식품조리과학회, 동아시아식생활학회 연합 춘계학술대회

탁연구, 이지은. 2015. 주요 선진국의 식생활 교육 현황과 시사점. KREI 세계농업 제179호.

통계청. 장래인구추계, 성별경제활동인구 총괄. http://kosis.kr

통계청. 2014. The globalization of soy sauce: Sempio Foods Company. Korea.net 2014. 9. 30. http://www.korea.net/NewsFocus/Business/view?articleId=121939

한국외식정보(주). 2015. **2015 한국외식연감**. 한국외식정보

McWilliams Margaret. 2005. *Fundamentals of Meal Management*. 4th ed. Upper Saddle River, NJ: Pearson/Prentice Hall

권장 웹사이트

농림축산식품부 http://www.mafra.go.kr

농촌진흥청 국립농업과학원 농식품종합정보시스템 http://koreanfood.rda.go.kr.

바른 식생활 정보 114 http://www.greentable.or.kr.

보건복지부 www.mohw.go.kr

Institute of Food Technologists https://www.ift.org/

Stuff http://www.stuff.co.nz

Supermarket News http://www.supermarketnews.com/.

Technomic https://www.technomic.com/

Whole Foods Market http://media.wholefoodsmarket.com

APPENDIX

부록

2020 한국인 영양소 섭취기준 요약표

에너지와 다량영양소

성별	연령	에너지(kcal/일)				탄수화물(g/일)				식이섬유(g/일)			
		필요 추정량	권장 섭취량	충분 섭취량	상한 섭취량	평균 필요량	권장 섭취량	충분 섭취량	상한 섭취량	평균 필요량	권장 섭취량	충분 섭취량	상한 섭취량
영아	0~5(개월)	500						60					
	6~11	600						90					
유아	1~2(세)	900				100	130					15	
	3~5	1,400				100	130					20	
남자	6~8(세)	1,700				100	130					25	
	9~11	2,000				100	130					25	
	12~14	2,500				100	130					30	
	15~18	2,700				100	130					30	
	19~29	2,600				100	130					30	
	30~49	2,500				100	130					30	
	50~64	2,200				100	130					30	
	65~74	2,000				100	130					25	
	75 이상	1,900				100	130					25	
여자	6~8(세)	1,500				100	130					20	
	9~11	1,800				100	130					25	
	12~14	2,000				100	130					25	
	15~18	2,000				100	130					25	
	19~29	2,000				100	130					20	
	30~49	1,900				100	130					20	
	50~64	1,700				100	130					20	
	65~74	1,600				100	130					20	
	75 이상	1,500				100	130					20	
임신부[1)]		+0 +340 +450				+35	+45					+5	
수유부		+340				+60	+80					+5	

1) 에너지, 단백질 임신부 1, 2, 3분기별 부가량

출처 : 보건복지부 · (사)한국영양학회(2020). 2020 한국인 영양소 섭취기준.

성별	연령	지방(g/일)				리놀레산(g/일)				알파-리놀렌산(g/일)				EPA+DHA(mg/일)			
		평균 필요량	권장 섭취량	충분 섭취량	상한 섭취량	평균 필요량	권장 섭취량	충분 섭취량	상한 섭취량	평균 필요량	권장 섭취량	충분 섭취량	상한 섭취량	평균 필요량	권장 섭취량	충분 섭취량	상한 섭취량
영아	0~5(개월)			25				5.0				0.6				200[2]	
	6~11			25				7.0				0.8				300[2]	
유아	1~2(세)							4.5				0.6					
	3~5							7.0				0.9					
남자	6~8(세)							9.0				1.1				200	
	9~11							9.5				1.3				220	
	12~14							12.0				1.5				230	
	15~18							14.0				1.7				230	
	19~29							13.0				1.6				210	
	30~49							11.5				1.4				400	
	50~64							9.0				1.4				500	
	65~74							7.0				1.2				310	
	75 이상							5.0				0.9				280	
여자	6~8(세)							7.0				0.8				200	
	9~11							9.0				1.1				150	
	12~14							9.0				1.2				210	
	15~18							10.0				1.1				100	
	19~29							10.0				1.2				150	
	30~49							8.5				1.2				260	
	50~64							7.0				1.2				240	
	65~74							4.5				1.0				150	
	75 이상							3.0				0.4				140	
임신부								+0				+0				+0	
수유부								+0				+0				+0	

1) 1, 2, 3분기별 부가량

2) DHA

성별	연령	단백질(g/일)				메티오닌(g/일)				류신(g/일)			
		평균 필요량	권장 섭취량	충분 섭취량	상한 섭취량	평균 필요량	권장 섭취량	충분 섭취량	상한 섭취량	평균 필요량	권장 섭취량	충분 섭취량	상한 섭취량
영아	0~5(개월)			10				0.4				1.0	
	6~11	12	15			0.3	0.4			0.6	0.8		
유아	1~2(세)	15	20			0.3	0.4			0.6	0.8		
	3~5	20	25			0.3	0.4			0.7	1.0		
남자	6~8(세)	30	35			0.5	0.6			1.1	1.3		
	9~11	40	50			0.7	0.8			1.5	1.9		
	12~14	50	60			1.0	1.2			2.2	2.7		
	15~18	55	65			1.2	1.4			2.6	3.2		
	19~29	50	65			1.0	1.4			2.4	3.1		
	30~49	50	65			1.1	1.3			2.4	3.1		
	50~64	50	60			1.1	1.3			2.3	2.8		
	65~74	50	60			1.0	1.3			2.2	2.8		
	75 이상	50	60			0.9	1.1			2.1	2.7		
여자	6~8(세)	30	35			0.5	0.6			1.0	1.3		
	9~11	40	45			0.6	0.7			1.5	1.8		
	12~14	45	55			0.8	1.0			1.9	2.4		
	15~18	45	55			0.8	1.1			2.0	2.4		
	19~29	45	55			0.8	1.0			2.0	2.5		
	30~49	40	50			0.8	1.0			1.9	2.4		
	50~64	40	50			0.8	1.1			1.9	2.3		
	65~74	40	50			0.7	0.9			1.8	2.2		
	75 이상	40	50			0.7	0.9			1.7	2.1		
임신부[1]		+12	+15										
		+25	+30			1.1	1.4			2.5	3.1		
수유부		+20	+25			1.1	1.5			2.8	3.5		

성별	연령	이소류신(g/일)				발린(g/일)				라이신(g/일)			
		평균 필요량	권장 섭취량	충분 섭취량	상한 섭취량	평균 필요량	권장 섭취량	충분 섭취량	상한 섭취량	평균 필요량	권장 섭취량	충분 섭취량	상한 섭취량
영아	0~5(개월) 6~11	0.3	0.4	0.6		0.3	0.5	0.6		0.6	0.8	0.7	
유아	1~2(세)	0.3	0.4			0.4	0.5			0.6	0.7		
	3~5	0.3	0.4			0.4	0.5			0.6	0.8		
남자	6~8(세)	0.5	0.6			0.6	0.7			1.0	1.2		
	9~11	0.7	0.8			0.9	1.1			1.4	1.8		
	12~14	1.0	1.2			1.2	1.6			2.1	2.5		
	15~18	1.2	1.4			1.5	1.8			2.3	2.9		
	19~29	1.0	1.4			1.4	1.7			2.5	3.1		
	30~49	1.1	1.4			1.4	1.7			2.4	3.1		
	50~64	1.1	1.3			1.3	1.6			2.3	2.9		
	65~74	1.0	1.3			1.3	1.6			2.2	2.9		
	75 이상	0.9	1.1			1.1	1.5			2.2	2.7		
여자	6~8(세)	0.5	0.6			0.6	0.7			0.9	1.3		
	9~11	0.6	0.7			0.9	1.1			1.3	1.6		
	12~14	0.8	1.0			1.2	1.4			1.8	2.2		
	15~18	0.8	1.1			1.2	1.4			1.8	2.2		
	19~29	0.8	1.1			1.1	1.3			2.1	2.6		
	30~49	0.8	1.0			1.0	1.4			2.0	2.5		
	50~64	0.8	1.1			1.1	1.3			1.9	2.4		
	65~74	0.7	0.9			0.9	1.3			1.8	2.3		
	75 이상	0.7	0.9			0.9	1.1			1.7	2.1		
임신부[1]		1.1	1.4			1.4	1.7			2.3	2.9		
수유부		1.3	1.7			1.6	1.9			2.5	3.1		

1) 2, 3분기별 부가량

성별	연령	페닐알라닌 + 티로신(g/일)				트레오닌(g/일)				트립토판(g/일)				히스티딘(g/일)				수분(mL/일)					
		평균필요량	권장섭취량	충분섭취량	상한섭취량	평균필요량	권장섭취량	충분섭취량	상한섭취량	평균필요량	권장섭취량	충분섭취량	상한섭취량	평균필요량	권장섭취량	충분섭취량	상한섭취량	음식	물	음료	충분섭취량		상한섭취량
																					액체	총수분	
영아	0~5(개월)			0.9				0.5				0.2				1.0					700	700	
	6~11	0.5	0.7			0.3	0.4			0.1	0.1			0.2	0.3			300			500	800	
유아	1~2(세)	0.5	0.7			0.3	0.4			0.1	0.1			0.2	0.3			300	362	0	700	1,000	
	3~5	0.6	0.7			0.3	0.4			0.1	0.1			0.2	0.3			400	491	0	1,100	1,500	
남자	6~8(세)	0.9	1.0			0.5	0.6			0.1	0.2			0.3	0.4			900	589	0	800	1,700	
	9~11	1.3	1.6			0.7	0.9			0.2	0.2			0.5	0.6			1,100	686	1.2	900	2,000	
	12~14	1.8	2.3			1.0	1.3			0.3	0.3			0.7	0.9			1,300	911	1.9	1,100	2,400	
	15~18	2.1	2.6			1.2	1.5			0.3	0.4			0.9	1.0			1,400	920	6.4	1,200	2,600	
	19~29	2.8	3.6			1.1	1.5			0.3	0.3			0.8	1.0			1,400	981	262	1,200	2,600	
	30~49	2.9	3.5			1.2	1.5			0.3	0.3			0.7	1.0			1,300	957	289	1,200	2,500	
	50~64	2.7	3.4			1.1	1.4			0.3	0.3			0.7	0.9			1,200	940	75	1,000	2,200	
	65~74	2.5	3.3			1.1	1.3			0.2	0.3			0.7	1.0			1,100	904	20	1,000	2,100	
	75 이상	2.5	3.1			1.0	1.3			0.2	0.3			0.7	0.8			1,000	662	12	1,100	2,100	
여자	6~8(세)	0.8	1.0			0.5	0.6			0.1	0.2			0.3	0.4			800	514	0	800	1,600	
	9~11	1.2	1.5			0.6	0.9			0.2	0.2			0.4	0.5			1,000	643	0	900	1,900	
	12~14	1.6	1.9			0.9	1.2			0.2	0.3			0.6	0.7			1,100	610	0	900	2,000	
	15~18	1.6	2.0			0.9	1.2			0.2	0.3			0.6	0.7			1,100	659	7.3	900	2,000	
	19~29	2.3	2.9			0.9	1.1			0.2	0.3			0.6	0.8			1,100	709	126	1,000	2,100	
	30~49	2.3	2.8			0.9	1.2			0.2	0.3			0.6	0.8			1,000	772	124	1,000	2,000	
	50~64	2.2	2.7			0.8	1.1			0.2	0.3			0.6	0.7			900	784	27	1,000	1,900	
	65~74	2.1	2.6			0.8	1.0			0.2	0.2			0.5	0.7			900	624	9	900	1,800	
	75 이상	2.0	2.4			0.7	0.9			0.2	0.2			0.5	0.7			800	552	5	1,000	1,800	
임신부		0.8	1.0			3.0	3.8			0.3	0.4			1.2	1.5							+200	
수유부		0.8	1.1			3.7	4.7			0.4	0.5			1.3	1.7						+500	+700	

지용성 비타민

성별	연령	비타민 A(μg RAE/일)				비타민 D(μg/일)				비타민 E(mg α-TE/일)				비타민 K(μg/일)			
		평균 필요량	권장 섭취량	충분 섭취량	상한 섭취량	평균 필요량	권장 섭취량	충분 섭취량	상한 섭취량	평균 필요량	권장 섭취량	충분 섭취량	상한 섭취량	평균 필요량	권장 섭취량	충분 섭취량	상한 섭취량
영아	0~5(개월)			350	600			5	25			3				4	
	6~11			450	600			5	25			4				7	
유아	1~2(세)	190	250		600			5	30			5	100			25	
	3~5	230	300		700			5	35			6	150			30	
남자	6~8(세)	310	450		1,100			5	40			7	200			40	
	9~11	410	600		1,600			5	60			9	300			55	
	12~14	530	750		2,300			10	100			11	400			70	
	15~18	620	850		2,800			10	100			12	500			80	
	19~29	570	800		3,000			10	100			12	540			75	
	30~49	560	800		3,000			10	100			12	540			75	
	50~64	530	750		3,000			10	100			12	540			75	
	65~74	510	700		3,000			15	100			12	540			75	
	75 이상	500	700		3,000			15	100			12	540			75	
여자	6~8(세)	290	400		1,100			5	40			7	200			40	
	9~11	390	550		1,600			5	60			9	300			55	
	12~14	480	650		2,300			10	100			11	400			65	
	15~18	450	650		2,800			10	100			12	500			65	
	19~29	460	650		3,000			10	100			12	540			65	
	30~49	450	650		3,000			10	100			12	540			65	
	50~64	430	600		3,000			10	100			12	540			65	
	65~74	410	600		3,000			15	100			12	540			65	
	75 이상	410	600		3,000			15	100			12	540			65	
임신부		+50	+70		3,000			+0	100			+0	540			+0	
수유부		+350	+490		3,000			+0	100			+3	540			+0	

수용성 비타민

성별	연령	비타민 C(mg/일)				티아민(mg/일)				리보플라빈(mg/일)				니아신(mg NE/일)[1]			
		평균 필요량	권장 섭취량	충분 섭취량	상한 섭취량	평균 필요량	권장 섭취량	충분 섭취량	상한 섭취량	평균 필요량	권장 섭취량	충분 섭취량	상한 섭취량	평균 필요량	권장 섭취량	충분 섭취량	상한섭취량 니코틴산/니코틴아미드
영아	0~5(개월)			40				0.2				0.3				2	
	6~11			55				0.3				0.4				3	
유아	1~2(세)	30	40		340	0.4	0.4			0.4	0.5			4	6		10/180
	3~5	35	45		510	0.4	0.5			0.5	0.6			5	7		10/250
남자	6~8(세)	40	50		750	0.5	0.7			0.7	0.9			7	9		15/350
	9~11	55	70		1,100	0.7	0.9			0.9	1.1			9	11		20/500
	12~14	70	90		1,400	0.9	1.1			1.2	1.5			11	15		25/700
	15~18	80	100		1,600	1.1	1.3			1.4	1.7			13	17		30/800
	19~29	75	100		2,000	1.0	1.2			1.3	1.5			12	16		35/1000
	30~49	75	100		2,000	1.0	1.2			1.3	1.5			12	16		35/1000
	50~64	75	100		2,000	1.0	1.2			1.3	1.5			12	16		35/1000
	65~74	75	100		2,000	0.9	1.1			1.2	1.4			11	14		35/1000
	75 이상	75	100		2,000	0.9	1.1			1.1	1.3			10	13		35/1000
여자	6~8(세)	40	50		750	0.6	0.7			0.6	0.8			7	9		15/350
	9~11	55	70		1,100	0.8	0.9			0.8	1.0			9	12		20/500
	12~14	70	90		1,400	0.9	1.1			1.0	1.2			11	15		25/700
	15~18	80	100		1,600	0.9	1.1			1.0	1.2			11	14		30/800
	19~29	75	100		2,000	0.9	1.1			1.0	1.2			11	14		35/1000
	30~49	75	100		2,000	0.9	1.1			1.0	1.2			11	14		35/1000
	50~64	75	100		2,000	0.9	1.1			1.0	1.2			11	14		35/1000
	65~74	75	100		2,000	0.8	1.0			0.9	1.1			10	13		35/1000
	75 이상	75	100		2,000	0.7	0.8			0.8	1.0			9	12		35/1000
임신부		+10	+10		2,000	+0.4	+0.4			+0.3	+0.4			+3	+4		35/1000
수유부		+35	+40		2,000	+0.3	+0.4			+0.4	+0.5			+2	+3		35/1000

1) 1 mg NE(니아신 당량)=1 mg 니아신=60 mg 트립토판

성별	연령	비타민 B_6(mg/일)				엽산(μg DFE/일)[1]				비타민 B_{12}(μg/일)				판토텐산(mg/일)				비오틴(μg/일)			
		평균필요량	권장섭취량	충분섭취량	상한섭취량	평균필요량	권장섭취량	충분섭취량	상한섭취량[2]	평균필요량	권장섭취량	충분섭취량	상한섭취량	평균필요량	권장섭취량	충분섭취량	상한섭취량	평균필요량	권장섭취량	충분섭취량	상한섭취량
영아	0~5(개월)			0.1				65				0.3				1.7				5	
	6~11			0.3				80				0.5				1.9				7	
유아	1~2(세)	0.5	0.6		20	120	150		300	0.8	0.9					2				9	
	3~5	0.6	0.7		30	150	180		400	0.9	1.1					2				12	
남자	6~8(세)	0.7	0.9		45	180	220		500	1.1	1.3					3				15	
	9~11	0.9	1.1		60	250	300		600	1.5	1.7					4				20	
	12~14	1.3	1.5		80	300	360		800	1.9	2.3					5				25	
	15~18	1.3	1.5		95	330	400		900	2.0	2.4					5				30	
	19~29	1.3	1.5		100	320	400		1,000	2.0	2.4					5				30	
	30~49	1.3	1.5		100	320	400		1,000	2.0	2.4					5				30	
	50~64	1.3	1.5		100	320	400		1,000	2.0	2.4					5				30	
	65~74	1.3	1.5		100	320	400		1,000	2.0	2.4					5				30	
	75 이상	1.3	1.5		100	320	400		1,000	2.0	2.4					5				30	
여자	6~8(세)	0.7	0.9		45	180	220		500	1.1	1.3					3				15	
	9~11	0.9	1.1		60	250	300		600	1.5	1.7					4				20	
	12~14	1.2	1.4		80	300	360		800	1.9	2.3					5				25	
	15~18	1.2	1.4		95	330	400		900	2.0	2.4					5				30	
	19~29	1.2	1.4		100	320	400		1,000	2.0	2.4					5				30	
	30~49	1.2	1.4		100	320	400		1,000	2.0	2.4					5				30	
	50~64	1.2	1.4		100	320	400		1,000	2.0	2.4					5				30	
	65~74	1.2	1.4		100	320	400		1,000	2.0	2.4					5				30	
	75 이상	1.2	1.4		100	320	400		1,000	2.0	2.4					5				30	
임신부		+0.7	+0.8		100	+200	+220		1,000	+0.2	+0.2					+1.0				+0	
수유부		+0.7	+0.8		100	+130	+150		1,000	+0.3	+0.4					+2.0				+5	

1) Dietary Folate Equivalents, 가임기 여성의 경우 400 μg/일의 엽산보충제 섭취를 권장함.

2) 엽산의 상한섭취량은 보충제 또는 강화식품의 형태로 섭취한 μg/일에 해당됨.

다량무기질

성별	연령	칼슘(mg/일)				인(mg/일)				나트륨(mg/일)			
		평균 필요량	권장 섭취량	충분 섭취량	상한 섭취량	평균 필요량	권장 섭취량	충분 섭취량	상한 섭취량	평균 필요량	권장 섭취량	충분 섭취량	만성질환위험 감소섭취량
영아	0~5(개월)			250	1,000			100				110	
	6~11			300	1,500			300				370	
유아	1~2(세)	400	500		2,500	380	450		3,000			810	1,200
	3~5	500	600		2,500	460	550		3,000			1,000	1,600
남자	6~8(세)	600	700		2,500	500	600		3,000			1,200	1,900
	9~11	650	800		3,000	1,000	1,200		3,500			1,500	2,300
	12~14	800	1,000		3,000	1,000	1,200		3,500			1,500	2,300
	15~18	750	900		3,000	1,000	1,200		3,500			1,500	2,300
	19~29	650	800		2,500	580	700		3,500			1,500	2,300
	30~49	650	800		2,500	580	700		3,500			1,500	2,300
	50~64	600	750		2,000	580	700		3,500			1,500	2,300
	65~74	600	700		2,000	580	700		3,500			1,300	2,100
	75 이상	600	700		2,000	580	700		3,000			1,100	1,700
여자	6~8(세)	600	700		2,500	480	550		3,000			1,200	1,900
	9~11	650	800		3,000	1,000	1,200		3,500			1,500	2,300
	12~14	750	900		3,000	1,000	1,200		3,500			1,500	2,300
	15~18	700	800		3,000	1,000	1,200		3,500			1,500	2,300
	19~29	550	700		2,500	580	700		3,500			1,500	2,300
	30~49	550	700		2,500	580	700		3,500			1,500	2,300
	50~64	600	800		2,000	580	700		3,500			1,500	2,300
	65~74	600	800		2,000	580	700		3,500			1,300	2,100
	75 이상	600	800		2,000	580	700		3,000			1,100	1,700
임신부		+0	+0		2,500	+0	+0		3,000			1,500	2,300
수유부		+0	+0		2,500	+0	+0		3,500			1,500	2,300

1 2 3 4 5 6 7 8 9 부록

성별	연령	염소(mg/일)				칼륨(mg/일)				마그네슘(mg/일)			
		평균 필요량	권장 섭취량	충분 섭취량	상한 섭취량	평균 필요량	권장 섭취량	충분 섭취량	상한 섭취량	평균 필요량	권장 섭취량	충분 섭취량	상한 섭취량[1)]
영아	0~5(개월)			170				400				25	
	6~11			560				700				55	
유아	1~2(세)			1,200				1,900		60	70		60
	3~5			1,600				2,400		90	110		90
남자	6~8(세)			1,900				2,900		130	150		130
	9~11			2,300				3,400		190	220		190
	12~14			2,300				3,500		260	320		270
	15~18			2,300				3,500		340	410		350
	19~29			2,300				3,500		300	360		350
	30~49			2,300				3,500		310	370		350
	50~64			2,300				3,500		310	370		350
	65~74			2,100				3,500		310	370		350
	75 이상			1,700				3,500		310	370		350
여자	6~8(세)			1,900				2,900		130	150		130
	9~11			2,300				3,400		180	220		190
	12~14			2,300				3,500		240	290		270
	15~18			2,300				3,500		290	340		350
	19~29			2,300				3,500		230	280		350
	30~49			2,300				3,500		240	280		350
	50~64			2,300				3,500		240	280		350
	65~74			2,100				3,500		240	280		350
	75 이상			1,700				3,500		240	280		350
임신부				2,300				+0		+30	+40		350
수유부				2,300				+400		+0	+0		350

1) 식품 외 급원의 마그네슘에만 해당

미량무기질

성별	연령	철(mg/일)				아연(mg/일)				구리(μg/일)				불소(mg/일)			
		평균 필요량	권장 섭취량	충분 섭취량	상한 섭취량	평균 필요량	권장 섭취량	충분 섭취량	상한 섭취량	평균 필요량	권장 섭취량	충분 섭취량	상한 섭취량	평균 필요량	권장 섭취량	충분 섭취량	상한 섭취량
영아	0~5(개월)			0.3	40			2				240				0.01	0.6
	6~11	4	6		40	2	3					310				0.4	0.8
유아	1~2(세)	4.5	6		40	2	3		6	220	290		1,700			0.6	1.2
	3~5	5	6		40	3	4		9	270	350		2,600			0.9	1.8
남자	6~8(세)	7	9		40	5	5		13	360	470		3,700			1.3	2.6
	9~11	8	11		40	7	8		19	470	600		5,500			1.9	10.0
	12~14	11	14		40	7	8		27	600	800		7,500			2.6	10.0
	15~18	11	14		45	8	10		33	700	900		9,500			3.2	10.0
	19~29	8	10		45	9	10		35	650	850		10,000			3.4	10.0
	30~49	8	10		45	8	10		35	650	850		10,000			3.4	10.0
	50~64	8	10		45	8	10		35	650	850		10,000			3.2	10.0
	65~74	7	9		45	8	9		35	600	800		10,000			3.1	10.0
	75 이상	7	9		45	7	9		35	600	800		10,000			3.0	10.0
여자	6~8(세)	7	9		40	4	5		13	310	400		3,700			1.3	2.5
	9~11	8	10		40	7	8		19	420	550		5,500			1.8	10.0
	12~14	12	16		40	6	8		27	500	650		7,500			2.4	10.0
	15~18	11	14		45	7	9		33	550	700		9,500			2.7	10.0
	19~29	11	14		45	7	8		35	500	650		10,000			2.8	10.0
	30~49	11	14		45	7	8		35	500	650		10,000			2.7	10.0
	50~64	6	8		45	6	8		35	500	650		10,000			2.6	10.0
	65~74	6	8		45	6	7		35	460	600		10,000			2.5	10.0
	75 이상	5	7		45	6	7		35	460	600		10,000			2.3	10.0
임신부		+8	+10		45	+2.0	+2.5		35	+100	+130		10,000			+0	10.0
수유부		+0	+0		45	+4.0	+5.0		35	+370	+480		10,000			+0	10.0

성별	연령	망간(mg/일)				요오드(μg/일)				셀레늄(μg/일)				몰리브덴(μg/일)				크롬(μg/일)			
		필요추정량	권장섭취량	충분섭취량	상한섭취량	평균필요량	권장섭취량	충분섭취량	상한섭취량	평균필요량	권장섭취량	충분섭취량	상한섭취량	평균필요량	권장섭취량	충분섭취량	상한섭취량	평균필요량	권장섭취량	충분섭취량	상한섭취량
영아	0~5(개월)			0.01				130	250			9	40							0.2	
	6~11			0.8				180	250			12	65							4.0	
유아	1~2(세)			1.5	2.0	55	80		300	19	23		70	8	10		100			10	
	3~5			2.0	3.0	65	90		300	22	25		100	10	12		150			10	
남자	6~8(세)			2.5	4.0	75	100		500	30	35		150	15	18		200			15	
	9~11			3.0	6.0	85	110		500	40	45		200	15	18		300			20	
	12~14			4.0	8.0	90	130		1,900	50	60		300	25	30		450			30	
	15~18			4.0	10.0	95	130		2,200	55	65		300	25	30		550			35	
	19~29			4.0	11.0	95	150		2,400	50	60		400	25	30		600			30	
	30~49			4.0	11.0	95	150		2,400	50	60		400	25	30		600			30	
	50~64			4.0	11.0	95	150		2,400	50	60		400	25	30		550			30	
	65~74			4.0	11.0	95	150		2,400	50	60		400	23	28		550			25	
	75 이상			4.0	11.0	95	150		2,400	50	60		400	23	28		550			25	
여자	6~8(세)			2.5	4.0	75	100		500	30	35		150	15	18		200			15	
	9~11			3.0	6.0	80	110		500	40	45		200	15	18		300			20	
	12~14			3.5	8.0	90	130		1,900	50	60		300	20	25		400			20	
	15~18			3.5	10.0	95	130		2,200	55	65		300	20	25		500			20	
	19~29			3.5	11.0	95	150		2,400	50	60		400	20	25		500			20	
	30~49			3.5	11.0	95	150		2,400	50	60		400	20	25		500			20	
	50~64			3.5	11.0	95	150		2,400	50	60		400	20	25		450			20	
	65~74			3.5	11.0	95	150		2,400	50	60		400	18	22		450			20	
	75 이상			3.5	11.0	95	150		2,400	50	60		400	18	22		450			20	
임신부				+0	11.0	+65	+90			+3	+4		400	+0	+0		500			+5	

찾아보기

ㅇ

/ 저자 소개 /

류 경 연세대학교 식품영양학과 학사
연세대학교 대학원 식품영양학과 석사(급식경영학)
연세대학교 대학원 식품영양학과 박사(급식경영학)
미국 Rutgers University 방문교수
현재 영남대학교 식품영양학과 교수

장혜자 연세대학교 식품영양학과 학사
연세대학교 대학원 식품영양학과 석사(급식경영학)
연세대학교 대학원 식품영양학과 박사(급식경영학)
미국 Rutgers University 방문교수
현재 단국대학교 식품영양학과 교수

차명화 연세대학교 식품영양학과 학사
연세대학교 대학원 식품영양학과 석사(식품학)
영남대학교 대학원 식품영양학과 박사(식품학)
미국 Kansas State University 방문연구원
현재 경일대학교 식품개발학과 겸임교수

김현아 연세대학교 식품영양학과 학사
연세대학교 대학원 식품영양학과 석사(급식경영학)
연세대학교 대학원 식품영양학과 박사(급식경영학)
미국 Pepperdine University 방문연구원
현재 경남대학교 식품영양학과 교수

이나영 연세대학교 식품영양학과 학사
연세대학교 대학원 식품영양학과 석사(급식경영학)
연세대학교 대학원 식품영양학과 박사(급식경영학)
연세대학교 생활환경대학원 객원교수
현재 대전대학교 식품영양학과 교수

개정판

지속가능한 식생활관리

2017년 9월 11일 초판 발행
2021년 9월 6일 개정판 발행

지은이 | 류경 장혜자 차명화 김현아 이나영
발행인 | 유제구
발행처 | 파워북
주 소 | 경기도 고양시 일산동구 호수로 358-25
동문타워2차 529호
전 화 | (02) 730-1412
F A X | (031) 908-1410
등 록 | 1997. 1. 31 제 2014-000067호
편 집 | 북스북스(hynho3196@nate.com)

정가 22,000원
ISBN 978-89-8160-462-2 (93590)